Elenilton Vieira Godoy
e Fábio Gerab
(Organizadores)

ENSINO E APRENDIZAGEM DE MATEMÁTICA NA EDUCAÇÃO SUPERIOR:
INOVAÇÕES, PROPOSTAS E DESAFIOS

COLABORADORES
Antonio Carlos Gracias
Armando Pereira Loreto Junior
Cláudio Dall'Anese
Custódio Thomaz Kerry Martins
Elenilton Vieira Godoy
Fábio Gerab
Júlio César Dutra
Marcos Antonio Santos de Jesus
Monica Karrer
Paulo Henrique Trentin
Tiago Estrela de Oliveira

ALTA BOOKS
EDITORA
Rio de Janeiro, 2018

Ensino e Aprendizagem de Matemática na Educação Superior: Inovações, Propostas e Desafios
Copyright © 2018 da Starlin Alta Editora e Consultoria Eireli. ISBN: 978-85-508-0274-9

Todos os direitos estão reservados e protegidos por Lei. Nenhuma parte deste livro, sem autorização prévia por escrito da editora, poderá ser reproduzida ou transmitida. A violação dos Direitos Autorais é crime estabelecido na Lei nº 9.610/98 e com punição de acordo com o artigo 184 do Código Penal.

A editora não se responsabiliza pelo conteúdo da obra, formulada exclusivamente pelo(s) autor(es).

Marcas Registradas: Todos os termos mencionados e reconhecidos como Marca Registrada e/ou Comercial são de responsabilidade de seus proprietários. A editora informa não estar associada a nenhum produto e/ou fornecedor apresentado no livro.

Impresso no Brasil — 1ª Edição, 2018 — Edição revisada conforme o Acordo Ortográfico da Língua Portuguesa de 2009.

Publique seu livro com a Alta Books. Para mais informações envie um e-mail para autoria@altabooks.com.br

Obra disponível para venda corporativa e/ou personalizada. Para mais informações, fale com projetos@altabooks.com.br

Produção Editorial Editora Alta Books	**Gerência Editorial** Anderson Vieira	**Marketing Editorial** Silas Amaro marketing@altabooks.com.br	**Gerência de Captação e Contratação de Obras** autoria@altabooks.com.br	**Vendas Atacado e Varejo** Daniele Fonseca
Produtor Editorial Thiê Alves	**Produtor Editorial (Design)** Aurélio Corrêa	**Editor de Aquisição** José Rugeri j.rugeri@altabooks.com.br	**Ouvidoria** ouvidoria@altabooks.com.br	Viviane Paiva comercial@altabooks.com.br
Assistente Editorial Illysabelle Trajano				
Equipe Editorial	Bianca Teodoro	Ian Verçosa	Juliana de Oliveira	Renan Castro
Revisão Gramatical Franciane de Freitas Thamiris Leiroza	**Diagramação** Daniel Vargas	**Capa** Aurélio Corrêa		

Erratas e arquivos de apoio: No site da editora relatamos, com a devida correção, qualquer erro encontrado em nossos livros, bem como disponibilizamos arquivos de apoio se aplicáveis à obra em questão.

Acesse o site www.altabooks.com.br e procure pelo título do livro desejado para ter acesso às erratas, aos arquivos de apoio e/ou a outros conteúdos aplicáveis à obra.

Suporte Técnico: A obra é comercializada na forma em que está, sem direito a suporte técnico ou orientação pessoal/exclusiva ao leitor.

A editora não se responsabiliza pela manutenção, atualização e idioma dos sites referidos pelos autores nesta obra.

Dados Internacionais de Catalogação na Publicação (CIP) de acordo com ISBD

E56   Ensino e aprendizagem de matemática na educação superior: inovações, propostas e desafios / organizado por Elenilton Vieira Godoy, Fábio Gerab. - Rio de Janeiro : Alta Books, 2018.
320 p. : il. ; 17cm x 24cm.

Inclui bibliografia e índice.
ISBN: 978-85-508-0274-9

1. Matemática. 2. Educação superior. I. Godoy, Elenilton Vieira. II. Gerab, Fábio. III. Título.

2018-215
CDD 512
CDU 512

Elaborado por Odílio Hilario Moreira Junior - CRB-8/9949

Rua Viúva Cláudio, 291 — Bairro Industrial do Jacaré
CEP: 20.970-031 — Rio de Janeiro (RJ)
Tels.: (21) 3278-8069 / 3278-8419
www.altabooks.com.br — altabooks@altabooks.com.br
www.facebook.com/altabooks — www.instagram.com/altabooks

Agradecimentos

Dada a natureza deste livro, que apresenta um trabalho colaborativo envolvendo vários autores, é natural que muitas pessoas tenham contribuído, de diferentes maneiras, ao longo da construção desta obra, que consolida distintos estudos, realizados ao longo de alguns anos. Assim, tornou-se difícil agradecê-las nominalmente, pois certamente incorreríamos em esquecimentos imperdoáveis.

Entretanto, sendo os organizadores e os autores desta obra vinculados ao Centro Universitário FEI, carinhosamente chamado de "a FEI" (Elenilton Vieira Godoy foi professor dessa instituição entre agosto de 2008 e julho de 2017), gostaríamos de agradecer formalmente ao Centro Universitário FEI que, ao longo dos seus 76 anos de existência, sempre apoiou iniciativas docentes que buscassem uma educação inovadora, significativa e atual. Os autores também agradecem aos programas PIBIC, ProBIB e ProBASE, programas institucionais de iniciação científica, de iniciação didática e de ações sociais de extensão da FEI. Esses programas, que disponibilizam estrutura acadêmica e bolsas de estudo aos estudantes de graduação, proporcionaram o engajamento de um grande número de estudantes da FEI nos trabalhos aqui apresentados, engajamento essencial para o desenvolvimento destas pesquisas. Dessa forma, os autores têm um agradecimento muito especial e carinhoso para esses estudantes que, com seu contato frequente e particularizado, tornam o trabalho docente e acadêmico ainda mais gratificante.

Por fim, um agradecimento nominal é indispensável. Os autores agradecem enfaticamente aos professores doutores Andrea Ribari Yoshizawa, Denise Pizarro Vieira Sato, Elisa Yoshiko Takada, Flainer Rosa de Lima, Marcelo Dias Pereira, Maria Eiko Nagaoka, Roberto Fecchio, Roseli Alves de Moura, Samir Assuena, Silmara Alexandra da S. Vicente, Suzana Abreu de Oliveira Souza. Esses professores, todos doutores do Departamento de Matemática da FEI, se prontificaram a realizar uma leitura crítica de cada um dos capítulos deste livro, contribuindo, significativamente, para a melhoria dos textos que farão parte dele.

Os organizadores

Elenilton Vieira Godoy

Fábio Gerab

Sumário

Parte I — O Ensino e a Aprendizagem de Matemática na Transição Educação Básica/Educação Superior 1

1. A Transição Ensino Médio – Ensino de Engenharia na Perspectiva do Aprendizado de Matemática: Um Diagnóstico sob a Ótica do Estudante 3
   Elenilton Vieira Godoy
   Fábio Gerab

2. Contribuição da Matemática no Ensino Médio para Despertar o Interesse pela Graduação em Engenharia 29
   Custódio Thomaz Kerry Martins

3. Despertando o Interesse pela Engenharia: O Ensino do Desenho Geométrico no Ensino Médio, com a Utilização de Softwares 55
   Armando Pereira Loreto Junior

4. As Atitudes e o Desempenho em Cálculo Diferencial e Integral de Estudantes de Engenharia 67
   Marcos Antonio Santos de Jesus

Parte II — Experiências Pedagógicas nas Etapas Inicias da Educação Superior 87

5. Geometria Analítica: Proposta de Abordagens com Exploração de Registros Semióticos nos Ambientes Papel e Lápis e Computacional 89
   Monica Karrer
   Tiago Estrela de Oliveira

6. A Aprendizagem Significativa no Cálculo Diferencial e Integral: Relato de Experiência com a Abordagem de Problemas de Taxa de Variação na Formação de Engenheiros 115
   Cláudio Dall'Anese
   Paulo Henrique Trentin

Parte III — Perspectiva Histórica no Ensino de Matemática 147

7. Inquietações e Possibilidades: Excertos de Experiências no Ensino e na Aprendizagem das "Matemáticas" para uma "Educação Matemática" 149
   Paulo Henrique Trentin

8. O Curso de Engenharia Operacional da Faculdade de Engenharia Industrial (1963–1977) 179
   Armando Pereira Loreto Junior

Parte IV — Conexão entre o Aprendizado de Matemática e as Demais Áreas do Conhecimento na Educação Superior Matemática 199

9. Utilização de Métricas Acadêmicas no Aprimoramento de Cursos de Graduação.............................201
   Fábio Gerab

10. Estudo de Caso com Abordagem Integrada de Técnicas de Cálculo Numérico em Curvas Tensão-Deformação de um Aço Inoxidável Ferrítico e Subsequente Projeto de Conformação Mecânica a Frio por Trefilação 227
    Júlio César Dutra
    Tiago Estrela de Oliveira

11. Modelagem Matemática Aplicada ao Estudo de Caso 263
    Antonio Carlos Gracias

Sobre os Autores...............................297

Índice...305

Prefácio

Ensino e Aprendizagem de Matemática na Educação Superior: Inovações, Propostas e Desafios

A organização de uma publicação que tem como proposta agregar trabalhos de diferentes autores sobre um tema comum é sempre um grande desafio. São visões distintas e abordagens variadas que, se por um lado, enriquecem a obra pela diversificação dos assuntos, por outro lado, podem enfraquecê-la ao apresentá-los, ainda que relacionados, de forma desconexa e por meio de trabalhos isolados, no tempo e no espaço.

Não é esse o caso desta obra organizada pelos professores Elenilton Vieira Godoy e Fábio Gerab, que conseguiram fazer com que os trabalhos dos diversos autores se articulassem harmoniosamente e descrevessem, por meio de capítulos completos e a partir das relações da Matemática com as demais matérias, um importante cenário sobre o ensino e a aprendizagem da ciência da Matemática ao longo dos ciclos de formação superior.

Trata-se de trabalhos pautados em observações e experimentações científicas realizadas no âmbito dos cursos de graduação do Centro Universitário FEI de Administração, Ciência da Computação e Engenharia, com o mérito de desenhar um diagnóstico real dos desafios enfrentados na transição da educação básica para a educação superior, de compreender o papel da Matemática nas etapas iniciais da educação superior e de avaliar a relação desta com as diferentes áreas de conhecimento no ponto de vista dos mencionados cursos, mas aplicáveis a outros cursos de graduação.

O bom sequenciamento e a articulação dos assuntos refletem os esforços do Departamento de Matemática em alinhar os objetivos de seus docentes e potencializar as pesquisas em Educação Matemática em direções estratégicas para a instituição, que tem, sistematicamente, buscado induzir inovações metodológicas em todos os cursos, que favoreçam a formação de competências em detrimento a uma educação excessivamente conteudista e que valorizem a autonomia do estudante e sua responsabilidade no processo de aprendizagem.

A obra que temos em mãos representa uma limitada parcela de estudos e iniciativas no assunto, mas nos oferece um consistente diagnóstico e um conjunto de ideias e práticas que transformaram a visão do ensino da Matemática na FEI e sedimentaram o caminho para a implantação de diversos projetos para melhoria dos cursos de graduação.

Minha expectativa ao apresentar esta obra é que ela possa alcançar leitores e educadores de diversos campos do saber que possam piramidar sobre as ideias aqui tratadas e sobre as conclusões aqui apresentadas, tornando o ensino da Matemática mais inspirador e mais pleno de significados aos estudantes.

Num ambiente educativo inovador, a Educação Matemática é constantemente desafiada a se reinventar, deixando de ser uma eficiente ferramenta de demonstração e comprovação de conceitos para se tornar uma poderosa plataforma de indução e de teste de novas ideias e novas soluções.

Os 11 trabalhos desta publicação indicam o caminho para algumas soluções criativas.

Professor Fábio do Prado

Professor e reitor do Centro Universitário FEI

Introdução

A proposta deste livro surgiu da constatação da existência de uma grande coerência entre os trabalhos individuais de pesquisa realizados por um grupo de professores de Matemática que atuam em uma mesma instituição de ensino superior. Esse grupo de professores doutores com experiência, tanto em sala de aula como em pesquisa acadêmica, se juntou no início de 2016 em torno da proposta de criação de um grupo de pesquisa dedicado ao estudo dos processos de ensino e aprendizagem de Matemática no ensino superior. O grupo é composto por docentes do Departamento de Matemática do Centro Universitário FEI, localizado no estado de São Paulo, caracterizado por ser uma Instituição Confessional de ensino com 75 anos de tradição, com atividades de graduação, concentradas em cursos de Administração, Ciência da Computação e oito modalidades de cursos de Engenharia. Dessa forma, o interesse comum desse grupo relaciona-se diretamente com o ensino das disciplinas da área de Matemática presentes nessa etapa formativa, dentre as quais se destacam: Matemática Aplicada, Cálculo Diferencial e Integral, Geometria Analítica, Álgebra Linear, Equações Diferenciais, Probabilidade e Estatística, Cálculo Numérico, Computação etc.

No início de 2016, o Grupo de Educação Matemática e Matemática no Ensino Superior (GEMMES) foi instituído como grupo de pesquisa da instituição no Diretório de Grupos de Pesquisa do CNPq[1]. O GEMMES, que conta atualmente com onze docentes e diversos estudantes, tem por meta elaborar pesquisas e inovações pedagógicas nas áreas de Matemática e de Educação Matemática, direcionadas ao ensino superior, atuando em quatro linhas de pesquisa: Ensino e Aprendizagem de Matemática no Ensino Superior; Epistemologia e História da Matemática; Matemática Aplicada e Computacional; Tecnologias Educacionais no Ensino de Matemática.

Quando da formação desse grupo tivemos a oportunidade de consolidar tanto a produção acadêmica como as práticas de ensino experimentadas recentemente por seus integrantes. Tal exercício permitiu identificar a existência de grande coerência e o caráter complementar das ideias e dos trabalhos

---

1 CONSELHO NACIONAL DE DESENVOLVIMENTO CIENTÍFICO E TECNOLÓGICO. Grupo de Educação Matemática e Matemática no Ensino Superior - GEMMES. Disponível em: <dgp.cnpq.br/dgp/espelhogrupo/3925417532264861>. Acesso em:30/08/2017

desenvolvidos, dos resultados encontrados e das proposições formuladas para abordar um problema tão premente quanto as dificuldades encontradas no ensino e na aprendizagem de Matemática nos cursos superiores. Dificuldades essas resultantes de vários fatores como, por exemplo, um processo ensino--aprendizagem tradicional, pautado por fundamentações, regras e procedimentos, porém, em geral, pouco reflexivo, não favorecendo o estabelecimento de relações entre os diversos componentes curriculares que compõem a formação universitária. Essa postura, que dificulta uma aprendizagem realmente significativa, aliada a um cenário em que muitos dos egressos da educação básica apresentam grandes dificuldades nos saberes escolares e que chegam à universidade com total despreparo para lidar com os conceitos da Matemática Acadêmica, trouxe ao grupo o desafio de refletir sobre como continuar proporcionando uma educação de nível superior com qualidade a partir do atual cenário do ensino médio e do perfil dos novos estudantes.

Para fazer frente a essas dificuldades e inovar nas suas práticas de ensino, o grupo encontrou no Centro Universitário FEI um fértil ambiente de diálogo e de experimentação, pois esta tradicional instituição paulista, além de ter alta qualificação de seu corpo docente[2], constitui-se em um grande laboratório para o desenvolvimento, a aplicação e a validação de práticas pedagógicas inovadoras. Nesse ambiente propício, cada um dos integrantes do GEMMES vem desenvolvendo sistematicamente, de forma individual ou colaborativa, pesquisas tendo como tema as distintas facetas da Educação Matemática no ensino superior.

De maneira coesa, o grupo entende ser necessário oferecer ao universitário, principalmente ao aluno ingressante, meios variados para que ele possa atuar sobre sua aprendizagem. Nessa direção, cada um dos autores desenvolve pesquisas e estratégias com a intenção de, junto com os estudantes, construir e aperfeiçoar as competências e habilidades requeridas deles pelos seus respectivos cursos e pela sociedade. O uso das metodologias ativas de aprendizagem é focalizado na implantação de propostas educativas inovadoras com o objetivo de provocar mudanças práticas na vida institucional e na vida acadêmica de seus estudantes.

A ideia da constituição deste livro surgiu durante a consolidação dos trabalhos dos integrantes deste grupo e da identificação de seu caráter consistente e complementar. Pretendemos apresentar e discutir essas características ao longo dos próximos onze capítulos, estruturados em quatro partes. Essas partes percorrem um itinerário de questionamentos que se iniciam na definição dos interesses in-

---

2   Mais de 70% dos docentes do Departamento de Matemática têm doutorado.

dividuais dos estudantes de ensino médio quanto ao ingresso em um dado curso superior até questões sobre como articular de forma significativa conteúdos matemáticos com saberes característicos das etapas finais de uma formação superior.

Em um primeiro momento, discute-se o binômio Ensino e Aprendizagem de Matemática durante a transição entre o final da educação média e o início da educação superior. No Capítulo 1 essa transição é estudada sob a ótica do estudante ingressante na universidade buscando caracterizar o perfil desse jovem, mapear as dificuldades por eles apresentadas nas aulas das disciplinas da área de Matemática e coletar informações acerca de como o processo ensino-aprendizagem poderia auxiliar (acolher) melhor os estudantes no seu dia a dia na instituição de ensino superior. Os Capítulos 2 e 3 discutem como aumentar o interesse de estudantes do ensino médio pela continuidade dos seus estudos, particularmente ingressando em cursos de Engenharia. Fechando este bloco, o Capítulo 4 trata da atitude frente ao aprendizado de Matemática dos estudantes ingressantes no ensino superior e da importância para o seu desenvolvimento acadêmico. Esse conjunto de trabalhos indica que essa transição deve ser feita com o maior cuidado possível, atentando-se para os altos índices de reprovação nas disciplinas da área de Matemática e para o usual desinteresse dos alunos pelas aulas convencionais, que insistem em ser pouco operatórias, descontextualizadas e enciclopédicas.

Posteriormente, discutem-se experiências pedagógicas adequadas ao ensino de Matemática nas etapas iniciais da educação superior. Nessas etapas o professor deve valer-se de metodologias ativas de aprendizagem, que buscam desenvolver as competências requeridas pelo curso e pela sociedade, vindo a atribuir ao conhecimento matemático um significado contextualizado e ligado à vida profissional do estudante. Tal processo é imensamente facilitado quando o estudante torna-se o protagonista de seu aprendizado. O Capítulo 5 apresenta um experimento de ensino de Geometria Analítica, fundamentado na Teoria dos Registros de Representações Semióticas, baseado na metodologia de *Design Experiment*, de modo a explorar relações entre representações dos registros gráfico, algébrico e da língua natural, sendo desenvolvido nos ambientes papel e lápis e software GeoGebra. Já no Capítulo 6, discute-se o desenvolvimento e a aplicação de uma sequência didática no início dos estudos de Cálculo Diferencial e Integral, mais especificamente abordando o tema Taxa de Variação.

Tais discussões são então contextualizadas em uma perspectiva histórica, tanto referente à evolução do ensino da Matemática no ensino superior como no que tange momentos importantes da história do ensino de Matemática na instituição e por que não afirmar da própria instituição, que por sua história e tradição influencia tanto o comportamento do quadro docente como do quadro discente. Essa contextualização é feita nos próximos dois capítulos deste livro. O Capítulo 7 traz uma análise sobre a atuação do professor de Matemática na prática social, sua interação com o material escrito, caracterizado, principalmente, pelo livro didático, sua interação com a História da Matemática e como a utilização do mapeamento conceitual pode contribuir para essa interlocução. Já no Capítulo 8 apresenta-se a história dos cursos de Engenharia Operacional, que foram de grande importância para o desenvolvimento da engenharia brasileira, para a industrialização do país, apresentando forte influência na identidade cultural, do ensino de Engenharia, no Centro Universitário FEI, onde os cursos de Engenharia Operacional existiram entre 1963 e 1977.

Por fim, os últimos capítulos propõem uma melhor articulação entre o aprendizado de Matemática e o aprendizado das demais áreas do conhecimento dos respectivos cursos superiores. O Capítulo 9 apresenta exemplos de como a análise adequada das métricas acadêmicas pode auxiliar no aprimoramento dos planos pedagógicos dos cursos, seja sob a ótica da articulação entre diferentes componentes curriculares, tanto ao longo de todo um curso ou concentradas nas suas etapas iniciais, seja discutindo o problema da evasão escolar no ensino superior ou ainda na identificação de necessidades recentes de novas competências como diretrizes para o aprimoramento curricular. Já os Capítulos 10 e 11 abordam dois estudos de caso de aplicações da Matemática em temas de Engenharia e Negócios. O Capítulo 10 descreve a utilização pelos estudantes de métodos de Cálculo Numérico tanto para a caracterização como para o uso correto de certos materiais metálicos. O Capítulo 11 apresenta o desenvolvimento de modelos matemáticos aplicados à importação e à produção de gasolina no Brasil em décadas recentes.

Neste trajeto, que se inicia ainda no final do ensino médio e se estende até as etapas finais dos cursos superiores, esperamos levá-los a uma reflexão sobre o complexo desafio do ensinar e do aprender Matemática no ensino superior, de maneira a buscar um ambiente de aprendizado inovador e dinâmico, que permita ao estudante atribuir significado aos conhecimentos adquiridos, assumindo assim o protagonismo em seu processo de aprendizagem. Desejamos a todos uma boa leitura.

Os organizadores
Elenilton Vieira Godoy
Fábio Gerab

Parte I

O Ensino e a Aprendizagem de Matemática na Transição Educação Básica/Educação Superior

Elenilton Vieira Godoy

Fábio Gerab

Custódio Thomaz Kerry Martins

Marcos Antonio Santos de Jesus

Armando Pereira Loreto Junior

Parte I

Capítulo 1

A Transição Ensino Médio – Ensino de Engenharia na Perspectiva do Aprendizado de Matemática: Um Diagnóstico sob a Ótica do Estudante

Elenilton Vieira Godoy

Fábio Gerab

INTRODUÇÃO

O presente estudo faz parte de um projeto maior intitulado "Desafios do ensino de Matemática, nos cursos de Engenharia, no século XXI", que tem como objetivo investigar e propor ações para a melhoria da transição da educação básica para a educação superior, mais particularmente para os cursos de Engenharia; viabilizar o uso de aulas mais operatórias, contextualizadas e aplicadas; e investigar o quanto poderíamos secundarizar o início do ensino superior vislumbrando melhorar a compreensão e o entendimento da Matemática nesta etapa de ensino. Tendo o diagnóstico como parte fundamental do projeto, a proposta inicial de elaborar e aplicar um questionário aos discentes e docentes de uma Instituição de Ensino Superior — IES — privada, confessional, do estado de São Paulo, tem a intenção de caracterizar o estudante ingressante e não ingressante, mapear as dificuldades por eles apresentadas nas aulas das disciplinas da área de Matemática, coletar informações acerca de como o processo ensino-aprendizagem poderia auxiliar melhor os estudantes no seu dia a dia na IES, ouvir e relatar as experiências de sucesso e/ou fracasso dos docentes em suas aulas e, por fim, reunir sugestões de ações que possam contribuir para a nossa temática de investigação. No presente estudo apresentaremos os resultados da análise realizada sobre os dados coletados do questionário aplicado aos alunos dessa IES.

O PERCURSO METODOLÓGICO DO ESTUDO

O estudo de campo foi realizado a partir da aplicação de um questionário, com questões abertas e fechadas, aos discentes do segundo, terceiro e quarto ciclos semestrais dos cursos de Engenharia, matriculados tanto no período diurno quanto noturno. Embora não discutido neste momento, um segundo questionário foi aplicado aos docentes do Departamento de Matemática. Em ambos os questionários, elaborados e aplicados, concomitantemente, as questões fechadas, em sua maioria, foram construídas a partir de uma escala de cinco pontos de Likert.

O questionário destinado aos discentes, bastante abrangente, foi composto de 56 questões, sendo duas métricas, 15 categóricas, 6 ordinárias, 5 abertas e 28 em escala de Likert. Esse questionário foi disponibilizado, para os alunos, na plataforma do Google Docs no período compreendido entre os dias 03 e 23 de março de 2015. A amostra coletada foi de 252 questionários respondidos[1]. O questionário construído foi dividido em sete partes conforme os dados descritos na Tabela 1.

Tabela 1: A organização do questionário

PARTE	Nº	QUESTÕES
Caracterização do perfil discente	1	1 a 18
A graduação na IES	2	19 a 22
A formação na educação básica	3	23 a 25
O processo ensino-aprendizagem do Departamento de Matemática da IES	4	26 a 36
O acolhimento acadêmico proporcionado pela IES	5	37 a 39
A percepção de utilidade das escolas de reforço fora da IES	6	40 a 45
A dispersão em sala de aula	7	46 a 56

Fonte: Elaborada pelos autores

---

[1] O questionário encontra-se disponível no ANEXO 1.

Metodologia de Análise Estatística

Nos próximos parágrafos, a abordagem metodológica pertinente à análise estatística dos resultados será brevemente descrita.

Inicialmente, dado que diversas questões em escala de Likert foram propositalmente construídas com polos semânticos invertidos, para essas questões a escala foi recalculada. A seguir, procedeu-se a análise descritiva das respostas das questões em variáveis Likert, Ordinal e Métrica. A análise descritiva permite, principalmente, para as questões Likert, mediante a análise dos parâmetros de posição, dispersão e forma das suas distribuições de frequência, verificar o comportamento global de respostas para as questões.

Paralelamente, análises bivariadas, tanto paramétricas, utilizando-se o Coeficiente de Correlação de Pearson, como não paramétricas, utilizando-se o Coeficiente de Correlação de Spearman, indicaram correlações estatisticamente significativas entre diversas questões. Tais resultados apontam para a existência de uma estrutura latente no conjunto de respostas.

A identificação dessa estrutura permite estabelecer padrões para o comportamento de conjuntos de questões altamente correlacionadas. Para tanto, a informação obtida por meio das questões deve ser analisada em conjunto, utilizando-se de técnicas estatísticas multivariadas. No caso da análise de questionários, em que grande parte das questões foi formulada em Likert, a técnica multivariada Análise de Componentes Principais (ACP) se destaca.

Segundo Varella (2015, p. 3), a ACP "é uma técnica da estatística multivariada que consiste em transformar um conjunto de variáveis originais em outro conjunto de variáveis de mesma dimensão denominados de componentes principais".

> Os componentes principais apresentam propriedades importantes: cada componente principal é uma combinação linear de todas as variáveis originais, são independentes entre si e estimados com o propósito de reter, em ordem de estimação, o máximo de informação, em termos da variação total contida nos dados. A [ACP] é associada à ideia de redução de massa dos dados, com menor perda possível da informação. Procura-se redistribuir a variação observada nos eixos originais de forma a se obter um conjunto de eixos ortogonais não correlacionados (Ibidem).

Segundo Pereira (2004), o uso da ACP "tem se mostrado eficaz na identificação de relações entre grupos de assertivas em questionário de elevado grau de complexidade". Quando duas ou mais variáveis (assertivas) envolvidas na análise não são completamente independentes, elas podem ser agrupadas por meio da criação de uma nova variável, a partir das antigas, chamada componente principal. Nesse processo, pode-se também identificar — e excluir da análise — assertivas que não foram capazes de contribuir para a interpretação do questionário como um todo, seja por não terem sido interpretadas de forma homogênea pelos respondentes, seja por, implicitamente, conterem em sua construção mais de um questionamento. Esse conjunto de procedimentos reduz a complexidade do problema em estudo sem acarretar perda significativa de informação. Simultaneamente, ele evidencia as relações entre as variáveis originais (GERAB et al., 2014, p. 540).

Para Gerab et al. (2014, p. 540) "[…] a avaliação dos constructos identificados pode ser feita separando-se somente as assertivas associadas a cada componente principal e aplicando-se novas análises de confiabilidade e de componentes principais a cada um dos subconjuntos de assertivas".

> Nessa etapa da análise, confirma-se se as assertivas associadas a um dado componente principal relacionam-se a um único constructo e se todas elas realmente contribuem positivamente para a sua mensuração. Essa abordagem possibilita a criação de indicadores quantitativos válidos para cada um dos constructos identificados (Ibidem).

A ACP, portanto, agrupa os elementos de acordo com sua variação, ou seja, os elementos são agrupados segundo suas variâncias, isto é, conforme o seu comportamento dentro da população, "[…] representado pela variação do conjunto de características que definem o elemento, ou seja, a técnica agrupa os elementos de uma população segundo a variação de suas características" (Ibidem).

A partir de então, somente as Componentes Principais relevantes, segundo critérios estatísticos, são preservadas e retidas no modelo estatístico. Isto permite a redução da complexidade de um conjunto de dados multivariados, pois cada Componente Principal retida estará associada a um comportamento independente de um conjunto de variáveis. Esta componente retida está associada a uma variável latente, capaz de identificar o comportamento de um constructo presente na estrutura dos dados.

Tomando-se por base a metodologia apresentada nos parágrafos anteriores, após definição das Componentes Principais retidas no modelo e a associação desta componente a seu constructo, criou-se um indicador quantitativo para cada construto identificado no questionário. Neste trabalho o indicador foi determinado pela média aritmética das respostas pertinentes às distintas questões do questionário a ele fortemente correlacionadas. O tratamento estatístico foi realizado com o auxílio do software SPSS.

O PERCURSO METODOLÓGICO PARA A ANÁLISE DAS QUESTÕES ABERTAS

A estrutura de análise das questões abertas, respondidas pelos alunos, inspirou-se na metodologia da análise de conteúdo proposta por Bardin (2011).

> Um conjunto de técnicas de análise das comunicações visando obter, por procedimentos sistemáticos e objetivos de descrição do conteúdo das mensagens, indicadores (quantitativos ou não) que permitam a inferência de conhecimentos relativos às condições de produção/recepção (variáveis inferidas) dessas mensagens (BARDIN, 2011, p. 48).

Ainda segundo Bardin (2011, p. 48), são elementos da análise de conteúdo "[…] todas as iniciativas que, a partir de um conjunto de técnicas parciais, mas complementares, consistam na explicitação e sistematização do conteúdo das mensagens e da expressão deste conteúdo […]".

A finalidade da análise de conteúdo é realizar deduções lógicas e fundamentadas, relacionadas à origem das mensagens investigadas (o emissor e o seu contexto ou os efeitos dessas mensagens) (BARDIN, 2011).

> O analista possui à sua disposição (ou cria) todo um jogo de operações analíticas, mais ou menos adaptadas à natureza do material e à questão que procura resolver. Pode utilizar uma ou várias operações, em complementaridade, de modo a enriquecer os resultados, ou aumentar a sua validade, aspirando assim a uma interpretação final fundamentada. Qualquer análise objetiva procura fundamentar impressões e juízos intuitivos, por meio de operações conducentes a resultados de confiança (BARDIN, 2011, p. 48).

Nesse sentido, o método da análise de conteúdo consiste na organização da análise, na codificação, na categorização e na inferência. Cabe destacar ainda que Bardin (2011) organiza a análise de conteúdo em três "polos cronológicos", a saber: a pré-análise; a exploração do material; e o tratamento dos resultados — a inferência e a interpretação.

APRESENTAÇÃO DOS RESULTADOS

Após o término da coleta de dados, realizamos, na sequência, a análise estatística e a análise de conteúdo. A análise estatística foi utilizada nas questões cujas respostas foram elaboradas e caracterizadas por variáveis Likert, Ordinal e Métrica. Já a análise de conteúdo foi aplicada nas questões abertas.

O Tratamento Estatístico

As análises descritivas e bivariadas apontaram a utilidade do uso da ACP para a melhor interpretação dos questionários. Inicialmente a ACP foi aplicada somente ao conjunto das 28 questões formuladas em escala de Likert de 5 pontos. Os testes estatísticos de confiabilidade apontaram um alfa de Cronbach de 0,718, bem como um teste de adequação da amostra KMO de 0,744. Tais resultados indicam uma adequação da aplicação da ACP ao conjunto dos dados.

A ACP reteve, segundo o critério estatístico da Raiz Latente, nove Componentes Principais que juntas explicam 67% da variabilidade das respostas dadas às 28 questões. Assim, espera-se que as 28 questões estejam relacionadas ao comportamento de nove constructos independentes.

A associação das questões às Componentes Principais foi facilitada pela mensuração das suas cargas fatoriais após a aplicação de uma rotação ortogonal VARIMAX. Na Tabela 2 apresentamos o conjunto de questões associado a cada uma das nove Componentes Principais. Na mesma tabela, a partir dessa associação de questões, cada componente foi associado a um construto, que teve a ele um nome atribuído *ad hoc*.

A partir da identificação dos constructos foram criados indicadores, elaborados a partir da média aritmética das questões a eles associadas, conforme

Tabela 3. A letra I, que antecede algumas questões, indica a inversão da escala de Likert, correspondente à inversão dos polos semânticos.

Tabela 2: Questões associadas a cada uma das componentes avaliadas

Componente 1: Constructo: Pouca necessidade de reforço externo	
40	Quando não me sinto preparado para as provas bimestrais (das disciplinas do Departamento de Matemática), eu recorro às escolas de reforço.
41	Eu recorro às escolas de reforço quando os resultados das minhas provas bimestrais (das disciplinas do Departamento de Matemática) são insatisfatórios.
42	Eu recorro às escolas de reforço quando não consigo entender o que o professor (das disciplinas do Departamento de Matemática) explica durante as aulas.
43	Eu recorro às escolas de reforço quando não tenho empatia com o professor da disciplina do Departamento de Matemática.
Componente 2: Constructo: Conhecimentos prévios	
23	A minha formação acadêmica na educação básica não me preparou para enfrentar as adversidades de um curso de graduação em Engenharia como o oferecido pela IES.
24	Qual é o seu grau de satisfação com o seu conhecimento matemático construído na educação básica?
25	Em que medida o conhecimento matemático que você adquiriu na educação básica auxilia no seu desempenho nas disciplinas do Departamento de Matemática?
Componente 3: Constructo: Interação com o celular durante a aula	
52	Eu interajo com o meu aparelho celular (ou tablet) quando chego atrasado à aula e perco o início da explicação do professor.
53	Eu interajo com o meu aparelho celular (ou tablet) quando não me interesso pelo assunto discutido em sala de aula.
54	Apesar de prestar atenção às aulas das disciplinas do Departamento de Matemática, eu interajo com o meu aparelho celular (ou tablet) o tempo todo.
Componente 4: Constructo: Satisfação com o professor e a estrutura	
26	Os professores (do Departamento de Matemática) atendem às suas expectativas durante as aulas?
27	As aulas das disciplinas (do Departamento de Matemática) atendem às suas expectativas?
39	Qual é o seu grau de satisfação com a estrutura acadêmica (monitores, acervo bibliográfico, PAI, laboratórios, salas de estudos etc.) disponibilizada pela IES?

(continua)

(continuação)

Componente 5: Constructo: Influência do uso do celular

55	A interação com o meu aparelho celular (ou tablet) não atrapalha a minha atenção durante as aulas das disciplinas do Departemento de Matemática.
56	A interação com o meu aparelho celular (ou tablet) não atrapalha a minha compreensão e entendimento dos conteúdos matemáticos trabalhados durante as aulas.

Componente 6: Constructo: Importância da Matemática e da IES

28	Ao concluir uma disciplina (do Departamento de Matemática), eu percebo a importância dela para a minha formação geral.
29	Ao concluir uma disciplina (do Departamento de Matemática), eu percebo a importância dela para a minha formação profissional.
37	Ao ingressar no curso de Engenharia da IES eu me senti TOTALMENTE acolhido pela comunidade da IES.

Componente 7: Constructo: Dificuldade para o sucesso acadêmico

35	A minha principal preocupação durante as aulas das disciplinas (do Departamento de Matemática) é ter desempenho satisfatório nas provas bimestrais.
36	Eu considero as disciplinas cursadas (do Departamento de Matemática) muito difíceis.
38	Eu considero o curso de graduação em Engenharia, oferecido pela IES, muito difícil.

Componente 8: Constructo: Estudo individual versus grupo

33	Em que medida você estuda sozinho?
34	Em que medida você participa de grupos de estudos?

Componente 9: Constructo: Influência do professor na atenção

46	A minha atenção, durante as aulas, é melhor quando o professor mostra uma aplicação do conteúdo matemático na Engenharia.
47	A minha atenção, durante as aulas, é melhor quando o professor demonstra confiança e conhecimento sobre o conteúdo matemático abordado.

Fonte: Elaborada pelos autores

Tabela 3: Construção dos indicadores associados aos constructos

Componente	Constructo (*ad hoc*)	Indicador Construído	Sigla	Questões
1	Pouca necessidade de reforço externo	Reforço Externo	RefEx	IQ40, IQ41, IQ42 e IQ43
2	Conhecimentos prévios	Conhecimentos Prévios	ConPrev	IQ23, IQ24 e IQ25

3	Interação com o celular durante a aula	Interação com Celular	InterCel	IQ52, IQ53 e IQ54
4	Satisfação com o professor e a estrutura	Satisfação e Expectativas	SatExp	Q26, Q27 e Q39
5	Influência do uso do celular	Influência do Celular	InfluCel	IQ55, IQ56
6	Importância da Matemática e da IES	Importância do Conteúdo	ImpCont	Q28, Q29 e Q37
7	Dificuldade para o sucesso acadêmico	Dificuldade para o Sucesso	DifSuc	IQ35, IQ36 e IQ38
8	Estudo individual versus grupo	Estudo Individual	EstInd	Q33 e IQ34
9	Influência do professor na atenção	Influência do Professor	InfProf	Q46 e Q47

Fonte: Elaborada pelos autores

Na Tabela 4 são apresentados os resultados médios obtidos para cada constructo identificado no questionário. Essas médias poderiam variar de 1 (associado ao polo semântico mais negativo) até 5 (associado ao mais positivo).

Tabela 4: Média e desvio-padrão obtidos para cada constructo

Indicador	Média	Desvio-padrão
RefEx	3,319	1,332
ConPrev	3,023	1,081
InterCel	3,472	0,965
SatExp	3,942	0,634
InfluCel	3,157	1,211
ImpCont	4,040	0,648
DifSuc	2,372	0,705
EstInd	3,957	0,747
InfProf	4,479	0,564

Fonte: Elaborada pelos autores

Após a construção dos indicadores passou-se à análise das questões quantitativas relacionadas às distintas partes do questionário:

A Análise Estatística das Partes do Questionário

Tomando como base a estrutura do questionário apresentado na Tabela 1, associado aos valores obtidos para os indicadores (Tabela 4), pode-se, resumidamente, ressaltar para os alunos participantes da pesquisa:

Parte 1: A caracterização do perfil discente

Da análise das respostas das 18 perguntas da primeira parte do questionário, percebe-se que os alunos que participaram das entrevistas são jovens com idade média de 20 a 35 anos e majoritariamente do sexo masculino (63,9%). Em relação à escolaridade do ensino fundamental, 63,9% cursaram escolas privadas e 59,1% no período matutino. Em relação ao ensino médio, 62,3% cursaram escolas privadas e 60,7% no período matutino. Dos entrevistados, 75% não fizeram o ensino técnico. A maioria dos alunos entrevistados está cursando a sua primeira graduação (89,7%); moram com a família (77,8%); não trabalham (69,8%) e não são bolsistas (66,7%). Pesquisou-se também a maior escolaridade dos pais ou tutores legais. Os resultados indicaram um elevado nível de formação, sendo que graduação completa é a escolaridade mais frequente (42%), seguido do ensino médio completo (27%) e pós-graduação (20%).

Parte 2: A graduação na IES

Os alunos que participaram da pesquisa, em média, iniciaram a graduação na IES no segundo semestre de 2013 e estão cursando o terceiro ciclo. Tal resultado aponta um atraso médio de um ciclo semestral para os estudantes matriculados entre o segundo e o quarto ciclo, em relação ao andamento do curso. Esse fato é um indicativo das dificuldades enfrentadas pelos estudantes nas etapas iniciais do curso. Dos alunos que responderam ao questionário, 31% frequentam o curso de Engenharia Mecânica; 20% frequentam o Ciclo Básico; 13%, Engenharia Elétrica; 13%, Produção; 12%, Civil; e 10% frequentam os demais cursos de Engenharia.

Parte 3: A formação na educação básica

As questões associadas à "Formação na educação básica" eram todas em escala de Likert de cinco pontos que, após a análise estatística feita pela ACP, gerou o constructo denominado "Conhecimentos prévios". A análise das três questões indicou que os alunos acreditam que a formação acadêmica deles, na educação básica, não os preparou o suficiente para enfrentar as adversidades de um curso de graduação em Engenharia como o oferecido pela IES. A análise também indicou que não há uma clara satisfação e, muito menos, insatisfação com o conhecimento matemático construído na educação básica (EB). Esse mesmo conhecimento matemático adquirido na EB, às vezes, auxilia-os no desempenho das disciplinas do Departamento de Matemática.

Parte 4: O processo ensino-aprendizagem do Departamento de Matemática da IES

Das questões associadas a essa parte do questionário, duas (31 e 32) eram abertas; as demais eram em escala de Likert. A análise estatística das questões relacionadas permitiu identificar quatro constructos com comportamentos independentes: "Satisfação com o professor e a estrutura", "Importância da Matemática e da IES", "Dificuldade para o sucesso acadêmico" e "Estudo individual versus grupo".

O constructo "Satisfação com o professor e a estrutura" indicou que, para os alunos, tanto os professores quanto as aulas (do Departamento de Matemática) quase sempre atendem às suas expectativas.

O constructo "Importância da Matemática e da IES" indicou que os alunos, ao concluírem um componente curricular (do Departamento de Matemática), percebem a importância dele para a sua formação geral e profissional.

O constructo "Dificuldade para o sucesso acadêmico" indicou que a principal dificuldade dos alunos, durante as aulas dos componentes curriculares (do Departamento de Matemática), é ter desempenho satisfatório nas provas bimestrais. Contudo, ao serem questionados se eles consideram os componentes cursados (do Departamento de Matemática) muito difíceis, a análise estatística indicou que os alunos não concordam e nem discordam.

O constructo "Estudo individual versus grupo" indicou que a maioria dos alunos não estuda em grupo. A análise estatística indicou também que quase sempre os alunos, segundo sua avaliação, conseguem aprender os conhecimentos matemáticos que são desenvolvidos durante as aulas das disciplinas do Departamento de Matemática.

Parte 5: O acolhimento acadêmico proporcionado pela IES

As questões "Sobre o acolhimento acadêmico proporcionado pela IES" eram todas em escala de Likert e, após a análise estatística, foram classificadas nos constructos "Importância da Matemática e da IES", "Dificuldade para o sucesso acadêmico" e "Satisfação com o professor e a estrutura".

A questão associada ao constructo "Importância da Matemática e da IES" indicou que o aluno concorda sobre o fato de que, ao ingressar no curso de Engenharia da IES, ele se sente totalmente acolhido pela comunidade da IES. Já a questão associada ao constructo "Dificuldade para o sucesso acadêmico" indicou que o aluno concorda sobre o fato de que o curso de graduação em Engenharia, oferecido pela IES, é muito difícil. Em relação à questão associada ao constructo "Satisfação com o professor e a estrutura", a análise estatística indicou que o aluno está satisfeito com a estrutura acadêmica (monitores, acervo bibliográfico, apoio acadêmico, laboratórios, salas de estudos etc.) disponibilizada pela IES.

Parte 6: As escolas de reforço

Das questões "Sobre as escolas de reforço", apenas uma delas (45) é aberta. Todas as demais são em escala de Likert. Após a análise estatística, as questões foram classificadas no constructo "Pouca necessidade de reforço externo". As respostas indicaram que os alunos pesquisados não concordam e nem discordam sobre o fato de recorrerem às escolas de reforço quando não se sentem preparados para as provas bimestrais das disciplinas do Departamento de Matemática, quando os resultados das provas bimestrais são insatisfatórios ou quando não conseguem entender o que o professor explica durante as aulas. No entanto, os alunos discordam sobre o fato de recorrerem às aulas de reforço quando eles não têm empatia com o professor.

Parte 7: A dispersão em sala de aula

Das questões relacionadas a essa parte do questionário, duas são abertas (50 e 51). As demais questões foram classificadas, após a análise estatística, nos constructos "Influência do professor na atenção", "Interação com o celular durante a aula" e "Influência do uso do celular".

As questões associadas ao constructo "Influência do professor na atenção" indicaram que os alunos concordam com o fato de que a atenção deles, durante as aulas, é melhor quando o professor mostra uma aplicação do conteúdo matemático na Engenharia e, ainda mais fortemente, quando o professor demonstra confiança e conhecimento sobre o conteúdo abordado.

Em relação ao constructo "Interação com o celular durante a aula", a análise estatística indicou que o aluno discorda sobre o fato de que ele interage com o celular quando chega atrasado e perde o início da explicação do professor, bem como discorda sobre a questão de ele, apesar de prestar atenção às aulas do Departamento de Matemática, interagir com o seu aparelho celular (ou tablet) o tempo todo. Contudo, o aluno não concorda e nem discorda sobre a questão de ele interagir com o seu aparelho celular (ou tablet) quando não se interessa pelo assunto discutido em sala de aula.

Em relação ao constructo "Influência do uso do celular", a análise estatística indicou que o aluno não concorda e nem discorda sobre o fato de que a interação com o seu aparelho celular (ou tablet) atrapalha a atenção durante as aulas do Departamento de Matemática e muito menos atrapalha a sua compreensão e entendimento dos conteúdos matemáticos trabalhados durante as aulas.

A Análise de Conteúdo

A análise de conteúdo proposta por Laurence Bardin foi aplicada nas questões abertas de número 22, 32, 45, 50 e 51 do questionário respondido pelos alunos e é, a seguir, apresentada.

Questão 22. Quais foram os motivos que o levaram a escolher a FEI para cursar a graduação em Engenharia?

O processo de análise constituiu em identificar as palavras-chave que apareceram com maior frequência e, nesse sentido, a unidade de registro utilizada foi a palavra. Após algumas leituras decidiu-se pelas palavras-chave: *qualidade (reconhecimento, excelência e qualidade), prestígio (mercado de trabalho e indicação), localidade, infraestrutura, bolsa de estudo, outros (outros e curso específico de engenharia).*

A análise da questão 22 nos revelou que 48% dos alunos pesquisados escolheram a FEI devido à sua qualidade, traduzida nas respostas dos alunos pelas palavras-chave "reconhecimento", "excelência" e "qualidade". O segundo fator, com 27,5%, foi o prestígio da FEI junto ao mercado de trabalho e à sociedade civil (ex-alunos, familiares, professores dos ensinos técnico e médio e do cursinho).

Questão 32. Qual é a sua estratégia de estudo, fora da sala de aula, para as disciplinas do Departamento de Matemática?

As palavras-chave utilizadas para analisar a questão 32 foram: *material impresso (livros e notas de aulas), mídias eletrônicas (videoaula e internet), prática (exercícios), estudo periódico (todo dia, semanalmente, tempo livre, finais de semana, após aula e antes da aula), teoria (ler e rever), provas antigas (listas complementares e provas antigas), escola de reforço, estudo na véspera da prova, esclarecimento de dúvidas (professor, colega e monitora) e outros (não estuda, sem estratégia, sozinho, em grupo, estudo de matérias difíceis etc.).*

A análise da questão 32 nos revelou que 43,5% dos alunos pesquisados utilizam a resolução de exercícios como a principal estratégia de estudo fora da sala de aula, seguido do estudo contínuo (12,5%). O estudo contínuo contempla — estudar todos os dias; estudar nos fins de semana; no tempo livre; semanalmente; antes e após a aula. A estratégia revisão teórica é a principal apenas para 10% dos alunos pesquisados. Também é de apenas 10% a estratégia de leitura de material impresso (livros e notas de aulas). Apesar de todos os artefatos tecnológicos, apenas 5% dos alunos pesquisados os utilizam como estratégia de estudo. A aula de reforço, bem como, a revisão das avaliações e o estudo esporádico (estudar na véspera das provas) foram mencionados como as principais estratégias de estudo para 7% dos alunos pesquisados. Esse resultado indica que o aluno feiano se preocupa em aprender o que lhe é ensinado nas aulas das disciplinas do Departamento de Matemática, e não somente estudar para ser aprovado.

Questão 45. Indique, se possível, outros fatores que colaboram para que você recorra às escolas de reforço.

As palavras-chave utilizadas para analisar a questão 45 foram: *medo de reprovação (4%), dedicação aos estudos (8%), deficiência conceitual na formação básica (4%), exercícios (9,5%), conteúdo (6%), professor (didática, método, relação professor-aluno, competência teórico-prática e transparência) (35%), outros (12%) e não recorro (21,5%).*

Em relação a esses resultados, consideramos importante, neste momento, destacar apenas as palavras-chave "professor" e "não recorro", porque foram as que mais nos chamaram atenção.

Nesse sentido, a análise da questão 45 nos revelou que, do ponto de vista dos alunos pesquisados, o professor é o principal responsável por eles recorrerem às escolas de reforço. Associamos a palavra-chave central "professor" às palavras "didática" (50%), "método" (10,5%), "relação professor-aluno" (31%), "competência teórico-prática" (3,5%) e "transparência" (5%).

Dentre os fatores relacionados à palavra-chave "professor", a palavra-chave "didática", com 50%, foi a que mais apareceu, ou seja, 17,5% dos alunos entrevistados consideram a didática o principal responsável para que eles recorram às escolas de reforço. Outro fator que nos chama atenção diz respeito ao fato de que 10,8% dos alunos entrevistados creditam a relação professor-aluno como principal responsável por eles recorrerem às escolas de reforço.

Ainda em relação à análise da questão 45, dos alunos pesquisados, 21,5% responderam que não frequentam as escolas de reforço.

Questão 50. Cite, se possível, outros fatores que contribuem, NEGATIVA-MENTE, para a sua atenção durante as aulas das disciplinas do Departamento de Matemática.

As palavras-chave utilizadas para analisar a questão 50 foram: *professor (didática, método, relação professor-aluno e competência teórico-prática) (48%), alunos (20%), aula (12,5%), aplicação prática (5%) e outros (celular, cansaço, calor etc.) (14,5%).*

A análise da questão 50 nos revelou que, segundo os alunos pesquisados, o professor é o principal responsável pela diminuição da atenção do aluno durante as aulas das disciplinas do Departamento de Matemática. Associamos a palavra-chave central "professor" às palavras-chave "didática" (24,3%), "método" (42,5%), "relação professor-aluno" (22,2%) e "competência teórico-prática" (11%).

Dentre os fatores relacionados à palavra-chave "professor", a pesquisa nos revelou que 20,4%, dos alunos pesquisados, consideram o método utilizado pelo professor como o principal fator responsável pela diminuição da sua atenção e 11,66%, a didática do professor. Outro fator que contribui, negativamente, para a diminuição da atenção do aluno é a relação professor-aluno, com 10,66%.

A segunda palavra-chave que mais apareceu, ao analisar a questão 50, foi "aluno", com 20%, o que significa que, para os alunos pesquisados, o segundo fator que mais contribui, negativamente, para a diminuição da sua atenção são os próprios colegas.

Contudo, as palavras-chave "professor", "aula" e "aplicação prática" correspondem a 65,5% das causas para a diminuição da atenção dos alunos durante as aulas das disciplinas do Departamento de Matemática, informação essa que precisa ser discutida junto aos docentes.

Questão 51. Cite, se possível, outros fatores que contribuem, POSITIVA-MENTE, para a sua atenção durante as aulas das disciplinas do Departamento de Matemática.

As palavras-chave utilizadas para analisar a questão 51 foram: *professor (didática/comunicação, método, empenho, preparo e dinamismo) (94,5%), silêncio (2%) e outros (3,5%).*

A análise da questão 51 revelou que o professor é o principal responsável por manter a atenção dos alunos durante as aulas das disciplinas do Departamento de Matemática. Associamos a palavra-chave central "professor" às palavras "comunicação e didática" (12%), "método" (47%), "empenho" (29%), "relacionamento" (29%) e "preparo" (competência teórico-prática) (12%).

Dentre os fatores relacionados à palavra-chave "professor", a pesquisa nos revelou que 44,42% dos alunos pesquisados consideram o método utilizado pelo professor o fator que mais contribui, positivamente, para que a atenção dele não diminua durante as aulas das disciplinas do Departamento de Matemática. A relação professor-aluno, com 27,41%, é o segundo fator que mais contribui, positivamente, seguido da didática (11,34%) e da competência teórico-prática (11,34%).

Tratamento e Análise Estatística das Variáveis Categóricas

Com o auxílio do software estatístico SPSS procurou-se investigar diferenças significativas para os resultados dos indicadores Conhecimentos prévios (ConPre) e Dificuldade para o sucesso acadêmico (DifSuc) entre distintas categorias pertinentes às variáveis categóricas. O teste estatístico **t de Student**, em um nível de significância de 5%, indicou que não há diferença significativa entre os sexos, entre alunos bolsistas e não bolsistas e que moram ou não com a família, no que diz respeito aos conhecimentos prévios e à dificuldade para o sucesso acadêmico.

O teste estatístico **ANOVA**, em um nível de significância de 5%, indicou que: 1) Alunos com ensino fundamental cursado em escolas públicas têm um conhecimento prévio menor que aqueles que o fizeram em escola privada (total ou parcialmente). Tal diferença não se manifesta quanto à percepção da dificuldade para seu sucesso acadêmico; 2) Alunos com ensino médio cursado em escolas públicas têm um conhecimento prévio menor que aqueles que o fizeram em escola privada (total ou parcialmente). Tal diferença não se manifesta quanto à percepção da dificuldade para seu sucesso acadêmico; e 3) Alunos que trabalham em período integral têm um conhecimento prévio menor que aqueles que não trabalham. Não há diferença significativa para os que trabalham parcialmente. Tal diferença não se manifesta quanto à percepção da dificuldade para seu sucesso acadêmico

O teste estatístico de **Correlação,** em um nível de significância de 1%, indicou que existem correlações fracas, porém significativas, entre: Dificuldade de Sucesso e Conhecimentos prévios; Escolaridade dos pais e Conhecimentos prévios. Contudo, não há correlação entre Escolaridade dos pais e Dificuldade de sucesso acadêmico.

O teste estatístico de **Regressão**, em um nível de significância de 1%, indicou que para um aumento de 1 nível na escolaridade dos pais verifica-se um aumento de 0,168 no indicador de conhecimentos prévios dos estudantes.

CONSIDERAÇÕES FINAIS

Embora ainda com resultados parciais, este trabalho foi capaz de trazer interessantes pontos para reflexão. Destacam-se alguns deles:

Mesmo estudantes jovens, vindos em sua maioria de escolas privadas e de famílias com elevada escolarização, não se sentem respaldados pelo conhecimento adquirido no ensino médio, assumido como necessário ao início de um curso de Engenharia. Tal fato acaba por impactar em insucesso acadêmico, como demonstra o atraso médio dos estudantes em relação à progressão natural do curso.

O processo ensino-aprendizagem de Matemática não pode ser considerado homogêneo entre os estudantes, uma vez que esse processo foi descrito por quatro constructos ("Satisfação com o professor e a estrutura", "Importância da Matemática e da IES", "Dificuldade para o sucesso acadêmico" e "Estudo individual versus grupo"), cada um deles com comportamento independente dos demais, independência essa garantida pela própria ACP. Assim, distintos comportamentos e preferências nas relações de ensino-aprendizagem devem ser considerados, mesmo em um conjunto de estudantes relativamente parecido.

O mesmo se pode dizer sobre a percepção de acolhimento pela IES, pois esta perpassa, de forma independente, tanto a Satisfação com a IES e seu quadro de professores como as dificuldades acadêmicas enfrentadas pelo estudante, bem como a percepção de relevância do conteúdo abordado.

Questões relacionadas ao apoio externo à IES e à concentração em sala de aula apresentam-se um pouco difusas. Entretanto, para a concentração destacam-se dois aspectos: a forte influência do professor sobre a atenção do estudante e a heterogeneidade da percepção da influência de equipamentos de comunicação na concentração do estudante.

Em relação às cinco questões abertas, a análise realizada indicou que 75,5% dos alunos ingressantes optam por estudar na FEI, devido a seu reconhecimento institucional, principalmente, associado à qualidade (48%) e ao prestígio (27,5%) dela junto ao mercado de trabalho e à sociedade como um todo.

Em relação à estratégia de estudo fora da sala de aula, no que tange às disciplinas do Departamento de Matemática, a pesquisa revelou que 43,5% dos alunos estudam, prioritariamente, resolvendo exercícios. E para eles, mais que serem aprovados, o importante é aprender o conteúdo matemático desenvolvido ao longo dos cursos das disciplinas do Departamento de Matemática. Isso foi constatado, conforme explicitado anteriormente, pelas palavras-chave "revisão das avaliações", "aulas de reforço" e "estudo esporádico", que foram indicadas por apenas 7% dos alunos pesquisados.

Sobre os fatores que colaboram para que uma parcela dos alunos recorra às escolas de reforço, a pesquisa revelou que 35% dos estudantes que responderam ao questionário consideram o professor da FEI o principal responsável, ou melhor, a didática e a relação professor-aluno, dentre outros fatores. No entanto, 21,5% dos alunos pesquisados indicaram que não recorrem às escolas de reforço.

A palavra-chave "professores" e as categorias associadas a ela, quais sejam — didática, método, relação professor-aluno, transparência e a competência teórico-prática —, também apareceram nas questões que investigaram os fatores que contribuem, NEGATIVAMENTE, e/ou POSITIVAMENTE, para a atenção dos alunos durante as aulas das disciplinas do Departamento de Matemática. Sendo assim, dos alunos pesquisados, 48% deles a indicaram como o principal fator negativo, com destaque para o método utilizado pelo professor (20,4%), para a didática (11,66%) e para a relação professor-aluno (10,66%). Já na pergunta associada aos fatores positivos, 94,5% dos alunos pesquisados consideram que o professor é o principal fator, ou melhor, o método utilizado por ele (44,42%), seguido pela relação professor-aluno (27,41%).

Agradecimentos

Ao Centro Universitário FEI, pelo apoio financeiro, de infraestrutura e pedagógico. Aos discentes do Centro Universitário FEI.

REFERÊNCIAS

BARDIN, Laurence. **Análise de conteúdo**. ed. rev. e amp. São Paulo: Edições 70, 2011. Tradução de Luís Antero Reto e Augusto Pinheiro.

GERAB, Iraní Ferreira et al. **Avaliação da disciplina Formação Didático-Pedagógica em Saúde:** a ótica dos pós-graduandos. Revista Brasileira de Pós-Graduação — RBPG, Brasília, v. 11, n. 24, pp. 533–552, jun. 2014.

PEREIRA, Júlio César Rodrigues. **Análise de dados qualitativos**: estratégias metodológicas para ciências da saúde, humanas e sociais. 3. ed. São Paulo: Edusp/Fapesp, 2004. p. 160.

VARELLA, Carlos Alberto Alves. **Análise multivariada aplicada às ciências agrárias:** análise de componentes principais. 2008. Disponível em: <http://www.ufrrj.br/institutos/it/deng/varella/Downloads/multivariada%20aplicada%20as%20ciencias%20agrarias/Aulas/analise%20de%20componentes%20principais.pdf>. Acesso em: 04 maio 2015.

ANEXO 1

QUESTIONÁRIO DESTINADO AOS DISCENTES DO CENTRO UNIVERSITÁRIO FEI

PARTE 1: Caracterização do perfil discente

1. Idade:

2. Gênero: ( ) Feminino   ( ) Masculino

3. Naturalidade:

4. ESCOLARIDADE
O ensino fundamental foi cursado em escola:
( ) Pública   ( ) Privada   ( ) Pública e Privada

5. ESCOLARIDADE
O ensino fundamental foi cursado no período:
( ) Matutino   ( ) Vespertino   ( ) Noturno
( ) Matutino e vespertino   ( ) Vespertino e noturno   ( ) Matutino e noturno

6. ESCOLARIDADE
Ano de conclusão do ensino fundamental.

7. ESCOLARIDADE
O ensino médio foi cursado em escola:
( ) Pública   ( ) Privada   ( ) Pública e Privada

8. ESCOLARIDADE
O ensino médio foi cursado no período:
( ) Matutino   ( ) Vespertino   ( ) Noturno
( ) Matutino e vespertino   ( ) Vespertino e noturno   ( ) Matutino e noturno

9. ESCOLARIDADE
O ensino médio cursado foi técnico?
( ) Sim   ( ) Não

10. ESCOLARIDADE
Em caso afirmativo, especifique a habilitação (modalidade) do ensino técnico.

11. ESCOLARIDADE
Ano de conclusão do ensino médio.

12. Esta é sua primeira graduação?   ( ) Sim   ( ) Não

13. Em caso negativo, qual foi a graduação cursada? Ela foi concluída (ano de conclusão)?

14. Aponte a maior escolaridade dos seus pais ou tutores legais.

15. Atualmente, você reside...
( ) com a família   ( ) sozinho   ( ) com amigos

16. Atualmente, você trabalha?
( ) Sim (período integral)   ( ) Sim (período parcial)   ( ) Não

17. É bolsista?   ( ) Sim   ( ) Não

18. Em caso afirmativo, indique o percentual e o tipo de bolsa.

PARTE 2: A graduação na FEI

19. Quando você iniciou o curso de graduação na FEI?

20. Qual é o ciclo que você está cursando na FEI?

21. Qual é o curso de Engenharia que você frequenta na FEI?

22. Quais foram os motivos que o levaram a escolher a FEI para cursar a graduação em Engenharia?

PARTE 3: A formação da educação básica

23. A minha formação acadêmica da educação básica não me preparou para enfrentar as adversidades de um curso de graduação em Engenharia como o oferecido pela FEI.

( ) Concordo plenamente   ( ) Concordo

( ) Não concordo e nem discordo   ( ) Discordo   ( ) Discordo plenamente

24. Qual é o seu grau de satisfação com o seu conhecimento matemático construído na educação básica?

( ) Muito satisfeito   ( ) Satisfeito   ( ) Nem satisfeito nem insatisfeito

( ) Insatisfeito   ( ) Muito insatisfeito

25. Em que medida o conhecimento matemático que você adquiriu na educação básica auxilia no seu desempenho nas disciplinas do Departamento de Matemática?

( ) Sempre   ( ) Quase sempre   ( ) Às vezes

( ) Raramente   ( ) Nunca

PARTE 4: O Processo ensino-aprendizagem do Departamento de Matemática da FEI

26. Os professores (do Departamento de Matemática) atendem às suas expectativas durante as aulas?

( ) Sempre   ( ) Quase sempre   ( ) Às vezes

( ) Raramente   ( ) Nunca

27. As aulas das disciplinas (do Departamento de Matemática) atendem às suas expectativas?

( ) Sempre   ( ) Quase sempre   ( ) Às vezes

( ) Raramente   ( ) Nunca

28. Ao concluir uma disciplina (do Departamento de Matemática), eu percebo a importância dela para a minha formação geral?

( ) Concordo plenamente   ( ) Concordo

( ) Não concordo e nem discordo   ( ) Discordo   ( ) Discordo plenamente

29. Ao concluir uma disciplina (do Departamento de Matemática), eu percebo a importância dela para a minha formação profissional?
( ) Concordo plenamente   ( ) Concordo
( ) Não concordo e nem discordo   ( ) Discordo   ( ) Discordo plenamente

30. Em que medida você consegue aprender os conhecimentos matemáticos que são desenvolvidos durante as aulas das disciplinas do Departamento de Matemática?
( ) Sempre   ( ) Quase sempre   ( ) Às vezes
( ) Raramente   ( ) Nunca

31. Quantas horas semanais, além das aulas, você dedica ao estudo das disciplinas do Departamento de Matemática?

32. Qual é a sua estratégia de estudo, fora da sala de aula, para as disciplinas do Departamento de Matemática?

33. Em que medida você estuda sozinho?
( ) Sempre   ( ) Quase sempre   ( ) Às vezes
( ) Raramente   ( ) Nunca

34. Em que medida você participa de grupos de estudos?
( ) Sempre   ( ) Quase sempre   ( ) Às vezes
( ) Raramente   ( ) Nunca

35. A minha principal preocupação durante as aulas das disciplinas (do Departamento de Matemática) é ter desempenho satisfatório das provas bimestrais.
( ) Concordo plenamente   ( ) Concordo
( ) Não concordo e nem discordo   ( ) Discordo   ( ) Discordo plenamente

36. Eu considero as disciplinas cursadas (do Departamento de Matemática) muito difíceis.
( ) Concordo plenamente   ( ) Concordo
( ) Não concordo e nem discordo   ( ) Discordo   ( ) Discordo plenamente

PARTE 5: Sobre o acolhimento acadêmico proporcionado pela FEI

37. Ao ingressar no curso de Engenharia da FEI eu me senti TOTALMENTE acolhido pela comunidade feiana?

( ) Concordo plenamente   ( ) Concordo
( ) Não concordo e nem discordo   ( ) Discordo   ( ) Discordo plenamente

38. Eu considero o curso de graduação, em Engenharia, oferecido pela FEI muito difícil.

( ) Concordo plenamente   ( ) Concordo
( ) Não concordo e nem discordo   ( ) Discordo   ( ) Discordo plenamente

39. Qual é o seu grau de satisfação com a estrutura acadêmica (monitores, acervo bibliográfico, PAI, laboratórios, salas de estudos etc.) disponibilizada pela FEI?

( ) Muito satisfeito   ( ) Satisfeito   ( ) Nem satisfeito nem insatisfeito
( ) Insatisfeito   ( ) Muito insatisfeito

PARTE 6: Sobre as escolas de reforço

40. Quando não me sinto preparado para as provas bimestrais (das disciplinas do Departamento de Matemática), eu recorro às escolas de reforço.

( ) Concordo plenamente   ( ) Concordo
( ) Não concordo e nem discordo   ( ) Discordo   ( ) Discordo plenamente

41. Eu recorro às escolas de reforço quando os resultados das minhas provas bimestrais (das disciplinas do Departamento de Matemática) são insatisfatórios.

( ) Concordo plenamente   ( ) Concordo
( ) Não concordo e nem discordo   ( ) Discordo   ( ) Discordo plenamente

42. Eu recorro às escolas de reforço quando não consigo entender o que o professor (das disciplinas do Departamento de Matemática) explica durante as aulas.

( ) Concordo plenamente   ( ) Concordo
( ) Não concordo e nem discordo   ( ) Discordo   ( ) Discordo plenamente

43. Eu recorro às escolas de reforço quando não tenho empatia com o professor da disciplina do Departamento de Matemática.
( ) Concordo plenamente   ( ) Concordo
( ) Não concordo e nem discordo   ( ) Discordo   ( ) Discordo plenamente

44. Eu recorro às escolas de reforço, pois não assisto às aulas das disciplinas do Departamento de Matemática.
( ) Concordo plenamente   ( ) Concordo
( ) Não concordo e nem discordo   ( ) Discordo   ( ) Discordo plenamente

45. Indique, se possível, outros fatores que colaboram para que você recorra às escolas de reforço.

PARTE 7: A dispersão em sala de aula

46. A minha atenção, durante as aulas, é melhor quando o professor mostra uma aplicação do conteúdo matemático na Engenharia.
( ) Concordo plenamente   ( ) Concordo
( ) Não concordo e nem discordo   ( ) Discordo   ( ) Discordo plenamente

47. A minha atenção, durante as aulas, é melhor quando o professor demonstra confiança e conhecimento sobre o conteúdo matemático abordado.
( ) Concordo plenamente   ( ) Concordo
( ) Não concordo e nem discordo   ( ) Discordo   ( ) Discordo plenamente

48. A minha atenção, durante as aulas das disciplinas do Departamento de Matemática, é melhor quando eu tenho empatia com o professor.
( ) Concordo plenamente   ( ) Concordo
( ) Não concordo e nem discordo   ( ) Discordo   ( ) Discordo plenamente

49. A minha atenção durante as aulas (de 100 minutos) das disciplinas do Departamento de Matemática, independentemente da estratégia adotada pelo professor,
( ) diminui após 25 minutos de aula   ( ) diminui entre 25 e 50 minutos de aula
( ) diminui entre 50 e 75 minutos de aula   ( ) diminui entre 75 e 100 minutos de aula
( ) nunca diminui

50. Cite, se possível, outros fatores que contribuem, NEGATIVAMENTE, para a sua atenção durante as aulas das disciplinas do Departamento de Matemática.

51. Cite, se possível, outros fatores que contribuem, POSITIVAMENTE, para a sua atenção durante as aulas das disciplinas do Departamento de Matemática.

52. Eu interajo com o meu aparelho celular (ou tablet) quando chego atrasado à aula e perco o início da explicação do professor.

( ) Concordo plenamente ( ) Concordo
( ) Não concordo e nem discordo ( ) Discordo ( ) Discordo plenamente

53. Eu interajo com o meu aparelho celular (ou tablet) quando não me interesso pelo assunto discutido em sala de aula.

( ) Concordo plenamente ( ) Concordo
( ) Não concordo e nem discordo ( ) Discordo ( ) Discordo plenamente

54. Apesar de prestar atenção às aulas das disciplinas do Departamento de Matemática, eu interajo com o meu aparelho celular (ou tablet) o tempo todo.

( ) Concordo plenamente ( ) Concordo
( ) Não concordo e nem discordo ( ) Discordo ( ) Discordo plenamente

55. A interação com o meu aparelho celular (ou tablet) não atrapalha a minha atenção durante as aulas das disciplinas do Departamento de Matemática.

( ) Concordo plenamente ( ) Concordo
( ) Não concordo e nem discordo ( ) Discordo ( ) Discordo plenamente

56. A interação com o meu aparelho celular (ou tablet) não atrapalha a minha compreensão e entendimento dos conteúdos matemáticos trabalhados durante as aulas.

( ) Concordo plenamente ( ) Concordo
( ) Não concordo e nem discordo ( ) Discordo ( ) Discordo plenamente

Capítulo 2

Contribuição da Matemática no Ensino Médio para Despertar o Interesse pela Graduação em Engenharia

Custódio Thomaz Kerry Martins

INTRODUÇÃO E OBJETIVO

Em meados do ano de 2012, o **CNPq** (Conselho Nacional de Desenvolvimento Científico e Tecnológico) lançou sua *Chamada CNPq/Vale S.A. nº 05/2012*, um edital pelo qual propunha-se apoiar, com o aporte de recursos financeiros, o planejamento, a implementação e o desenvolvimento de projetos que tivessem por finalidade fomentar o interesse dos estudantes do ensino médio pela graduação em Engenharia. A configuração de uma estreita interação entre uma Instituição de Ensino Superior e uma Instituição de Ensino Médio, preferencialmente uma escola da rede pública, foi uma das diretrizes da *Chamada CNPq/Vale S.A.*

A proposta do edital levava em conta as indicações de vários setores da sociedade (órgãos governamentais, associações profissionais, veículos de comunicação, analistas econômicos e sociais, centros de desenvolvimento e pesquisa etc.) sobre a necessidade urgente de crescimento da quantidade de profissionais das diversas Engenharias, como consequência das transformações sociais e evoluções tecnológicas verificadas no país nos últimos anos. Essas indicações ressaltam também a relevância da qualidade na formação humana, científica e tecnológica desses profissionais.

O objetivo da Chamada foi colocado com a seguinte descrição:

Selecionar propostas para apoio financeiro a projetos que visem estimular a formação de engenheiros no Brasil, combatendo a evasão que ocorre principalmente nos primeiros anos dos cursos de Engenharia e despertando o interesse vocacional dos alunos de ensino médio pela profissão de engenheiro e pela pesquisa científica e tecnológica, por meio de forte interação com escolas do ensino médio. (Chamada CNPq/Vale S.A. No. 05/2012, 2012)

A Chamada especificava a constituição e organização de uma equipe formada por um coordenador, proponente do projeto, que deveria ser um professor de uma IES em um curso de Engenharia; um estudante de graduação em Engenharia dessa mesma IES; um professor; e de dois a quatro estudantes de uma instituição de ensino médio, preferencialmente uma escola pública. Como já mencionado, um dos aspectos centrais era promover uma forte interação entre os participantes: professor coordenador do ensino superior, bolsista professor do ensino médio, bolsista estudante de graduação em Engenharia e bolsistas estudantes do ensino médio.

Os aspectos previstos como norteadores das propostas de projeto foram descritos assim:

O projeto deve estabelecer conexões entre os ensinamentos básicos de Engenharia com a aplicabilidade da teoria na solução de problemas reais, enfatizando a inserção econômica e social e o papel da Engenharia no setor industrial e de serviço etc.

O projeto pode ser apresentado nos seguintes formatos:

a) Projeto de pesquisa.

b) Estruturação ou aperfeiçoamento de centros de ciências, museus e parques de ciências, fixos ou itinerantes, visando à expansão e divulgação das Engenharias.

c) Realização de eventos e exposições itinerantes de ciência e tecnologia, organizados nas áreas das Engenharias.

d) Produção, desenvolvimento e avaliação de novas metodologias e/ou materiais educativos voltados para a divulgação e atração das áreas das Engenharias.

e) Produção de conteúdo para promover a divulgação da Engenharia através da mídia (rádios e TVs universitários).

f) Trabalhos em equipe que estimulem a participação em competições e/ou olimpíadas escolares nas áreas das Engenharias.

O projeto deve potencializar a vocação nos alunos de graduação em Engenharia em início de curso, despertar o interesse pela Engenharia nos estudantes de nível médio e promover a divulgação entre seus professores por meio de atividades didáticas, eventos científicos, culturais e tecnológicos, incluindo laboratórios, oficinas, núcleos de experimentação científica, feiras de ciências etc. (Chamada CNPq/Vale S.A. No. 05/2012, 2012)

Entre as alternativas descritas na Chamada pode-se destacar a produção de materiais educativos voltados para a divulgação e atração das áreas das Engenharias e o estímulo ao trabalho de colaboração entre os atores envolvidos.

O ponto de partida para a elaboração da proposta do projeto foi considerar que a aproximação entre o estudante do ensino médio e o interesse pela graduação em Engenharia pode ser facilitada pelo processo de aprendizagem da Matemática no ensino médio, com o emprego da abordagem e do tratamento de problemas em situações de cenários que se avizinhem da realidade profissional de um engenheiro.

A proposta foi fundamentada em outros dois aspectos centrais: conceber o estudante como protagonista no processo de sua aprendizagem e empregar recursos computacionais para promover aprofundamentos e facilitações nas formas de realizar e manipular os registros de representação dos conceitos da Matemática.

A proposta do projeto foi desenvolver a busca, seleção e tratamento de problemas de Matemática, do ensino fundamental e do ensino médio, em três fontes. A primeira fonte foi o material didático encontrado e utilizado na escola de ensino médio, como atividades de avaliação, atividades de estudo, apontamentos de aulas. A segunda fonte foi composta por provas ou avaliações externas, como concursos vestibulares, avaliações oficiais ou torneios de Matemática. A terceira foi a contribuição de profissionais da Engenharia que formularam propostas de problemas de Matemática do ensino médio que pudessem remeter a situações próprias do cenário de trabalho de um engenheiro.

REFERENCIAL TEÓRICO

As atividades de busca e seleção dos problemas, no âmbito de cada uma das três fontes de materiais já descritas, apoiaram a produção de um dos aspectos importantes da proposta que era o protagonismo do estudante no desdobramento dos trabalhos do projeto. Assim, os estudantes desenvolveram a coleta de problemas com situações de contexto que eles julgaram ser interessantes. Além da coleta propriamente dita, o grupo de trabalho procurou introduzir adequações e sequenciamento das situações com o objetivo de promover a atração pelo material constituído.

A atividade de tratamento de problemas da Matemática escolar é um dos focos centrais de interesse no desenrolar deste projeto. Tal atividade configura-se como uma composição de algumas passagens por registros de representação de um processo, que conduz ao método de resolução do problema.

A composição pode envolver formas intermediárias variadas, e o produto final da atividade é a constituição de um método de resolução do problema, com resultado ou resposta bem justificados do ponto de vista de argumentação lógica e bem situados em termos de adequação ao contexto tratado.

A articulação ou a elaboração do método de resolução envolve abstrações, como é comum ocorrer em trabalhos com objetos matemáticos, e assim exigem que o estudante ou o professor se utilizem de alguma forma de registro de representação semiótica para que se possa acessá-lo, seja para o seu entendimento, para sua discussão, para sua construção ou para sua argumentação.

Duval (2008) descreve as noções que constituem a teoria dos registros de representação semiótica, concebida para buscar o entendimento do processo de aprendizagem de objetos Matemáticos, mas que pode ser empregada também em outros cenários de aprendizagem.

O tratamento dos problemas envolve o emprego de registros em língua natural, registros algébricos e registros gráficos, praticamente em todas as fases das construções, além dos registros informais (esboços e figuras) que emergem principalmente nos primeiros atos de concepção dos métodos de resolução.

O estudante, para revelar que sabe como conduzir a resolução do problema, deve elaborar a construção de um método com o emprego de um registro de representação. Quando o estudante declara "esse é o processo de resolução", ou seja, quando o estudante já criou para si o método de resolução, certamente o que ele exibe é um registro de representação de tal processo, e para isso o estudante pode lançar mão dos recursos da língua natural, de esboços com a combinação de recursos gráficos e da escrita ou de registros em linguagem algébrica.

Durante a fase de descoberta e do primeiro esboço do método de resolução, o estudante articula as ferramentas de que dispõe: conhecimentos anteriores relativos à especificidade do problema em tratamento, conceitos Matemáticos, organização e argumentação lógica. Nessa fase, normalmente a representação é elaborada com a combinação de recursos verbais, recursos da escrita, rascunhos ou figuras e pode envolver expressões algébricas, desenhos, esquemas, expressões lógicas. A garantia de que o esboço representa um processo correto ou adequado é obtida pelo encadeamento de justificativas que devem formar sua proposição e argumentação.

Nessa fase inicial, que envolve também o entendimento da proposta do problema, o estudante conta com liberdade na escolha do registro de representação; normalmente o escolhido é aquele com o qual ele tem mais facilidade ao trabalhar ou aquele que acomode bem os aspectos oriundos do próprio problema ou do encaminhamento da construção. Qualquer que seja a forma inicial escolhida, o estudante já deve ter em mente as fases seguintes, quando deverá produzir a representação do processo de resolução. Nas fases intermediárias, e também na fase final, a equipe de trabalho podia contar, em algum grau, com os recursos de ferramentas computacionais (software para representação gráfica ou planilha de dados) para apoiar as construções ou também as justificativas e argumentações.

Nessas situações de trabalho idealizadas, o objetivo era promover a interação dos membros da equipe do projeto, principalmente os estudantes, com diálogos, argumentações, críticas, análises e, dessa forma, valorizar o protagonismo de cada estudante.

O trabalho de Colombo, Flores e Moretti (2008), que investigou o emprego da teoria dos registros de representação como base teórica no desenvolvimento de dissertações e teses em programas de pós-graduação em Educação Matemática, no período de 1990 a 2005, aponta o crescimento da utilização e a abrangência que a teoria oferece, destacando a relevância e a importância de seu emprego nas explorações e pesquisas da Educação Matemática.

Um primeiro pressuposto da teoria é relativo à forma de perceber o estudante como sujeito que atua no processo de seu aprendizado, assim: o estudante constitui seus conhecimentos a partir de interações em um ambiente complexo que envolve o professor, as informações, os objetos da aprendizagem, o grupo de alunos, a linguagem, a escola.

Outro pressuposto é a abordagem cognitiva que se justifica pela exigência de se buscar uma formação inicial em Matemática mais apurada, com o sentido de atender às necessidades impostas pelas características dos meios informáticos e tecnológicos que se colocam no cotidiano. A abordagem cognitiva se justifica também como um meio a contribuir para o aprimoramento das ferramentas gerais de raciocínio, análise e visualização que o estudante deve desenvolver durante o processo de sua formação.

A proposta de Duval (2008), para a teoria dos registros de representação semiótica, define a particularidade do desenvolvimento cognitivo requerido no campo da Matemática a partir de características que lhes são próprias: a importância fundamental das representações semióticas como meios de acesso aos conceitos abstratos, e a exigência do emprego de uma extensa variedade dessas representações (língua natural, figuras geométricas, gráficos, sistemas de numeração, expressões algébricas).

A opção por buscar-se, sempre que possível, o emprego de recursos de ferramentas computacionais pode ser justificada a partir das noções encontradas na obra de Lévy (1998) que introduz a ideia de *ideografia dinâmica*, um objeto imaginário que se desenvolve em função das possibilidades resultantes da evolução dos recursos computacionais. A ideografia dinâmica é um projeto que envolve a interação homem-máquina e tem por objetivo explorar aspectos no âmbito dos signos e da cognição, da linguagem e do pensamento.

O autor afirma que recursos de modelagem e simulação visual por computador, já empregados em vários campos, podem ser descritos como detentores de numerosos elementos que são organizados para o seu projeto da ideografia dinâmica, por exemplo: sistemas para produções geométricas ou sistemas para simulação de processos de Engenharia. Esses sistemas são apontados como ideografias dinâmicas especializadas.

O trabalho de Nicolau (2009) reforça essa noção de ideografias dinâmicas especializadas ao caracterizar a emergência de uma *linguagem funcional*, gerada a partir do objetivo de se oferecer aplicativos avançados em áreas de utilização que devem alcançar escala mundial, com a superação de fronteiras geográficas ou culturais. O autor exemplifica com softwares de editoração, jogos, sistemas operacionais, ferramentas matemáticas, que buscam cumprir os requisitos de usabilidade no âmbito universal das culturas.

Essa *linguagem funcional* se organiza a partir do incremento de recursos que ocorrem com a evolução das tecnologias da comunicação e da informática. O processo de consolidação passa pelo aprimoramento de símbolos que se definem por múltiplas faces: suas formas visuais, seus sons, seus aspectos verbais. O autor afirma:

> É nesse contexto que se situa a ideografia global, surgida primeiramente devido ao interesse mercadológico de compor programas de interface gráfica para comercialização no mundo inteiro. Essa é a lógica da globalização já identificada na padronização que os produtos vêm adotando, como parte das estratégias de venda a um número cada vez maior de consumidores. Nas mãos de usuários de diferentes nacionalidades e culturas essa ideografia global poderá se tornar uma linguagem funcional de grande utilidade para criação e uso de programas e aplicativos livres (NICOLAU, 2009, p. 13).

Lévy (1998) descreve a ideografia dinâmica como linguagem e como tecnologia intelectual. Enquanto linguagem, a ideografia dinâmica deve agregar, de um lado, as características das imagens visuais estáticas, inclusive a liberdade na criação de signos e prolongamento da capacidade de imaginação, e, de outro, os elementos presentes nos sistemas computacionais, retratados em seus mecanismos de interface visual, com suportes para modelos fundados em movimentos, campos de relações e ícones.

O autor explica que a escrita tradicional, desde suas origens, se desenvolve sobre um meio estático e com forma que permite sua linearização e que, a partir do início do século XX, surgem linguagens menos lineares ou estáticas (fotografia e cinema), mas que não possibilitam as interações.

Com o desenvolvimento das tecnologias, as linguagens ganham mais alguns suportes importantes — a possibilidade de "navegar" por textos e hipertextos enriquecidos por imagens e sons, mas as interações possíveis são aquelas que o leitor realiza com o sentido de buscar as direções de seus interesses.

A ideografia dinâmica, projetada por Lévy (1998), deve ultrapassar essas características, sendo concebida como uma nova forma de linguagem com suporte informático, capaz de oferecer símbolos dinâmicos dotados de memória e de potencial para reagir autonomamente. Nessa escrita os caracteres não carregam os significados apenas por suas formas, mas também por seus movimentos e suas metamorfoses. Os potenciais para memorização e reação dependem diretamente das crescentes capacidades dos sistemas computacionais e de suas articulações em redes.

A obra de Lévy (1998) se organiza em quatro partes principais. Na introdução o autor oferece uma visão geral de seu projeto. Na segunda parte analisa extensamente a ideografia dinâmica como linguagem e coloca as discussões a partir de confrontos de sua proposta com a escrita tradicional, com a língua, com as linguagens de programação e com o cinema.

Na terceira parte da obra há o aprofundamento da proposição da ideografia dinâmica como tecnologia intelectual.

> A ideografia dinâmica não se concebe como pura e simples projeção do imaginário de seus exploradores nas telas, mas muito mais como tecnologia intelectual de auxílio à imaginação. Por um lado, a ideografia dinâmica traduzirá, semiotizará e reificará os quase objetos indeterminados da imaginação; por outro, fabricará signos destinados a serem introjetados e retomados pela atividade imaginante de sujeitos e de coletivos (LÉVY, 1998, p. 100).

Enquanto tecnologia intelectual, a ideografia dinâmica pressupõe o papel fundamental da imaginação nas funções cognitivas e, assim, a proposição indica a construção de um instrumento que se ofereça para prolongar, sustentar e ampliar a atividade espontânea de construção e simulação de modelos mentais que são realizados nas ações de pensamento e comunicação.

Para introduzir a noção de modelo mental, Lévy (1998) indica que cada indivíduo cria para si representações internas de áreas de conhecimento e domínio de ações percebidas em sua vivência. O sujeito recorre a essas representações internas para atos, como lembrar, raciocinar, planejar, definir decisões.

As representações internas ou representações mentais são tratadas, no âmbito de uma das correntes da psicologia cognitiva, em três categorias: representações proposicionais, modelos mentais e imagens.

Lévy (1998) considera que os indivíduos raciocinam com modelos mentais, articulando-os conforme sejam exigidos. Um modelo mental tem como característica principal o fato de se estruturar de tal modo que seja um análogo do real e, ao mesmo tempo, sirva adequadamente no sentido de permitir operações necessárias para o tratamento das situações em que se configura.

Um modelo mental tem em seu núcleo a essência daquilo que é o seu correspondente real e, como complementos, os operadores que devem cumprir a necessidade que se coloca com a situação que deve ser trabalhada na mente.

Assim, por um lado, um modelo mental se estabelece como representante análogo de algum objeto real e, por outro, como recurso adequado, capaz de operar satisfatoriamente diante de uma necessidade.

Moreira (1996) registra que um mesmo objeto pode ser representado por diferentes modelos mentais, cujas configurações dependem do tipo de emprego que se pretende para tais modelos e também do grau de conhecimento e de interesse do sujeito sobre aquele objeto. Por exemplo: o motorista de um caminhão e o gerente de logística de uma transportadora rodoviária produzem, certamente, modelos mentais para o objeto caminhão com núcleos semelhantes, mas com funções e operadores (os complementos) diferentes.

Lévy (1998) encontra apoio nesses conceitos para eleger como meta da ideografia dinâmica a produção de elementos externos, correspondentes às representações internas, com a vantagem de superar limites biológicos, como memória, atenção ou concentração, e assim oferecer maior liberdade e alcance nas elaborações mais complexas.

A proposta do projeto teve como expectativa ideal aproximar os estudantes envolvidos da possibilidade de apropriação dos aspectos básicos de ideografias dinâmicas especializadas nos campos de conceitos matemáticos, como manipulações algébricas, manipulações gráficas, construções geométricas e manipulações numéricas.

METODOLOGIA E PRÁTICA PARA AS ATIVIDADES DO PROJETO

A proposta do projeto, em linhas gerais, foi desenvolver a coleta e o tratamento de problemas de Matemática nas situações de atividades de ensino e aprendizagem e avaliação.

O objetivo do projeto foi oferecer a estudantes do ensino médio situações que pudessem produzir maior interesse pelas áreas da Engenharia. A proposta central foi coletar, organizar e tratar problemas de aplicação, no âmbito da Matemática, que pudessem favorecer a aproximação entre as atividades escolares do ensino médio e as atividades de trabalho de um profissional da Engenharia. Dessa forma, a meta foi valorizar os conteúdos da Matemática tratados em sala de aula, com a exploração de suas aplicações em situações mais concretas, e, paralelamente, despertar a motivação do estudante para as Engenharias.

Na primeira etapa, os problemas foram coletados no universo da escola parceira: livros didáticos, apresentações de aulas, listas de exercícios, atividades de estudo e atividades de avaliação, utilizados pelos professores e estudantes da escola de ensino médio.

Na segunda etapa, a coleta ocorreu no universo dos processos de avaliação e seleção externos à escola de ensino médio, por exemplo: provas do ENEM, provas de concursos vestibulares, competições estudantis.

Na terceira etapa, as propostas dos problemas foram produzidas por engenheiros, assim: os bolsistas entraram em conversação com alguns profissionais engenheiros para explicar brevemente os pontos centrais do projeto e solicitar, como contribuição do engenheiro, a redação (registro escrito) da proposta de algum problema de aplicação, oriundo de sua prática de atuação profissional, que pudesse ser adaptado tendo em vista os recursos e conceitos de Matemática do ensino médio.

Com o suporte do professor da escola parceira, os bolsistas do ensino médio produziram, a cada etapa, uma sequência de propostas de problemas de aplicação acompanhada dos respectivos encaminhamentos de resolução. Os registros desses encaminhamentos de resolução deveriam ressaltar a compreensão da proposta do problema, o conjunto de recursos e conceitos ativados para a elaboração do método de resolução, alguma análise ou discussão sobre a efetividade do método obtido e, por fim, alguma verificação ou discussão sobre a validade do resultado encontrado.

O bolsista estudante de Engenharia atuou principalmente na interação com os membros da escola parceira para complementar o processo de elaboração das sequências de problemas e na produção de suporte de recursos computacionais que ilustraram, enriqueceram e apoiaram as construções dos métodos de resolução desenvolvidos. Esse bolsista trabalhou também na organização e consolidação de todo o material produzido.

A quase totalidade das propostas de problemas obtidos foi adaptada, com algum desdobramento ou ampliação, a partir dos interesses da equipe de bolsistas pelo próprio problema tratado ou pelos aspectos e conceitos matemáticos envolvidos.

Uma visão simplificada sobre o patrimônio da cultura Matemática revela três faces essenciais. A primeira destaca a Matemática puramente, ou a teoria Matemática, e exibe como valor principal os fundamentos e a própria constituição das elaborações matemáticas. A segunda situa a Matemática básica como conhecimento geral, que é mobilizado no viver cotidiano do cidadão para suas interações com o mundo. A terceira agrupa os traços utilitários mais especializados da Matemática, que emergem como base para atividades profissionais diversas, por exemplo: para o marceneiro, para o administrador, para o técnico de um laboratório, para o engenheiro. Apesar de a proposta do projeto conter referência intensa à terceira dessas caracterizações, não foi intenção colocá-la como mais importante diante das outras duas faces.

Os Membros da Equipe e Seus Papéis

A equipe do projeto foi composta por um professor e um estudante bolsista da IES proponente e um professor e três estudantes bolsistas da escola de ensino médio parceira. A fase final do projeto contou com a colaboração de profissionais da Engenharia.

A coordenação geral foi realizada pelo professor da IES. Atividades exercidas: elaboração do projeto; acompanhamento, avaliação e orientação em todas as fases dos trabalhos da equipe; orientação ao estudante bolsista do curso de Engenharia para a constituição dos recursos computacionais complementares ao tratamento dos problemas coletados; programação e direção de reuniões periódicas para ajustes nos processos de trabalho da equipe; elaboração dos relatórios finais.

A coordenação dos trabalhos dos três bolsistas do ensino médio foi conduzida pela professora de Matemática da escola parceira. Atividades exercidas: acompanhamento dos trabalhos e orientação aos bolsistas da escola parceira; revisão e adequação do material produzido pelos bolsistas da escola parceira; sugestões para adequação e alinhamento do material produzido pelo bolsista do curso de Engenharia; divulgação no âmbito da escola parceira dos materiais produzidos.

O bolsista do curso de Engenharia ficou responsável principalmente pela elaboração de complementos ao tratamento dos problemas, com emprego de recursos computacionais. Na fase inicial de execução do projeto desenvolveu o tratamento completo de um problema para que este fosse utilizado como referência para as construções dos outros membros da equipe. Depois dessa fase inicial, esse bolsista acompanhou os trabalhos dos membros da escola parceira e auxiliou, no mesmo compasso, a constituição dos complementos computacionais aos tratamentos dos problemas desenvolvidos.

Os estudantes bolsistas do ensino médio trabalharam na coleta, seleção e organização de problemas de aplicação da Matemática do ensino médio, tendo em vista a aproximação entre suas atividades escolares e os cenários de trabalho da Engenharia. Em linhas gerais, foram três fases principais no desenvolvimento dos trabalhos: nos primeiros cinco meses a fonte das coletas foi o material didático em uso pelos professores e estudantes da escola parceira; nos quatro meses seguintes as buscas foram em provas de avaliação externa (ENEM, concursos vestibulares, competições estudantis). Na fase final os bolsistas conduziram os contatos com os colaboradores Engenheiros para gerar a terceira sequência de problemas de aplicação e trabalharam na revisão, nos ajustes e na consolidação do material junto aos outros membros da equipe de trabalho.

Durante o tempo de condução das atividades, como fator positivo, houve irradiação dos trabalhos dos bolsistas entre outros estudantes e professores da escola parceira. O desenrolar das atividades passou por algumas dificuldades de adequação ao cronograma imposto pelo edital da Chamada, motivadas principalmente pelo atraso no início da implementação do projeto, o que acabou acarretando a necessidade de alterações nos quadros da equipe de bolsistas estudantes do ensino médio; por outro lado, o atraso no início levou a execução da fase final das atividades para um período desfavorável, que marcava o encerramento do período letivo.

RESULTADOS — MATERIAL PRODUZIDO

A meta central do projeto foi valorizar os conteúdos da Matemática tratados em sala de aula, com a exploração de suas aplicações em situações mais concretas e, paralelamente, despertar a motivação do estudante para as Engenharias.

As atividades do projeto levaram à constituição de material didático que pode ser divulgado ou utilizado tanto na escola parceira como em outras unidades escolares de ensino médio. Com a participação efetiva do professor e dos estudantes do ensino médio na constituição do material, estima-se que a linguagem empregada nas propostas e os recursos utilizados nos encaminhamentos de resolução dos problemas, bem como o grau de dificuldade dos mesmos, sejam adequados ao conjunto de estudantes e professores envolvidos. Com os recursos computacionais agregados ao tratamento de alguns dos problemas, o esperado era potencializar a curiosidade e o interesse pelo material produzido, além de aproximar as atividades de aprendizagem dos recursos de ferramentas computacionais e tirar proveito dessa aproximação.

Foi possível observar outro aspecto positivo, em termos do objetivo de atração para as Engenharias: durante o evento semelhante ao "Faculdade de portas abertas", em que a IES se apresenta aos potenciais futuros estudantes, vários estudantes da escola parceira estiveram presentes no evento.

Pequeno Extrato do Material Produzido

A coleção produzida pela equipe do projeto contou com cerca de 50 problemas, muitos deles desdobrados em duas ou mais fases com o objetivo de favorecer o contato, o entendimento e a condução dos processos exigidos para a resolução. Como fator negativo pode-se mencionar a pequena carga de situações em que os principais recursos matemáticos exigidos eram do campo da Geometria.

Observação: apesar de não transparecer nos registros do material produzido, foi possível notar durante a condução dos processos de resolução um mecanismo dinâmico entre as tentativas de descrever o processo de resolução e o emprego das ferramentas computacionais para apoiar tais construções.

Primeiro exemplo (Problema adaptado de material didático da escola de ensino médio)

Primeira parte:

Em um setor de uma fábrica trabalham 5 engenheiros e 7 técnicos, um desses funcionários será escolhido aleatoriamente. Qual a probabilidade "p" deste funcionário ser um engenheiro?

Resolução:

Considerando o evento E como "o sorteado é um dos engenheiros" e o espaço amostral S como "todos os funcionários da fábrica", temos:

a quantidade total de funcionários é 12 e entre eles há 5 engenheiros, a probabilidade de o escolhido ser um engenheiro é $P(E) = 5/12 = 0,41\overline{6}$

Segunda parte:

Em um setor de uma fábrica trabalham alguns engenheiros e alguns técnicos, um desses funcionários será escolhido aleatoriamente. Se a quantidade total de funcionários é 20 e **x** deles são engenheiros, qual a probabilidade **p** deste funcionário ser um engenheiro?

Resolução:

Como a quantidade total de funcionários é 20 e entre eles há **x** engenheiros, a probabilidade do escolhido ser um engenheiro é descrita por $p = x / 20$

No quadro abaixo se encontra a série de valores de **x** e de **p** relacionados dessa forma e a representação gráfica dessa relação.

x	p
00	0,00
01	0,05
02	0,10
03	0,15
04	0,20
05	0,25
06	0,30
07	0,35
08	0,40
09	0,45
10	0,50
11	0,55
12	0,60
13	0,65
14	0,70
15	0,75
16	0,80
17	0,85
18	0,90
19	0,95
20	1,00

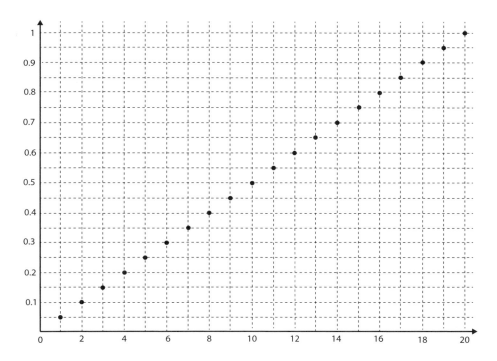

Segundo exemplo (Problema adaptado do material didático da escola de ensino médio)

Primeira parte:

Numa certa cidade, o número de habitantes, num raio **r** a partir do seu centro, é dado por $P(r) = k \times 2^{3 \times r}$, em que **k** é constante e **r** > 0 (em km). Se há 98304 habitantes num raio de 5km do centro, quantos habitantes há num raio de 3km do centro?

Resolução:

A quantidade de habitantes relativa à região correspondente a um raio de 5km é conhecida: 98304. Assim, vale a relação $P(5) = k \times 2^{3 \times 5} = 98304$, ou seja, $k = 98304 / 2^{15}$ e então $k = 3$.

$$P(r) = 3 \times 2^{3 \times r}$$

Para calcular a quantidade de habitantes relativa à região de raio 3km, utiliza-se

$$P(3) = 3 \times 2^{3 \times 3}, \text{ assim } P(3) = 1536.$$

Segunda parte:

Numa certa cidade, o número de habitantes, num raio **r** a partir do seu centro, é dado por $\boldsymbol{P(r) = k \times 2^{3 \times r}}$, em que **k** é constante e **r** > 0 (em km). Se **a** e **b** são medidas de raios tais que **b= a + 1**, qual a relação entre **P(b)** e **P(a)**?

Resolução:

Conforme descrito na proposta do problema, $P(b) = k \times 2^{3 \times b}$, visto que b= a + 1, é válida a relação $\boldsymbol{P(b) = k \times 2^{3 \times (a+1)}}$, e então $\boldsymbol{P(b) = k \times 2^{3 \times a + 3} = k \times 2^{3 \times a} \times 2^3 = 8.P(a)}$, assim: aumentando-se o raio em 1km, observa-se um aumento de 8 vezes na quantidade de habitantes da região.

r	P(r)
1,000	24,00
1,25	40,36
1,50	67,88
1,75	114,16
2,00	192,00
2,25	322,90
2,50	543,06
2,75	913,31
3,00	1536,00
3,25	2583,23
3,50	4344,46
3,75	7306,49
4,00	12288,00

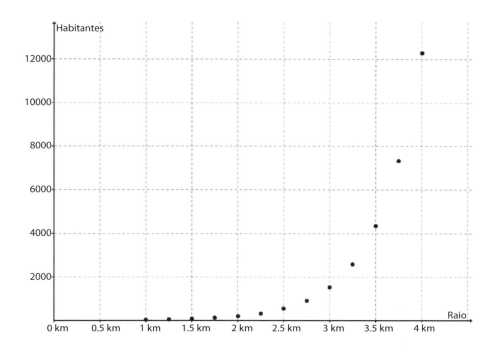

Terceiro exemplo (Problema adaptado do material didático da escola de ensino médio)

Primeira parte:

A produção de um determinado tipo de eixo metálico pode envolver operação em um torno ou operação em uma politriz. Sabendo-se que 60% dos eixos metálicos produzidos passam pela operação em torno, 80% dos eixos produzidos passam pela operação em politriz e que todos os eixos produzidos passam por pelo menos uma dessas operações, qual a porcentagem de eixos produzidos que passam pelas duas operações (torno e politriz)?

Resolução:

Se **p(T)** é a porcentagem de eixos que passam pela operação em torno, **p(P)** a porcentagem de eixos que passam pela operação em politriz e **p(T ∩ P)** a porcentagem de eixos que passam tanto pela operação em torno como pela operação em politriz, então é válida a relação:

$p(T) + p(P) - p(T \cap P) = 100$, e segue

$p(T \cap P) = p(T) + p(P) - 100$, $ou\ p(T \cap P) = 40$.

A porcentagem de eixos produzidos que passam pelas duas operações (torno e politriz) é 40%.

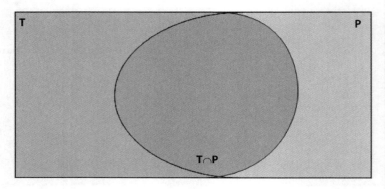

Segunda parte:

A produção de um determinado tipo de eixo metálico pode envolver operação em um torno ou operação em uma politriz. Sabendo-se que **x**% dos eixos metálicos produzidos passam pela operação em torno, **y**% dos eixos produzidos passam pela operação em politriz e que todos os eixos produzidos passam por pelo menos uma dessas operações, como pode ser descrita, em função de **x** e de **y**, a porcentagem de eixos produzidos que passam pelas duas operações (torno e politriz)?

Resolução:

Se **p(T)** é a porcentagem de eixos que passam pela operação em torno, **p(P)** a porcentagem de eixos que passam pela operação em politriz e **p(T ∩ P)** a porcentagem de eixos que passam tanto pela operação em torno como pela operação em politriz, então é válida a relação $p(T) + p(P) - p(T \cap P) = 100$, ou seja: $x + y - p(T \cap P) = 100$, assim

$$p(T \cap P) = x + y - 100$$

Quarto exemplo (Problema adaptado — SARESP 2007 — Sistema de Avaliação de Rendimento Escolar do Estado de São Paulo)

A mecanização das colheitas obrigou o trabalhador a ser mais produtivo. Um lavrador recebe, em média, R$2,50 por tonelada de cana-de-açúcar e corta 8 toneladas por dia.

Considere que cada tonelada de cana-de-açúcar permite a produção de 100L de álcool combustível, vendido nos postos de abastecimento por R$1,20 o litro. Para que um cortador de cana-de-açúcar possa, com o que ganha nessa atividade, comprar o álcool produzido a partir das 8 toneladas de cana resultantes de um dia de trabalho, por quanto tempo ele teria de trabalhar?

Resolução:

Cada tonelada de cana-de-açúcar permite a produção de 100L de álcool, dessa forma, com 8 toneladas de cana-de-açúcar pode-se produzir 800L de álcool. Se cada litro custa R$1,20, o valor dos 800L é:

$$1,2 \times 800 = R\$960$$

A cada dia de trabalho, o trabalhador recebe R$20,00. Dessa forma, serão necessários

$$\frac{960}{20} = 48\,dias$$

para que o trabalhador possa completar o valor correspondente ao preço de 800L de álcool.

Quinto exemplo (Problema adaptado — concurso vestibular FEI jan/2002)

A quantidade de partículas poluentes emitidas por uma indústria química varia conforme o seu grau de atividade. Considerando-se que o grau de atividade é medido por valores inteiros em uma escala de 0 a 100, a variação da quantidade de partículas é descrita pela expressão: q= 10g (172 – g), em que **g** é o grau de atividade da indústria. Para que grau de atividade observa-se a maior quantidade de partículas?

Resolução:

A quantidade de partículas poluentes, em função do grau de atividade da indústria, é:

$$q = 10g\left(172 - g\right) = 1720g - 10g^2$$

Considerando-se a função quadrática correspondente, pode-se afirmar que seu vértice tem abscissa igual a 86. Dessa forma, o grau de atividade da indústria que acarreta maior emissão de partículas poluentes é g= 86.

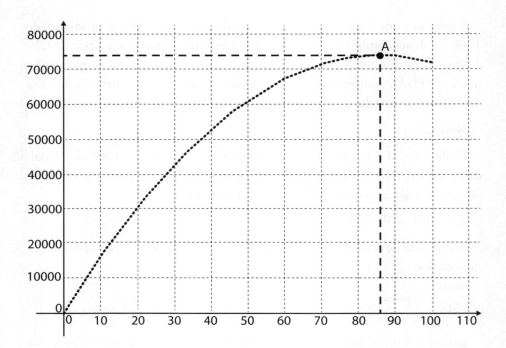

Sexto exemplo (Problema adaptado a partir da colaboração de um engenheiro)

Primeira parte:

Será realizada uma análise em uma substância contaminada. Para detectar esse tipo de contaminação existem 3 métodos (A, B e C). Sabemos que a chance de a detecção falhar no método A é de 50%, no método B é de 25% e no método C é de 20%.

Consideramos falha quando o teste não detectar a contaminação da substância, pois ela está contaminada.

Os métodos são sempre aplicados na ordem A, B e C. Qual a chance de ser confirmada a contaminação na quarta análise?

Resolução:

Sabendo a probabilidade de falha ao detectar a contaminação, e a ordem das análises, devemos descobrir a probabilidade de a contaminação ser confirmada na quarta vez em que for analisada.
Utilizaremos as notações:

$A =$ *probabilidade de não detectar contaminação*, e $\overline{A}$, *de detectar*.

E de forma análoga para os demais métodos, sempre a detecção será representada como o complementar.

Dessa forma no nosso problema temos:

$$P(A) = \frac{1}{2} \quad ; P(\overline{A}) = \frac{1}{2}$$

$$P(B) = \frac{1}{4} \quad ; P(\overline{B}) = \frac{3}{4}$$

$$P(C) = \frac{1}{5} \quad ; P(\overline{C}) = \frac{4}{5}$$

E o que queremos é:

$$P(Detecção\,na\,4°\,análise) = P(A) \times P(B) \times P(C) \times P(\overline{A})$$

$$P(Detecção\,na\,4°\,análise) = \frac{1}{2} \times \frac{1}{4} \times \frac{1}{5} \times \frac{1}{2}$$

$$P(Detecção\,na\,4°\,análise) = \frac{1}{80} \cong 1,25\%$$

Segunda parte:

Deseja-se analisar certa substância química contaminada. Para confirmar essa contaminação podem ser utilizados 2 métodos: A e B. A chance de a detecção falhar em ambos os métodos é de 7/8.

Os métodos são feitos alternadamente, A e B, nesta ordem, até que um deles detecte a contaminação. Qual a probabilidade de que a contaminação seja detectada no método B?

Resolução:

Sabendo a probabilidade de detectar a contaminação, e a ordem das análises, devemos descobrir a probabilidade de ser detectado com o método B.

Para os métodos A e B já nos foi dado que a chance de não detectar a contaminação é de 7/8, logo a chance de detectar contaminação é 1/8.

A forma mais indicada para a resolução desse problema é a construção de um diagrama de probabilidades, como mostrado abaixo:

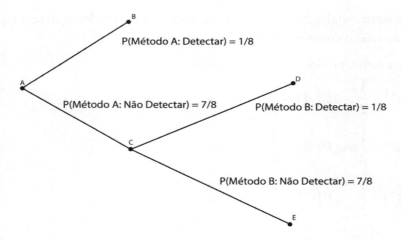

Esse problema é cíclico, ou seja, caso o método B não detecte a contaminação, volta para o A. Não é possível determinar depois de quantas análises será detectada a contaminação.

Porém temos que a probabilidade de detecção no método A e B, se olhados isoladamente, é a mesma. Logo, o que difere a chance de o método B ser o detector é que para que ele seja executado necessariamente o teste A deve ter falhado, dessa forma temos que:

$$P(B\,detectar) = \frac{7}{8} \times P(A\,detectar)$$

Pois em sua análise a chance é a mesma de A, 1/8.

Temos também que a detecção será feita obrigatoriamente em um dos dois, logo:

$$P(B\,detectar) + P(A\,detectar) = 1$$

Com a relação acima descrita chegamos em:

$$\left(\frac{7}{8} \times P(A\,detectar)\right) + P(A\,detectar) = 1$$

$$\frac{15}{8} \times P(A\,detectar) = 1$$

$$P\left(A\,detectar\right) = \frac{8}{15} \cong 53\%$$

$$P\left(B\,detectar\right) = 1 - \frac{8}{15} = \frac{7}{15} \cong 47\%$$

Resolução alternativa:

Este problema pode ser resolvido utilizando o conceito de progressão geométrica, observando-se que o caso de B detectar a contaminação só ocorre nas análises pares (1° análise método A, 2° análise método B, 3° análise método A...). Dessa forma temos as seguintes probabilidades:

P(Detecção na 2° análise):

$$\frac{7}{8} \times \frac{1}{8} = \left(\frac{7}{8}\right)^1 \times \frac{1}{8} = \frac{7}{64}$$

P(Detecção na 4° análise):

$$\frac{7}{8} \times \frac{7}{8} \times \frac{7}{8} \times \frac{1}{8} = \left(\frac{7}{8}\right)^2 \times \left(\frac{7}{8}\right)^1 \times \frac{1}{8} = \frac{343}{4096}$$

P(Detecção na 6° análise):

$$\frac{7}{8} \times \frac{7}{8} \times \frac{7}{8} \times \frac{7}{8} \times \frac{7}{8} \times \frac{1}{8} = \left(\frac{7}{8}\right)^2 \times \left(\frac{7}{8}\right)^2 \times \left(\frac{7}{8}\right)^1 \times \frac{1}{8} = \frac{16807}{262144}$$

É fácil notar que as probabilidades seguem uma progressão geométrica da forma:

$$a_n = a_0 \times q^n$$

Considerando:

$$a_0 = \left(\frac{7}{8}\right) \times \frac{1}{8} = \frac{7}{64}$$

$$q = \left(\frac{7}{8}\right)^2$$

$$a_n = \frac{7}{64} \times \left(\left(\frac{7}{8} \right)^2 \right)^n$$

Como é um problema cíclico é possível utilizar a fórmula de soma de uma progressão geométrica infinita, pois não é possível determinar em qual análise será feita a detecção.

$$S_\infty = \frac{a_0}{1-q} = \left(\frac{\frac{7}{64}}{1 - \left(\frac{7}{8} \right)^2} \right) = \frac{7}{15} \cong 47\%$$

Resultado idêntico ao obtido anteriormente.

Probabilidade de o método B detectar a contaminação é de aproximadamente 47%.

REFERÊNCIAS

CHAMADA CNPQ / VALE S. A. NO. 05/2012, 2012 — Disponível em: www.cnpq.br/web/chamadas-publicas/resultado.cnpq.br/6205396242600906. Acesso em: julho/2012.

COLOMBO, Janecler Ap. Amorin; FLORES, Claudia R.; MORETTI, Méricles T. Registros de representação semiótica nas pesquisas brasileiras em Educação Matemática: pontuando tendências. **Zetetiké: Revista de Educação Matemática**, Campinas, v. 16, n. 1, pp. 41–72, 2008.

DUVAL, R. **Registros de representações semióticas e funcionamento cognitivo da compreensão em Matemática.** In: MACHADO, S. D. A. (org.). **Aprendizagem em Matemática: registros de representação semiótica.** Campinas, SP: Papirus, 2008.

LÉVY, Pierre. **A ideografia dinâmica**: rumo a uma imaginação artificial? São Paulo: Edições Loyola, 1998.

MOREIRA, Marco Antonio. Modelos mentais. **Investigações em Ensino de Ciências**, Porto Alegre, v. 3, pp. 193–232, 1996. Disponível em: <http://www.if.ufrgs.br/ienci/artigos/Artigo_ID17/v1_n3_a1.pdf>. Acesso em: 15/novembro/2009.

NICOLAU, Marcos. A ideografia global dos aplicativos de computador: uma linguagem funcional que transcende culturas no ciberespaço. **Cultura Midiática: Revista do programa de pós-graduação em comunicação da Universidade Federal da Paraíba**, [s.i.], v. 2, n. 1, pp. 1–13, 2009. Janeiro a Julho. Disponível em: <http://periodicos.ufpb.br/index.php/cm/article/viewFile/11690/6716>. Acesso em: 15/novembro/2009.

Capítulo 3

Despertando o Interesse pela Engenharia: O Ensino do Desenho Geométrico no Ensino Médio, com a Utilização de Softwares

Armando Pereira Loreto Junior

FUNDAMENTAÇÃO DO PROJETO

O ensino da disciplina Desenho Geométrico e Geometria Descritiva permaneceu durante 40 anos nos currículos escolares, de 1931 a 1971. Nesse último ano foi promulgada a lei número 5.692 — Lei de Diretrizes e Bases da Educação Nacional, e o desenho tornou-se uma disciplina optativa dos currículos escolares, acabando por ser abolida dos grandes concursos vestibulares realizados no Estado de São Paulo.

Os ingressantes nos cursos de Engenharia se defrontam com uma grande dificuldade para acompanhar os conteúdos das disciplinas correlatas, ministradas no ciclo básico dos cursos de graduação, tais como Desenho Técnico e Desenho Mecânico. Falta aos alunos a familiaridade com as construções com régua e compasso dos lugares geométricos, com os traçados de retas paralelas e perpendiculares, com os problemas de tangência entre retas e circunferências, com as potências de ponto em relação a circunferências, a homotetias e ao estudo das cônicas, entre outros.

O estudo do Desenho Geométrico é fundamental para uma boa aprendizagem da geometria, pois sem essa disciplina os alunos não são estimulados suficientemente para trabalhar com a visão espacial. O Desenho permite concretizar os conhecimentos teóricos da Geometria, confirmando graficamente as propriedades das figuras geométricas. Essa lacuna tende a dificultar o aprendizado e afastar o estudante das disciplinas que demandam conhecimentos do Desenho, minando um interesse potencial do estudante em seguir carreiras na área de ciências exatas e, em especial, em cursos de Engenharia. Esses fatos, além de diminuírem o interesse do estudante egresso do ensino médio pelos cursos das áreas de ciências exatas, colaboram para a elevada taxa de evasão verificada nos primeiros anos dos cursos de graduação em Engenharia. Este trabalho buscou incentivar, nos alunos do ensino médio, o aprendizado dos conceitos fundamentais do Desenho, necessários à formação integral dos graduandos dos cursos de Engenharia.

PLANO DE TRABALHO DOS BOLSISTAS DA INSTITUIÇÃO COEXECUTORA DO ENSINO MÉDIO

O CNPq e a Vale ofereceram, no ano de 2012, um total de 2.500 bolsas para estudantes do ensino médio, ensino técnico e alunos de graduação, visando incentivar a formação de engenheiros e combater a evasão dos graduandos nos primeiros anos do curso de Engenharia. Segundo pesquisas recentes, existe um deficit desses profissionais no mercado de trabalho, que se acentua a cada ano.

O projeto Forma-Engenharia envolveu uma instituição de ensino superior (executora) e um colégio de ensino médio (coexecutora), e a equipe foi constituída por um coordenador da executora, com título de doutor; um professor da executora; e como bolsistas um graduando da executora e quatro alunos da coexecutora. A verba para o projeto envolveu uma parcela de custeio (material de consumo, softwares, instalação e manutenção de equipamentos) e uma parcela de capital (material bibliográfico, equipamentos e material permanente).

Reconhecendo a importância do desenho geométrico nos cursos de Engenharia, pretendeu-se, com estudos, pesquisas e capacitação de alunos da última série do ensino médio, refletir e analisar a importância deste conteúdo e sua contribuição para a construção do conhecimento matemático, necessário para um bom desempenho dos ingressantes nas modalidades relativas às carreiras de Engenharia.

A construção do conhecimento matemático, por meio do uso dos softwares *Cabri Geometry II Plus* e *GeoGebra,* se dá de forma mais dinâmica em relação ao método tradicional, que se utiliza de instrumentos como a régua, o compasso e o esquadro. Isso possibilita um maior interesse no seu aprendizado, estabelecendo relações entre os conhecimentos do Desenho Geométrico, outras disciplinas do ensino médio e as disciplinas básicas dos cursos de Engenharia.

Partiu-se de uma série de encontros semanais com estudantes do ensino médio, aos quais se procurou transmitir conteúdos selecionados de Desenho Geométrico, Perspectiva, Geometria Descritiva e Desenho Técnico, a fim de torná-los multiplicadores do conhecimento. Os softwares agregados à educação promovem desafios ao longo do tempo, curiosidade e diversão, além de proporcionarem a interação do aluno com o processo ensino-aprendizagem.

Na primeira fase, a equipe de alunos bolsistas da coexecutora, orientada pelo professor da escola coexecutora e pelo coordenador do projeto, investigou e selecionou os tópicos de Desenho, tendo em vista a sua aplicação como fundamentos para as disciplinas básicas dos cursos de Engenharia. A identificação e seleção, nessa primeira fase, foram realizadas com o uso do material didático utilizado pela própria escola coexecutora e com o uso de outros materiais do ensino médio, recomendados pelo professor da instituição coexecutora e pelo coordenador do projeto.

Os alunos bolsistas tiveram contato com esses materiais por meio de aulas expositivas e práticas. O aprendizado contou com os recursos tradicionais de régua e compasso e também com recursos da informática, tais como o uso intensivo dos softwares *GeoGebra* e *Cabri Geometry II Plus*. Essa fase foi realizada no prazo de quatro meses.

Na segunda fase do projeto, a equipe de alunos bolsistas da coexecutora fez um trabalho integrado com outros alunos da própria instituição do ensino médio. Em oficinas e workshops, nas salas de aula e nos laboratórios de informática da coexecutora, foi divulgado o material coletado e incentivada a utilização da informática para o aprendizado dinâmico dos conceitos fundamentais do Desenho. Nessas oficinas os alunos bolsistas tinham a função de atuar como professores e monitores dos demais colegas. Essa fase foi finalizada no prazo de dois meses.

Na terceira fase do projeto, a equipe de alunos bolsistas da coexecutora promoveu um trabalho integrado com os alunos de outra instituição pública de ensino médio, a Escola Estadual Dona Luísa Macuco, da cidade de Santos.

Por meio de oficinas e workshops, foi divulgado o material coletado e incentivada a utilização da informática para o aprendizado dinâmico dos conceitos fundamentais do Desenho. Também foram utilizados, nesta fase, os laboratórios de informática da própria escola coexecutora, que gentilmente se dispôs a oferecer o uso de todas as suas instalações. As avaliações dessa atividade estão relacionadas neste trabalho. Essa fase foi finalizada no prazo de dois meses.

AS NOVAS TECNOLOGIAS

O avanço e a modernização das comunicações, juntamente com as tecnologias de informação, alteraram definitivamente a maneira de aprender em todos os níveis do aprendizado. Essas ferramentas e os novos tipos de mídias e materiais modificam a nossa cultura ao oferecerem novas formas para fazê-la e para pensá-la.

> O Curso de Graduação em Engenharia tem como perfil do formando egresso/profissional o engenheiro, com formação generalista, humanista, crítica e reflexiva, capacitado a absorver e desenvolver novas tecnologias, estimulando a sua atuação crítica e criativa na identificação e resolução de problemas, considerando seus aspectos políticos, econômicos, sociais, ambientais e culturais, com visão ética e humanística, em atendimento às demandas da sociedade (CNE — Conselho Nacional de Educação, 2002).

Dentro desse cenário os cursos de Engenharia carecem cada vez mais de ingressantes munidos da base teórica do Desenho Geométrico, para que o processo de adaptação e entendimento das disciplinas básicas seja beneficiado. Segundo os Parâmetros Curriculares Nacionais do Ensino Médio (PCNEM), o ensino de Geometria deve desenvolver:

> [...] as habilidades de visualização e desenho, argumentação lógica e de aplicação na busca de soluções para problemas que podem ser desenvolvidas com um trabalho adequado de Geometria, para que o aluno possa usar as formas e propriedades geométricas na representação e visualização de partes do mundo que o cerca, além de contemplar o estudo de propriedades de posições relativas de objetos geométricos; relação entre figuras espaciais e planas em sólidos geométricos; propriedades de congruência e semelhança de figuras espaciais; análise de diferentes representações das figuras planas e espaciais, tais como desenho, planificações e construções com instrumentos (PCNEM, 1998, p. 89 e 90).

Alinhando-se esses fatos e essas prerrogativas, esta pesquisa surge como um experimento importante e curioso ao propor fornecer a base Matemática necessária aos ingressantes nos cursos de Engenharia, integrar o seu aprendizado com a nova tecnologia da informação e tornar o seu aprendizado formalizado. A transmissão de conhecimento foi realizada de modo não formal, por meio dos bolsistas multiplicadores, e sem a participação direta de um profissional do ensino. Este, no entanto, exerceu continuamente o papel de coordenação, apoio e controle das métricas estabelecidas em conjunto com seus multiplicadores.

Por sua vez, a metodologia escolhida para a realização do experimento propiciou o cumprimento dos objetivos, uma vez que, tratando-se de um projeto educacional, é necessária a participação ativa e constante de todos os envolvidos: alunos, multiplicadores, professores e coordenadores.

CONTEXTUALIZAÇÃO

O ensino de Desenho Geométrico por meio da contextualização pode proporcionar ao aluno o relacionamento do objeto de estudo com a sua vivência do dia a dia. Sob esse ponto de vista, fazer o aprendiz agir sobre o meio a seu redor propicia a essência do saber. O ensino contextualizado se desenvolve quando ocorre a intervenção do aluno, provocando a interação do conhecimento com a aprendizagem.

A contextualização passou a ser valorizada a partir da Lei de Diretrizes e Bases da Educação (LDB), que orienta para a compreensão dos conhecimentos para uso cotidiano. *No novo currículo, segundo orientação do Ministério da Educação (MEC), relata-se sobre os eixos da interdisciplinaridade e da contextualização, sendo que esta última vai exigir que todo conhecimento tenha como ponto de partida a experiência do estudante, o contexto onde está inserido e onde ele vai atuar como trabalhador, cidadão, um agente ativo de sua comunidade.*

Nesse entender, a ideia de capacitar multiplicadores de um determinado conhecimento, que tenham o domínio e a segurança para transmiti-lo, que sejam criativos e inovadores pelas suas próprias naturezas jovens e empenhadas no trabalho, e sob a direção de um gestor mais experiente, faz a diferença, a fim de trazer contextos que levem os alunos a aprenderem com melhor significado.

Para contextualizar o ensino do Desenho Geométrico, utilizou-se como recurso didático os softwares *GeoGebra* e *Cabri Geometry II Plus* nas construções geométricas e nas suas aplicações na engenharia, na arquitetura e no design de objetos diversos, como a simples superfície de um guarda-chuva, a abóbada de uma igreja, os vários tipos de carrocerias de carros e suas destinações.

OBJETIVOS

O objetivo geral da pesquisa foi o de conscientizar e incentivar nos alunos do ensino médio a vontade de aprender o Desenho e outras disciplinas que dependem desse ferramental básico para a sua compreensão. Explorar o raciocínio lógico e quantitativo, estimular a visão espacial — estabelecendo relações entre conhecimentos do Desenho e da Geometria — para ser utilizada no aprendizado de outras disciplinas constituem objetivos específicos.

A pesquisa teve também como objetivo secundário mostrar que os alunos bolsistas (multiplicadores) são capazes de transmitir o conhecimento e que eles (alunos) são bem aceitos pelos ouvintes, uma vez que têm afinidades e características em comum, por estarem na mesma faixa etária, terem o mesmo nível de escolaridade e, principalmente, por estarem prestes a realizar o concurso vestibular, o que representa um grande desafio em suas vidas.

Pretendeu-se também conscientizar todos os alunos envolvidos no projeto, de forma inequívoca, sobre a enorme importância do aprendizado do Desenho Geométrico para quem se dispõe a enfrentar as disciplinas básicas dos cursos de Engenharia, subsidiando a inclusão desse conteúdo nas avaliações do ensino médio e de seleção.

CONTEÚDOS ABORDADOS

Os conteúdos abordados nas aulas para os bolsistas e as oficinas encontram-se nas tabelas seguintes.

Tabela 1: Conteúdos Abordados nas Aulas de Desenho Geométrico para os Bolsistas da Coexecutora (multiplicadores)	
Aula 01 — Familiarização com o software de geometria dinâmica	Aula 07 — Problemas de tangência e concordância

Aula 02 — Construções fundamentais com régua não graduada e compasso	Aula 08 — Problemas de tangência e concordância
Aula 03 — Aplicações dos Teoremas de Pitágoras e Tales	Aula 09 — A transformação geométrica "Homotetia"
Aula 04 — Lugares geométricos planos	Aula 10 — A transformação geométrica "Rotação"
Aula 05 — Lugares geométricos planos. Arcos Capazes	Aula 11 — A transformação geométrica "Simetria axial"
Aula 06 — Construção de triângulos e quadriláteros	Aula 12 — A transformação geométrica "Translação"

Tabela 2: Conteúdos Abordados nas Oficinas e Workshops Oferecidos pelos Bolsistas da Coexecutora (multiplicadores)

Aula 1 — Familiarização com o software *Cabri Geometry II Plus*	Aula 5 — Arcos capazes e exercícios
Aula 2 — Revisão do *Cabri Geometry II Plus*, Teorema de Tales, Teorema de Pitágoras e exercícios	Aula 6 — Construção de triângulos
Aula 3 — Teoremas de Tales e Pitágoras, lugares geométricos e exercícios	Aula 7 — Construção de quadriláteros e aplicações do desenho geométrico na Engenharia
Aula 4 — Lugares geométricos e exercícios	Aula 8 — Análise, adaptações e reformulações do curso

O DESENVOLVIMENTO DO PROJETO

Na cidade de Santos, junto a uma escola privada parceira, realizamos uma experiência utilizando os laboratórios de informática para desenvolver um projeto, tendo início em março de 2013 e terminando em fevereiro de 2014.

A experiência foi realizada em 19 semanas, com uma média de quatro horas por semana de prévio treinamento de aulas teóricas e práticas, ministradas pelo professor coordenador da coexecutora, para que os multiplicadores pudessem se informar, pesquisar, aprender e posteriormente difundir os conteúdos.

Ao final dessa preparação, os multiplicadores elaboraram um minicurso, que foi ministrado primeiramente como teste para alunos da própria escola, que, em geral, já tinham conhecimento de, pelo menos, um dos softwares utilizados e também uma pequena noção dos conteúdos de Desenho Geométrico.

O minicurso serviu então como laboratório para que os multiplicadores pudessem firmar o conhecimento e testar o seu processo de transmissão, recebendo o feedback de seus próprios colegas de classe. Essa experiência possibilitou a análise, adaptação e reformulação necessárias para que o curso fosse implementado visando um público completamente novo e desconhecido.

Esse novo público foi uma turma de oito alunos de uma escola pública de ensino médio do mesmo bairro, sendo que nenhum deles conhecia qualquer software para construções geométricas e também nenhum deles tinha o prévio conhecimento do Desenho Geométrico, limitando-se apenas ao conhecimento básico da geometria plana.

Após a realização de todas as aulas, tanto as destinadas à capacitação dos multiplicadores quanto às destinadas à instrução dos demais alunos envolvidos, os multiplicadores confeccionaram um relatório sobre o aprendizado, ressaltando quais foram as tarefas realizadas, fazendo uma descrição pormenorizada das atividades, bem como apontando os aspectos positivos e negativos das aulas.

Os minicursos desenvolveram-se em três etapas. A primeira consistiu em familiarizar os alunos com a ferramenta de trabalho e ambientação às dependências da escola. Na segunda foram introduzidos os conceitos teóricos do Desenho Geométrico e seu desenvolvimento, a partir do software de trabalho; e na terceira foram retomados alguns pontos dos conteúdos abordados pelo método tradicional de construções geométricas, utilizando régua, compasso e esquadro. Em todas as etapas, a participação do professor se limitou na observação do desempenho dos multiplicadores no papel de formadores; do comportamento dos alunos ouvintes, no que dizia respeito à disciplina; do desempenho de aprendizagem e das participações para dirimir as dúvidas de maior amplitude. Após cada aula, os multiplicadores registraram as ocorrências, produzindo relatórios que mostravam quais foram as tarefas realizadas, com descrição pormenorizada sobre o andamento da aula e indicando também os aspectos positivos e negativos.

EXEMPLOS DE ALGUMAS ATIVIDADES DESENVOLVIDAS PELOS ALUNOS BOLSISTAS DA COEXECUTORA

a. Criar dois pontos A e B e um segmento. Nomear a medida do segmento de "a". A seguir construir uma circunferência de raio **a** e que passa pelos pontos A e B.

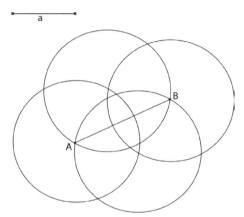

b. Criar duas circunferências de centros A e B e um segmento. Nomear a medida do segmento de **a**. A seguir, construir uma circunferência de raio **a** que tangencia as duas circunferências dadas.

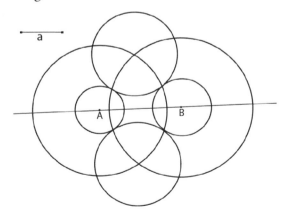

c. Criar uma circunferência de centro A, um ponto B externo à circunferência e um segmento. Nomear o comprimento do segmento de **a**. A seguir, construir uma circunferência de raio **a** que passa por B e é tangente à circunferência dada.

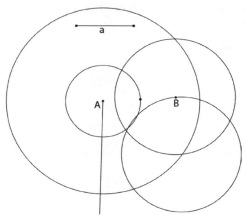

d. Verificar o Teorema de Varignon: os segmentos que unem os pontos médios de um quadrilátero são os vértices de um paralelogramo, usando o software *Cabri Geometry II Plus*. Roteiro: construir um quadrilátero qualquer abcd; obter os pontos médios M, N, P e Q dos lados ab, bc, cd e da, respectivamente; criar os segmentos MN, NP, PQ e QM; movimentar um dos pontos a, b, c ou d. Qual é a natureza do quadrilátero MNPQ?

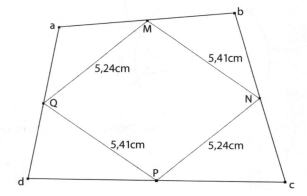

CONSIDERAÇÕES FINAIS

Durante o tempo de duração da pesquisa constatou-se, no ensino do Desenho Geométrico, as dificuldades apresentadas pelos alunos do ensino médio em desenvolver o raciocínio e a visão geométricos. Com base nessa constatação, consideramos que esta pesquisa, com objetivos de conscientizar e incentivar os alunos a aprenderem o Desenho Geométrico e a explorarem o raciocínio lógico por meio do uso da tecnologia da informação, aliada a uma forma não convencional de aprendizado, atingiu plenamente seus objetivos.

As diretrizes dos Parâmetros Curriculares Nacionais para o Ensino Médio (PCNEM) foram norteadoras deste trabalho, em que refletimos sobre o que o ensino de Geometria deve proporcionar ao aluno. Acreditamos que, nesse sentido, o curso elaborado contribuiu positivamente para o desenvolvimento dessas habilidades, visto que foi possível estabelecer relações entre as construções geométricas e as propriedades das figuras, como no estudo da relação dos lados e os ângulos de um triângulo.

Outro aspecto positivo, no que tange ao cumprimento dos objetivos desejados, foi o processo de treinamento dos multiplicadores para desempenharem o papel de "professores". Esses alunos, cursando séries mais adiantadas, com mais afinidade e tempo para o aprendizado, absorveram com facilidade os conteúdos, seja na sua transmissão na forma tradicional ou mais rapidamente, com o uso dos softwares. Eles se revelaram ávidos consumidores do conhecimento e das novas tecnologias, o que transformou este binário em uma poderosa ferramenta a favor da multiplicação e disseminação do conhecimento.

Aliados a esses fatores, somam-se também a identificação e as afinidades dos alunos da Escola Estadual Dona Luísa Macuco, convidados pela direção da coexecutora e presentes no minicurso, com estes multiplicadores. Os alunos se comunicaram com mais liberdade e facilidade, sem o peso da figura presencial do professor para liderar os trabalhos. No entanto, todos reconheceram que a presença do professor em classe foi apenas questão de segurança para que os multiplicadores pudessem dirimir as eventuais dúvidas, em caso de surgimento de problemas inusitados, e tivessem a certeza de que estariam fornecendo a informação correta.

O papel do professor como balizador dos trabalhos, e não como um ator direto, foi uma experiência inédita e bastante interessante, promovendo a reflexão do seu próprio papel como formador, uma vez que os multiplicadores se espelham nele e, ao se colocarem na posição de transmissores, passam a repetir palavras, gestos e os conceitos aprendidos. Foi possível, dessa forma, observar que o envolvimento geral dos participantes em cada fase do processo foi ao encontro da metodologia de pesquisa escolhida e atingiu plenamente os objetivos esperados.

O resultado final do projeto foi um livro com mais de 400 páginas, intitulado *O Resgate do Aprendizado do Desenho no Ensino Médio para os Cursos de Engenharia*, em que foi incluído, além de todas as atividades em aula e os workshops ministrados pelos multiplicadores, o resultado das pesquisas da aluna bolsista da executora, que são algumas aplicações importantes do desenho geométrico em diversas áreas da engenharia: na construção de estradas (engenharia civil), na fabricação de peças (engenharia mecânica) e na construção de arcos (arquitetura).

REFERÊNCIAS:

LORETO JUNIOR, Armando Pereira. *O Resgate do Aprendizado do Desenho no Ensino Médio para os Cursos de Engenharia*. Projeto Individual de Pesquisa 455402/2012-4. APQ/Edital/Chamada: CNPq/VALE S.A. nº 05/2012 — Forma Engenharia. São Paulo: Editora LCTE, 2014. ISBN 9788585908324.

CABRILOG. Geometry II Plus. Disponível em: http://www.cabri.com/download-cabri-2-plus.html . Acesso em: 13 de abril de 2017

CONSELHO NACIONAL DE EDUCAÇÃO. Câmara de Educação Superior. Resolução CNE/CES 11, de 11 de março de 2002. Disponível em: http://wiki.sj.ifsc.edu.br/wiki/index.php/Legisla%C3%A7%C3%A3o_para_os_Cursos_de_Gradua%C3%A7%C3%A3o_em_Engenharia. Acesso em: 20 de maio de 2017

MINISTÉRIO DA EDUCAÇÃO. Parâmetros Curriculares Nacionais do Ensino Médio. Disponível em: http://portal.mec.gov.br/seb/arquivos/pdf/ciencian.pdf. Acesso em: 15 de junho de 2017

PLANALTO PRESIDÊNCIA DA REPÚBLICA. Lei de Diretrizes e Bases da Educação. Disponível em: https://www.planalto.gov.br/ccivil_03/Leis/L9394.htm. Acesso em: 25 de junho de 2017

http://presrepublica.jusbrasil.com.br/legislacao/1034524/lei-12796-13. Acesso em: 4 de junho de 2017

Capítulo 4

As Atitudes e o Desempenho em Cálculo Diferencial e Integral de Estudantes de Engenharia

Marcos Antonio Santos de Jesus

INTRODUÇÃO

Educar para Mudanças

Nós, professores, ao entrarmos numa sala de aula de alunos ingressantes em cursos de graduação, deparamos com jovens que manifestam algumas características marcantes. Dentre essas características, se destaca o entusiasmo manifestado por eles, por estarem ocupando assentos universitários. Uma segunda característica também marcante e que trazem consigo são os hábitos de estudo nos níveis de ensino anteriores à universidade.

Talvez, nessa segunda característica residam os motivos pelos quais a grande maioria desses jovens não obtenha sucesso no desempenho em algumas disciplinas universitárias, tendo que cursar por mais de uma vez a mesma disciplina. Um desses motivos é o hábito de estudo. Sabemos que a maioria de nossos jovens, durante o ensino médio, somente estuda em véspera de provas. Quando chegam à universidade, querem agir da mesma forma. Não funcionará.

Existe, porém, uma parcela de alunos que, mesmo dedicando-se aos estudos, não consegue aprovação em disciplinas do ciclo básico, que apresentam altos índices de retenção. Então, onde estaria a falha? É notável que a maioria dos jovens universitários brasileiros cursa o ensino médio em escolas públicas, cujo nível de ensino, na maioria das vezes, é baixo ou em escolas privadas, que às vezes também não oferecem um ensino de boa qualidade. Especificamente esses jovens, quando chegam às universidades, demonstram um fraco aproveitamento nas disciplinas ao longo de sua jornada acadêmica da graduação, as quais exigem conhecimentos que deveriam ter sido adquiridos no ensino médio.

Nós, educadores, devemos entender que mudanças bruscas vêm acontecendo na sociedade e que sem dúvida alguma estão influenciando a postura dos jovens universitários. Não podemos e nem devemos compará-los com jovens de 30 anos atrás. Não devemos, como educadores, dizer que é melhor ou pior que antes, pois esse é o momento que precisa ser vivenciado, cada cidadão adaptando-se às suas mudanças.

De um modo geral os jovens ingressantes são educados, gentis, sabem ouvir e demonstram sentimentos favoráveis aos estudos. Talvez o que mais os atrapalha seja exatamente a má formação de conteúdo e a falta de uma forma disciplinada de estudar. Assim, quando um candidato chega à universidade com um desempenho insatisfatório na área de exatas, em disciplinas como física, química ou Matemática, é necessário que ele seja capaz de perceber que deve ter uma nova postura relacionada aos assuntos anteriores à sua formação superior. Mas que características *cognitivas ou **atitudinais*** terá o aluno para que seja capaz de ter essa percepção?

A Essência das Manifestações Pessoais

O ser humano vive num mundo de crenças, ***atitudes*** e comportamentos. As crenças e ***atitudes*** são, na maioria das vezes, formadas socialmente e irão influenciar o comportamento de todos. No ambiente escolar não poderia ser diferente. O professor, assim como o aluno, está sujeito a manifestar um determinado comportamento, de acordo com sua *atitude* estabelecida a respeito de uma ciência ou apenas um conteúdo qualquer (JESUS, 2005).

A ***atitude***, em relação a um objeto ou evento, é considerada um dos principais constructos psicológicos, e podemos dizer que existe consenso sobre a compreensão das *atitudes* como disposições mentais para avaliar um objeto ou evento psicológico, expressos em dimensões de atributos, tais como, bom/mau, agradável/desagradável e outros (AJZEN, 2001; WOOD, 2000). Eagly e Chaiken (1993) citados em (FARIA, ET AL., 2009) afirmaram que as atitudes podem não ser diretamente observáveis, pois estão relacionadas à predisposição que uma pessoa tem para avaliar determinado objeto, seja aprovando-o ou desaprovando-o. Mas as *atitudes* podem ser inferidas com base em respostas avaliativas contidas em instrumentos adequados.

O termo *atitude* é derivado da palavra latina "aptus", que, inicialmente, significava "aptidão" ou "adaptação" no sentido de aptidão física. Com o decorrer do tempo, esse conceito foi ampliado para uma preparação mental para a ação. Dessa forma **atitude** é uma disposição pessoal, idiossincrática, presente em todos os indivíduos, dirigida a objetos, eventos ou pessoas, que assume diferente direção e intensidade de acordo com as experiências do indivíduo. Além disso, apresenta componentes do domínio afetivo, cognitivo e motor (BRITO, 1996; 1998). Então é possível afirmar que *atitude é sentimento*.

As *atitudes* de uma pessoa podem ser direcionadas, ou seja, a favor ou contra, favorável ou desfavorável. A opinião pode ser positiva ou negativa, amigável ou hostil e aprovadora ou desaprovadora. A intensidade das atitudes delimita a força ou o grau de convicção expressa, ou seja, uma adesão pode ser, por exemplo, fria ou apaixonada, enquanto uma oposição pode ser ligeira ou veemente. Talvez seja possível existir dois polos claramente orientados e, eventualmente, um estado intermediário, que podemos chamar de neutralidade.

Inúmeras pesquisas mostram a importância de se compreender as relações entre as *atitudes* dos alunos e as diversas disciplinas específicas escolares. As pesquisas ressaltam a importância da introdução de novos programas, com a finalidade de promover uma mudança das *atitudes* em relação às disciplinas, tanto por parte dos professores como dos alunos, pois as *atitudes* dos professores podem influenciar as dos alunos. Pesquisas como (FINI; JESUS, 2001); (GONÇALEZ, 2002); (JESUS; ALVES, 2003); (JESUS, 1999; 2005); (ARDILES, 2007); (UTSUMI; LIMA, 2008); (BARROS; JESUS; PEQUENO, 2010); (JESUS; TACACIMA, 2012); (JESUS; TESTANI, 2016) indicam que o nível de desempenho do aluno pode ser relacionado à *atitude* positiva do estudante em relação ao objeto de estudo e mesmo que o aluno com *atitude* positiva não apresente um alto nível de desempenho, este ainda será melhor do que aquele obtido pelo aluno que apresentou atitude negativa.

As *atitudes* devem ser consideradas como um fator importante, capazes inclusive de influenciar o desempenho dos alunos. No momento em que as *atitudes* de um aluno com relação a um conteúdo escolar são favoráveis, ele poderá estar muito motivado para aprender. Além disso, ele pode investir esforços mais intensos e mais concentrados durante o processo ensino-aprendizagem. Mas quando as atitudes são desfavoráveis, é possível que esses fatores venham a operar em outra direção. Quando os professores criam um ambiente de ensino e aprendizagem em que os estudantes se sentem confortáveis e confiantes, são realçadas as *atitudes* positivas em relação à disciplina em questão. É claramente perceptível esse comportamento dos alunos em sala de aula, manifestação de uma determinada *atitude.* Se os alunos procuram evitar uma aula, alegando que não gostam ou não têm interesse, têm uma *atitude* negativa, mas se em outras aulas esses mesmos alunos fazem questão de estar presentes e ficam atentos às explicações, têm uma atitude positiva.

Educadores que pretendem modificar as *atitudes* de seus alunos devem considerar que há muitos fatores para isto ocorrer. No ambiente escolar, as *atitudes* de um determinado aluno podem ser diferentes conforme o momento e o espaço físico. Ao considerarmos que as *atitudes* não são estáveis, é de responsabilidade de cada um de nós, educadores envolvidos nesse processo ensino-aprendizagem, intervir com técnicas adequadas, visando que seus alunos tornem positivas as *atitudes* em relação à disciplina ministrada.

Uma Necessidade Humana

Nós, educadores, ao considerarmos que os nossos próprios sentimentos e também dos nossos semelhantes são sinônimos das *atitudes* em relação aos acontecimentos, estamos dando um passo importante para compreendermos melhor os eventos que ocorrem no ambiente educacional. É claramente perceptível que qualquer que seja o cidadão, independentemente da classe social, da raça, do gênero ou da religião que pratique, precisa no meio em que vive estabelecer relacionamentos, pois é uma necessidade essencial comum a todos os seres humanos. Percebe-se que em relação aos outros animais, nós, humanos, somos aqueles que mais sentimos, por esse motivo acredita-se que continuamos a evoluir.

Devemos crer que a maioria de nossas decisões é tomada preferencialmente em função do que sentimos ou acreditamos. Talvez em outro momento, tenhamos uma postura um pouco mais racional para justificarmos essas escolhas (BAKER, 2005). Se nós, educadores, queremos em sala de aula tornar o ambiente mais propício ao processo ensino-aprendizagem, de qualquer que seja a disciplina acadêmica, devemos então estabelecer relacionamentos de confiança mútua, dessa forma estaremos influenciando os ***sentimentos (atitudes)*** de nossos alunos. Talvez, aí reside a maior dificuldade por parte de alguns educadores. Como fazer para estabelecer relacionamentos confiáveis e de confiança mútua?

Acredita-se que a postura do educador deva ser o fator de maior influência no estabelecimento de relacionamentos, sejam ou não promissores. A postura do educador jamais deve ser arrogante, pois aquilo que apresentamos aos alunos, seja um conceito químico, físico, matemático ou uma teoria social qualquer, já está estabelecido na literatura mundial há algumas décadas, séculos e, em alguns casos, até milênios, como é o caso de grande parte das teorias matemáticas. Então, não há razão para arrogância, considerando que o conhecimento não é privado, mas pertence a todos.

Se por um lado a postura não deve ser de arrogância, por outro o educador deve ser visto por seus alunos como um líder não autoritário, em quem eles possam depositar confiança e que deverá inclusive demonstrar conhecimento e segurança nos conteúdos que se prontificou a apresentar. A superficialidade no conhecimento não é duradoura e impedirá a consolidação de uma confiança mútua, enquanto a falta de liderança deixará o grupo sem um rumo definido.

As palavras pronunciadas e as decisões tomadas no ambiente escolar devem ser coerentes com o comportamento próprio do educador. Para um convívio social saudável, geralmente existem normas estabelecidas. Essas normas devem ser seguidas por ambas as partes envolvidas no diálogo, que não deve ser unilateral. As respostas do educador às perguntas dos alunos, salvo alguns casos, devem ser metafóricas, de forma a permitir que eles questionem a própria pergunta e tenham oportunidade de refletir mais sobre o assunto em pauta.

Um aspecto importante refere-se à preparação do material a ser apresentado em sala de aula. Os conceitos, as propriedades e as teorias, entre outros, devem ser elaborados pelo educador focando os aspectos que os jovens alunos compreenderão mais facilmente e incorporarão na estrutura cognitiva. Devem ser utilizadas palavras adequadas, a cada momento, e feitas as necessárias observações no desenvolvimento da teoria específica. O educador deve tomar consciência que deve ser um eterno estudioso e, em seus inúmeros momentos de estudo, também deve ter a sensibilidade para perceber como deverá transmitir os conceitos a seus alunos em uma forma didática e compreensiva.

O educador tem o poder da palavra, mas esse poder deve ser estabelecido pela própria maneira de pronunciá-la em sala de aula. O educador precisa ainda saber se ela está sendo compreendida pelos alunos, o que pode ser notado observando os olhares dos estudantes, se são de concordância ou de discordância. O humor do educador também deve ser adequado para que aconteça uma boa apresentação. Percebe-se que, de uma maneira geral, as pessoas se aproximam com maior facilidade de pessoas bem-humoradas do que das mal-humoradas, porém é claro que não há necessidade de ministrar aulas contando piadas. Quando se fala em bom humor, significa aproveitar os comentários proferidos pelos alunos, sejam dúvidas ou sugestões, para, de forma bem-humorada, apresentar explicações conceituais em um ambiente saudável e de descontração, mas com a parte disciplinar preservada.

Como educadores devemos deixar claro aos nossos educandos que vivemos em um mundo competitivo e que todo cidadão dessa sociedade moderna e organizada é sempre solicitado a demonstrar qual é seu desempenho na atividade que desenvolve na vida profissional e que essa medida pode ser utilizada para inferir a aprendizagem do cidadão.

Finalmente todo e qualquer educador deverá ter consciência de que o processo ensino-aprendizagem é influenciado por fatores intrapessoais (fatores internos do aprendiz) e situacionais (fatores presentes na situação de aprendizagem). Esse processo também pode ser influenciado por variáveis da estrutura cognitiva, aptidão intelectual, motivação, *atitudes* e fatores de personalidade humana, características relativas à prática do professor e disciplina acadêmica, fatores sociais e grupais.

MÉTODO E MATERIAIS

Sujeitos e Delineamento da Pesquisa

Neste estudo foram entrevistados 809 alunos, regularmente matriculados no primeiro ano do ciclo básico do curso de Engenharia, e distribuídos da seguinte forma: 698 estavam cursando a disciplina de Cálculo Diferencial e Integral I, pela primeira vez (ingressantes), enquanto 111 alunos cursavam pela segunda vez (dependentes). Nesta pesquisa não existiu manipulação experimental e nem tratamento diferenciado para grupos de sujeitos. A pesquisa foi desenvolvida com a proposta de analisar relações e diferenças de escores entre algumas variáveis e, do ponto de vista cognitivo, aceitou os sujeitos exatamente como estavam, seguindo desta forma um modelo quantitativo explicativo, e não experimental.

Variáveis de Interesse da Pesquisa

Pontuação na Escala de Atitude[1]: Diz respeito ao valor da pontuação obtida na escala de atitudes em relação à Matemática e admite valores de 20 a 80 pontos. Essa variável foi analisada quantitativamente.

Desempenho em Cálculo Diferencial e Integral I: Diz respeito à nota que cada sujeito alcançou ao fim do semestre na referida disciplina. Esta nota tem pontuação que varia de 0 (zero) a 10,0 (dez) pontos. Essa variável foi analisada quantitativamente.

Procedimentos e Materiais

Foram coletados os dados por meio da aplicação da escala de atitudes em relação à Matemática durante a segunda semana de aulas do início do primeiro semestre de curso, tanto para alunos ingressantes como para dependentes no mesmo momento, mas esses cursavam a disciplina pela segunda vez. A escala de atitudes é um instrumento composto por 20 (vinte) afirmações, sendo que 10 (dez) retratam sentimentos negativos e outras 10 (dez) os sentimentos positivos em relação à Matemática. Após encerramento da coleta e encerramento do semestre, extraiu-se do sistema de notas da universidade a média de desempenho em Cálculo Diferencial e Integral I dos alunos participantes da pesquisa.

RESULTADOS

Análise da Amostra Dividida por Categoria (ingressante ou dependente)

Observa-se na Tabela 1 que a média de desempenho dos alunos que estavam cursando a disciplina Cálculo Diferencial e Integral I pela primeira vez (4,11 com desvio padrão 2,76) quando comparada à média de desempenho dos alunos que cursavam pela segunda vez (3,22 com desvio padrão 2,28) era próxima, ou seja, não foi observada grande diferença. Porém, de acordo com o teste t de Student, os resultados apresentados na Tabela 2 indicam que houve diferença significativa entre as médias de desempenho entre ingressantes e dependentes, pois p= 0,001, (p < 0,050). Mostrando assim que alunos

---

[1] Escala de atitudes em relação à Matemática, do tipo Likert (Aiken e Dreger, 1961, Aiken, 1963), adaptada e validada por Brito, 1998.

dependentes apresentaram desempenho estatisticamente inferior em relação aos ingressantes. Tal resultado mostra que o fato de o aluno ser dependente e ter frequentado aulas sobre o assunto no semestre anterior não quer dizer que o desempenho dele seja maior no semestre em que ele cursa a disciplina pela segunda vez.

Tabela 1: Médias de desempenho dos sujeitos em Cálculo Diferencial e Integral I

Grupo de Alunos	Média	Desvio Padrão
Ingressante	4,106 pontos	2,7566 pontos
Dependente	3,225 pontos	2,2835 pontos

Diferença de médias = 0,881.

Teste de Levene para igualdade de variância: F= 0,128 e p= 0,853

Tabela 2: Teste t de Student para igualdade de médias de desempenho dos sujeitos em Cálculo Diferencial e Integral I

Variância	t-valor	Graus de Liberdade	Probabilidade P
Igual	3,197	807	0,001

Tabela 3: Distribuição de médias de pontuação dos sujeitos na Escala de Atitudes em relação à Matemática

Grupo de Alunos	Média	Desvio Padrão
Ingressante	62,23 pontos	8,401 pontos
Dependente	57,56 pontos	8,773 pontos

Diferença de médias = 4,67.

Teste de Levene para igualdade de variância: F= 0,007 e p= 0,935

Tabela 4: Teste t de Student para igualdade de médias de pontuação na Escala de Atitudes

Variância	t-valor	Graus de Liberdade	Probabilidade P
Igual	5,409	807	0,000

Observa-se a partir do teste de Levene que a variância pode ser considerada igual, permitindo a aplicação do teste t de Student, com resultados apresentados na Tabela 4, com isso, constatou-se que a diferença de médias de pontuação na escala de atitudes entre alunos ingressantes e dependentes apresentada na Tabela 3 (média 62,23 com desvio padrão 8,40 para os ingressantes, e média de 57,56 com desvio padrão 8,77 para os alunos dependentes) foi altamente significativa, uma vez que a probabilidade (p= 0,000) foi menor que o nível de significância (α= 0,050), de modo que as atitudes dos alunos dependentes também são inferiores às atitudes dos ingressantes. O desempenho inferior dos alunos dependentes quando comparados aos alunos ingressantes talvez esteja sendo influenciado por suas atitudes em relação à Matemática, que também são inferiores, conforme resultado apresentado.

Os resultados encontrados na presente pesquisa como pontuação na escala de atitudes em relação à Matemática, tanto para os alunos ingressantes quanto para aqueles dependentes, são superiores aos encontrados no estudo de Barros, Jesus e Pequeno (2010). No referido estudo a média de atitudes para o gênero masculino chegou a 51,80, com desvio padrão 13,28 pontos; e para o gênero feminino, 50,77, com desvio padrão 11,99. Essa diferença talvez seja justificada pelo perfil dos sujeitos, ou seja, no atual estudo os sujeitos são alunos que cursam Engenharia, por isso esperava-se que eles tivessem uma atitude mais favorável à Matemática que sujeitos comuns quaisquer.

Tabela 5: Coeficiente de Correlação de Pearson (r) entre a pontuação na Escala de Atitudes e o desempenho em Cálculo Diferencial e Integral I

Grupo de alunos	Coeficiente de correlação r	Probabilidade P
Ingressante	0,410	0,000
Dependente	0,340	0,000

Os resultados apresentados na Tabela 5 mostram que, tanto para ingressantes como para dependentes, as correlações entre pontuação na escala de atitudes em relação à Matemática e o desempenho em Cálculo Diferencial e Integral I foram significativas (p < 0,050), sendo que esta correlação foi maior para ingressantes (r= 0,410) quando comparada aos dependentes (r= 0,340). O valor positivo para ambos os coeficientes de Pearson indicou uma correlação direta entre as variáveis, de modo que é possível supor que a atitude positiva em relação à matemática do aluno possivelmente contribuiu para a obtenção de seu desempenho melhor em Cálculo Diferencial e Integral I, enquanto a atitude negativa do aluno pode influenciar na obtenção de um desempenho mais baixo. Tal resultado pôde ser comparado aos resultados encontrados por Jesus (2005), que afirmou a existência de correlação significativa entre o desempenho em matemática e atitudes em relação à matemática. Conforme Fuentes et al., (2009) salientou, a predisposição negativa com que muitos alunos enfrentam algumas disciplinas desde o primeiro dia de aula irá antepor uma barreira que dificulta seu aprendizado (FUENTES; LIMA; GUERRA, 2009).

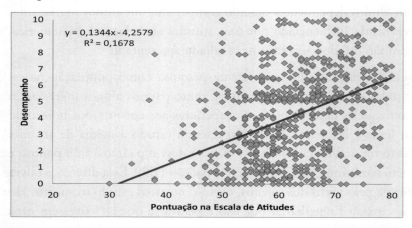

Figura 1: Regressão linear entre o desempenho em Cálculo Diferencial e Integral I e Pontuação na Escala de Atitudes em relação à matemática dos alunos ingressantes

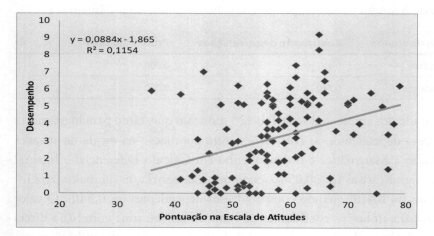

Figura 2: Regressão linear entre o desempenho em Cálculo Diferencial e Integral I e pontuação na Escala de Atitudes em relação à Matemática dos alunos dependentes

Analisando as Figuras 1 e 2, percebe-se que a correlação entre o desempenho e a atitude foi baixa nos dois casos, devido aos baixos valores de R^2 obtidos nas duas variáveis, ainda assim, com os valores obtidos nos coeficientes de correlação de Pearson, foi possível verificar uma correlação positiva entre as variáveis. Observa-se através das inclinações das linhas de tendência que a maior inclinação de reta na regressão linear para alunos ingressantes indicou uma atitude mais favorável a seu desempenho comparado à regressão linear dos alunos dependentes. Nota-se que, a cada variação de uma unidade na pontuação de escala de atitudes, o desempenho de ingressantes variou em 0,1344 pontos, enquanto para os alunos dependentes a variação foi apenas de 0,0884. Mesmo o grupo de alunos dependentes tendo apresentado essa pequena variação no desempenho em relação a cada ponto de variação nas atitudes, eles apresentaram atitudes consideradas favoráveis em relação à Matemática independentemente do desempenho, uma vez que uma pontuação na escala de atitudes desse grupo foi de 57,56 pontos, ou seja, acima do ponto médio da escala, que nesse caso é 50 pontos. Assim a atitude em relação à Matemática dos alunos dependentes é considerada favorável ao processo ensino-aprendizagem de Matemática. É evidenciado na Figura 2 que a maioria dos alunos dependentes apresentou atitudes entre 50 e 70 pontos, podendo assim ser considerada uma atitude favorável ao processo ensino-aprendizagem de Matemática, porém o grupo de alunos ingressantes apresentou uma média superior à dos alunos dependentes.

Análise da Amostra Dividida por Turno

Tabela 6: Distribuição dos sujeitos segundo o turno que cursam (diurno ou noturno)

Turno	Quantidade de alunos	Porcentagem
Diurno	534	66,0%
Noturno	275	34,0%
Total	809	100,0%

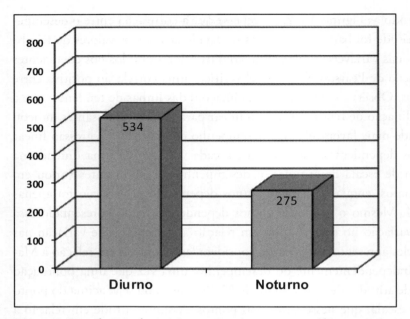

Figura 3: Distribuição dos sujeitos por turno que cursam (diurno ou noturno)

A amostra utilizada foi constituída por 809 alunos, sendo que 534 alunos (66%) cursavam o período diurno e 275 alunos (34%) cursavam o período noturno, como apresentado na Tabela 6 e na Figura 3. Para verificar se houve diferença de frequências por turno que cursam, foi aplicado o teste de qui-quadrado resultando em: $\chi2(1)= 82,918$ e $p= 0,000$. Desse modo, concluiu-se que a diferença entre os alunos matriculados no período diurno foi significativamente maior que os alunos do noturno, pois a probabilidade p foi inferior em nível de significância α adotado ($\alpha= 0,05$).

Tabela 7: Médias de desempenho em Cálculo Diferencial e Integral I dos sujeitos divididos segundo o turno

Turno	Média	Desvio Padrão
Diurno	4,367 pontos	2,7184 pontos
Noturno	3,245 pontos	2,5466 pontos

Diferença de média = 1,122.

Teste de Levene para igualdade de variância: $F= 0,766$ e $p= 0,382$

Tabela 8: Teste t de Student para igualdade de médias de desempenho entre os diferentes turnos

Variância	t-valor	Graus de Liberdade	Probabilidade P
Igual	5,680	807	0,000

A média de desempenho em Cálculo Diferencial e Integral I, como observado na Tabela 7, foi de 4,37 e desvio padrão de 2,72 para os alunos do período diurno, já para os do período noturno foi de 3,24 e desvio padrão de 2,55. Os resultados do teste de Levene permitiram considerar uma variância igual para aplicar o teste t de Student, com resultados apresentados na Tabela 8, em que a probabilidade p= 0,000 indica uma diferença significativa entre as médias de desempenho dos alunos de cada turno, pois p < 0,050. Logo, os alunos do período diurno têm um desempenho estatisticamente superior aos alunos do período noturno.

Tabela 9: Distribuição de médias de pontuação na escala de atitudes em relação à Matemática dos sujeitos divididos segundo o turno

Turno	Média	Desvio Padrão
Diurno	62,01 pontos	8,492 pontos
Noturno	60,77 pontos	8,761 pontos

Diferença de média = 1,24

Teste de Levene para igualdade de variância: F= 0,045 e p= 0,832

Tabela 10: Teste t de Student para igualdade de médias de pontuação na escala de atitudes para amostra dividida por turno

Variância	t-valor	Graus de Liberdade	Probabilidade P
Igual	1,955	807	0,051

A média de pontuação na escala de atitudes em relação à Matemática coletada no início do curso, como observado na Tabela 9, foi de 62,01 pontos e desvio padrão de 8,49 pontos para os alunos do período diurno, enquanto para os do período noturno foi de 60,77 e desvio padrão de 8,76 pontos. Aplicando-se o teste de Levene foi possível considerar uma variância igual e, assim, aplicar o teste t de Student, com resultados apresentados na Tabela

10, em que a probabilidade p= 0,051 indica que a diferença de médias não foi significativa entre os alunos divididos por turno, pois p foi maior que o nível de significância (α= 0,050).

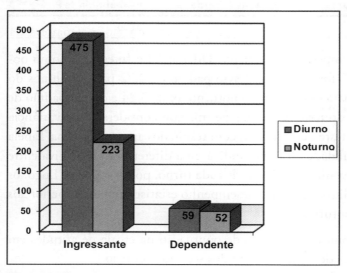

Figura 4: Distribuição dos sujeitos segundo o turno que cursam quando divididos entre ingressantes e dependentes

Tabela 11: Médias de desempenho em Cálculo Diferencial e Integral I dos sujeitos ingressantes divididos por turno que cursam

Turno	Média	Desvio Padrão
Diurno	4,450 pontos	2,7184 pontos
Noturno	3,374 pontos	2,5466 pontos

Diferença de média dos ingressantes = 1,0759.

Teste de Levene para igualdade de variância: F= 1,341 e p= 0,247.

Tabela 12: Teste t de Student para igualdade de médias de desempenho dos ingressantes quando divididos por turno

Variância	t-valor	Graus de Liberdade	Probabilidade P
Igual	4,886	696	0,000

A média de desempenho em cálculo diferencial e integral dos alunos distribuídos por turno, apresentada na Tabela 11, mostra valor superior de média para os alunos do período diurno, o que já era esperado, uma vez que esses alunos, de um modo geral, disponibilizam mais tempo para estudos fora da sala de aula, enquanto os alunos do período noturno são, na maioria das vezes, trabalhadores que apenas conseguem tempo para frequentar as aulas. Como observado na Tabela 11, foi de 4,45 pontos e desvio padrão de 2,71 pontos para os alunos do período diurno, enquanto para os do período noturno foi de 3,37 e desvio padrão de 2,54 pontos. Aplicando-se o teste de Levene foi possível considerar uma variância igual e, assim, aplicar o teste t de Student, com resultados apresentados na Tabela 12, em que a probabilidade p= 0,000 indica que a diferença de médias é estatisticamente significativa entre os alunos divididos por turno (p < 0,05).

Tabela 13: Médias de desempenho em Cálculo Diferencial e Integral I dos sujeitos dependentes divididos por turno

Turno	Média	Desvio Padrão
Diurno	3,697 pontos	2,0981 pontos
Noturno	2,690 pontos	2,3857 pontos

Diferença de média dos dependentes = 1,0062.

Teste de Levene para igualdade de variância: F= 2,680 e p= 0,104.

Tabela 14: Teste t de Student para igualdade de médias de desempenho dos dependentes quando divididos por turno

Variância	t-valor	Graus de Liberdade	Probabilidade P
Igual	2,365	109	0,020

A média de desempenho em Cálculo Diferencial e Integral dos alunos dependentes distribuídos por turno, apresentada na Tabela 13, mostra valor superior de média para os alunos do período diurno, o mesmo já tinha ocorrido para os alunos não dependentes, o que também já era esperado, uma vez que os alunos do período diurno, de um modo geral, disponibilizam mais tempo para estudos fora da sala de aula, enquanto os alunos do período noturno, na maioria das vezes, não disponibilizam desse tempo. Como observado na Tabela 13, foi de 3,697 pontos e desvio padrão de 2,09 pontos para os alunos do período diurno, enquanto para os do período noturno foi de 2,69 e desvio padrão de 2,38 pontos. Aplicando-se o teste de Levene foi possível considerar uma variância igual e, assim, aplicar o teste t de Student, com resultados apresentados na Tabela 14, em que a probabilidade $p = 0,020$ indica que a diferença de médias é estatisticamente significativa entre os alunos dependentes divididos por turno ($p < 0,05$).

CONSIDERAÇÕES FINAIS

Com base nos resultados apresentados na presente pesquisa, é possível afirmar que as atitudes dos alunos, independentemente da situação ingressante ou não, são favoráveis ao processo ensino-aprendizagem de Matemática, uma vez que ambas as médias estão acima do ponto médio da escala que é de 50 pontos. Dessa forma podemos supor que a atitude dos alunos pode ter influenciado o desempenho deles. De acordo com os autores JESUS (2005) e JESUS e TA-CACIMA (2012), pessoas que têm uma atitude favorável em relação a alguma coisa poderão se aproximar dela e defendê-la, mas se a atitude for desfavorável poderão evitá-la ou mesmo apresentar comportamento negativo em relação a ela. Segundo referido autor, é claramente perceptível esse comportamento de alunos em sala de aula, manifesto de uma dada atitude.

Ao analisarmos os gráficos de regressões lineares, é observado que a maioria dos alunos apresentou pontuação na escala de atitudes acima de 50 pontos, nesses casos, valores acima do ponto médio da escala de *atitudes*. Desse modo podemos afirmar que a maioria dos sujeitos apresentou atitudes favoráveis ao processo ensino-aprendizagem de Matemática. De acordo com GONZALEZ--PIENDA, et al. (2006), o que pode influenciar a aprendizagem do estudante é a *atitude.* Para os referidos autores, quando os professores possibilitam um ambiente de aprendizagem confortável e confiável para os estudantes são realçadas as atitudes positivas em relação à disciplina em questão.

Devido à grande influência da atitude no desempenho, é necessário que os professores que lidam com matérias com um maior grau de dificuldade visem melhorar o interesse do aluno pela matéria e criem ambientes favoráveis a aprendizagem. Vale salientar que as atitudes não são estáveis (BRITO, 1996).

Educadores que pretendem modificar as atitudes de seus alunos devem considerar que há muitos fatores para isso ocorrer. No ambiente escolar, as atitudes de um determinado aluno podem ser diferentes conforme o momento e o espaço físico. Certo aluno que apresente atitude positiva em relação à Matemática poderá apresentar tendência à atitude negativa em relação à outra disciplina qualquer, ou até mesmo à Matemática, num outro momento. Considerando que as atitudes não são estáveis (BRITO, 1996); (UTSUMI; MENDES 2000); (UTSUMI; LIMA, 2008), cabe a cada um dos educadores envolvidos nesse processo ensino-aprendizagem intervir com técnicas adequadas, visando que seus alunos melhorem as atitudes em relação à disciplina ministrada por ele.

Sabe-se que o processo ensino-aprendizagem é bastante complexo e nele intervêm inúmeros fatores, cabendo apontar as categorias intrapessoais (fatores internos do aprendiz) e situacionais (fatores presentes na situação de aprendizagem), como destacam Ausubel et al. (1980) e outros teóricos da aprendizagem. O processo de aprendizagem é intrinsecamente idiossincrático. Os resultados do trabalho em sala de aula podem ser influenciados por variáveis da estrutura cognitiva, como o desenvolvimento de prontidão, a aptidão intelectual, a motivação e as atitudes, além de fatores de personalidade humana. Pode ser influenciado também, e dentre inúmeros elementos, por características relativas à prática do professor, características da disciplina acadêmica e seu lugar nos programas escolares, além de fatores sociais e grupais e de características do professor.

A atual pesquisa fortaleceu a ideia que educadores matemáticos devem compreender questões referentes aos processos de ensino e aprendizagem, sobre relações entre atitude "sentimento" e o desempenho numa atividade acadêmica, e outros inúmeros aspectos que podem influenciar o trabalho na sala de aula, tais como: a inteligência, a motivação e relações interpessoais. Espera-se que os resultados apresentados na presente pesquisa, considerando-se o alcance e as limitações de uma pesquisa circunscrita a uma determinada amostra, possam contribuir para que os professores reflitam sobre a complexidade do processo ensino e aprendizagem, especificamente do Cálculo Diferencial e Integral.

No momento em que as atitudes de um aluno com relação a um conteúdo escolar são favoráveis, eles poderão estar altamente motivados para aprender. Além disso, eles podem investir esforços mais intensos e mais concentrados durante o processo ensino-aprendizagem. Mas, quando as atitudes são desfavoráveis, é possível que esses fatores venham a operar numa outra direção

(JESUS, 2005). Sobre esse aspecto, Gonzalez-Pienda et al. (2006) afirmam que um aspecto que pode influenciar a aprendizagem do estudante é a atitude. Para os autores, quando professores criam um ambiente de aprendizagem em que os estudantes se sentem confortáveis e confiantes, são realçadas as atitudes positivas em relação à disciplina em questão.

REFERÊNCIAS

AJZEN, Icek. Nature and operations of attitudes. **Annual Review Of Psychology**, Massachusetts, v. 52, pp. 27–58, fev. 2001.

ARDILES, Roseline Nascimento de. **Um estudo sobre as concepções, crenças e atitudes dos professores em relação à matemática**. 2007. 237 f. Dissertação (Mestrado) — Curso de Mestrado em Educação, Faculdade de Educação, Universidade Estadual de Campinas, Campinas, São Paulo, 2007.

AUSUBEL, David P.; NOVAK, Joseph D.; HANESIAN, Helen. **Psicologia educacional**. Rio de Janeiro: Interamericana, 1980. Tradução de: Eva Nick.

BAKER, Mark W. **Jesus, o Maior Psicólogo que já existiu**. Rio de Janeiro: Sextante, 2005. Tradução de: Claudia G. Duarte.

BARROS, Luiz G. X. de; JESUS, Marcos A. S. de; PEQUENO, Valter A. A utilização de software educacional em sala de aula e a mudança nas atitudes dos alunos em relação à matemática. **Sinergia**, São Paulo, v. 11, n. 2, pp. 168–175, jul./dez. 2010. Semestral. Disponível em: <http://www.cefetsp.br/edu/prp/sinergia>. Acesso em: abril de 2011.

BRITO, Márcia R. F. **Um estudo sobre as atitudes em relação à matemática em estudantes de 1º e 2º graus**. 1996. Livre Docência. Campinas.

_____. Adaptação e validação de uma escala de atitudes em relação à matemática. *Zetetiké*, v. 9, n. 6, pp. 109–162, jan./jun. 1998.

FARIA, Paulo C.; CAMARGO, Brigido V.; MORO, Maria Lucia F. Indicadores de atitudes de estudantes e professores com relação à matemática. *Paidéia*, v. 19, n. 42, pp. 27–37. Disponível em: w.w.w.scielo.com.br. jan./abr. de 2009

FUENTES, Verônica L. P.; LIMA, Ronaldo.; GUERRA, Diego de S. Atitudes em relação à matemática em estudantes de Administração. ***Revista Semestral da Associação Brasileira de Psicologia Escolar e Educacional (ABRAPE)***, v. 13, n. 1, pp. 133–141. Disponível em: <w.w.w.scielo.com.br>. jan./jun. de 2009

GONÇALEZ, N. **Atitudes dos alunos do curso de pedagogia com relação à disciplina de estatística no laboratório de informática.** 2002. Tese de Doutorado — UNICAMP, Campinas.

GONZALEZ-PIENDA, J. A., NUÑEZ, J. C., SOLANO, P.; SILVA, E. H.,ROSÁRIO, P.; MOURÃO, R.,VALLE, A. Looking at Mathematics through gender: a study in Spannish compulsory education. ***Estudos de Psicologia***, v. 11, n. 2, pp. 135–141, Natal, RN. 2006.

FINI, Lucila Diehl. T., JESUS, Marcos Antonio S. de. Uma Proposta de Aprendizagem Significativa Através de Jogos. In: BRITO, Márcia R. F. et al. ***Psicologia da Educação Matemática***: teoria e pesquisa. Florianópolis, Santa Catarina: Insular, 2001.

JESUS, Marcos A. S. de. Uma contribuição experimental para a Educação Matemática: análise do desempenho e das atitudes de alunos em relação à Matemática. ***Revista Ceciliana***, ano 10, n. 12, pp. 113–127, ago./dez. 1999.

JESUS, Marcos A. S. de. ALVES, Érica V. **Um estudo exploratório sobre as habilidades, atitudes e desempenho dos estudantes de licenciatura em matemática.** [anais, impresso]. Artigo de: In: VII CONGRESSO ESTADUAL PAULISTA SOBRE FORMAÇÃO DE EDUCADORES: TEORIAS E PRÁTICAS. Águas de Lindóia, São Paulo: UNESP, 2003.

JESUS, Marcos Antonio Santos de. **As atitudes e o desempenho em operações aritméticas do ponto de vista da aprendizagem significativa.** 2005. 224 f. Tese (Doutorado) — Curso de [s.n.], Faculdade de Educação, Universidade Estadual de Campinas, Campinas, São Paulo, 2005.

JESUS, Marcos A. S. de; TACACIMA, J. As Atitudes em relação à Matemática e o desempenho em Cálculo Diferencial e Integral de alunos de Engenharia. ***Revista Ceciliana***, Santos, a. 12, pp. 71–76, 2012.

LIMA, Rita de Cássia Pereira; UTSUMI, Miriam Cardoso. Um estudo sobre as atitudes de alunas de pedagogia em relação à Matemática. **Educação Matemática em Revista**, [s. I.], v. 5, n. 24, pp. 100–125, jun. 2008.

XII ENCONTRO NACIONAL DE EDUCAÇÃO MATEMÁTICA, 2016, São Paulo. **As atitudes em relação à Matemática e o desempenho em Cálculo Diferencial e Integral na variável complexa**. São Paulo: [s. I.], 2016. 100 p.

UTSUMI, Miriam Cardoso; MENDES, Clayde Regina. Researching the Attitudes Towards Mathematics in Basic Education. **Educational Psychology: An International Journal of Experimental Educational Psychology**. [s. I.], pp. 237–243. 2010.

UTSUMI, Miriam C.; LIMA, Rita de C. P. Um estudo sobre as atitudes de alunas de pedagogia em relação á matemática. *Educação Matemática em Revista*, ano 13, n. 24, jun. 2008.

WOOD, Wendy. Attitude change: persuasion and docial influence. **Annual Reviews Psychology**, Texas, v. 51, n. 2, pp. 539–570, 2000.

Parte II

Experiências Pedagógicas nas Etapas Iniciais da Educação Superior

Monica Karrer

Tiago Estrela de Oliveira

Cláudio Dall'Anese

Paulo Henrique Trentin

Capítulo 5

Geometria Analítica: Proposta de Abordagens com Exploração de Registros Semióticos nos Ambientes Papel e Lápis e Computacional

Mônica Karrer

Tiago Estrela de Oliveira

INTRODUÇÃO E OBJETIVO DO ESTUDO

A Geometria Analítica está presente na etapa inicial de vários cursos da área de exatas, sendo que um dos requisitos para o aluno compreender essa disciplina consiste na habilidade de tratar algebricamente situações geométricas, o que evidentemente prevê um ensino que favoreça a integração entre representações gráficas e algébricas.

Vários pesquisadores, tais como Santos (2013) e Dallemole et al. (2011), apontam as dificuldades dos estudantes na construção de conceitos dessa disciplina e citam a problemática de se limitar a resolução de exercícios a um tratamento algorítmico. Ainda, Karrer e Barreiro (2009) revelaram que os livros didáticos de Geometria Analítica mais presentes nas referências dos cursos de exatas do nosso país privilegiam o registro algébrico, sem a preocupação de envolver o estudante no estabelecimento de conversões entre representações dos registros algébrico e gráfico. Diante dessa problemática, é provável que, ao algebrizar o estudo da Geometria Analítica, a construção do conceito se restrinja a uma vertente procedimental.

Borba e Penteado (2010) e Noss e Hoyles (1996; 2009) apresentaram as vantagens de integrar recursos computacionais ao ensino de Matemática, dentre eles os recursos dinâmicos, dado que eles permitem explorações distintas das que normalmente são realizadas no ambiente do tipo papel e lápis, além de favorecerem o desenvolvimento de uma postura mais ativa do aluno na construção do conceito.

Diante desse contexto, várias ações estão sendo realizadas por meio de propostas de ensino que integram efetivamente as relações entre diferentes registros semióticos, tais como o algébrico, a língua natural e o gráfico, com abordagens que utilizam as potencialidades do software dinâmico GeoGebra. Essa ferramenta foi selecionada pelo fato de ser útil e adequada ao estudo, tendo em vista que, dado o seu dinamismo, ela favorece o trabalho de construção de conjecturas e o estabelecimento de relações dinâmicas e simultâneas entre representações dos registros algébrico e gráfico.

Dessa forma, o objetivo deste estudo consiste em apresentar os resultados da aplicação de atividades que compuseram um experimento de ensino sobre tópicos de Geometria Analítica, em especial sobre Vetores e Base no Plano, desenvolvido nos ambientes GeoGebra e papel e lápis e elaborado de forma a integrar diferentes registros de representações semióticas e a requerer do aluno uma postura mais ativa na construção do experimento.

Este estudo foi fundamentado na teoria dos registros de representações semióticas de Duval (2006), na qual se prevê que, ao contrário do que ocorre em outras áreas do conhecimento, o acesso a objetos matemáticos requer, necessariamente, registros de representações semióticas. Ressalta-se que, para o autor, nem sempre o ensino de Matemática considera tal especificidade.

Um registro de representação semiótica consiste em um sistema semiótico que permite conceber três atividades cognitivas, denominadas formação, tratamento e conversão, as quais serão detalhadas na Seção 2 deste artigo. São exemplos desse tipo de sistema os registros gráfico, algébrico, figural e da língua natural.

Para a construção e condução das atividades, foi adotada a metodologia de Design Experiment de Cobb et al. (2003), a qual foca na análise das trajetórias dos estudantes durante o processo de construção do conceito. Essa metodologia, cujo objetivo consiste em desenvolver e testar propostas de inovações no ensino de Matemática, é dotada das características flexível, cíclica e iterativa. Isto porque, apesar de um desenho inicial ser elaborado, a flexibilidade inerente a tal metodologia prevê a possibilidade de alterações durante o processo de condução do experimento, caso as produções dos estudantes revelem tal necessidade. Nesse caso, um novo ciclo ocorre, caracterizando um processo em que construções são realizadas tomando por base etapas previamente testadas.

REFERENCIAL TEÓRICO

Considerando a importância de um trabalho integrado principalmente entre representações dos registros algébrico e gráfico no tratamento de objetos da Geometria Analítica, o presente trabalho foi fundamentado nos pressupostos teóricos dos registros de representações semióticas de Duval (1995; 2000, 2003; 2006; 2011). Esse pesquisador afirma que não é possível estudar os fenômenos relativos ao conhecimento matemático sem recorrer à noção de representação. Ele ressalta a característica particular entre a atividade cognitiva requerida pela Matemática e a requerida em outros domínios do conhecimento, uma vez que não é possível ter qualquer acesso perceptivo ou instrumental a objetos matemáticos, mesmo aos mais elementares, dado o caráter abstrato dessa ciência. Com isso, torna-se necessária uma relação de denotação, a qual é possível por meio de um sistema de representação semiótica.

Dessa forma, Duval (1995) expressa questões relativas à aprendizagem matemática relacionando, fundamentalmente, dois processos, denominados *semiosis* e *noesis*. A se*miosis* representa a apreensão ou a produção de uma representação semiótica; e a *noesis* representa os atos cognitivos como a apreensão conceitual de um objeto, a discriminação de uma diferença ou a compreensão de uma inferência. Segundo o autor "não há *noesis* sem *semiosis*"[1], ou seja, não há aquisição conceitual de um objeto matemático sem recorrer ao uso de representações semióticas.

De acordo com Duval (2011), o progresso do conhecimento é acompanhado pela criação e pelo desenvolvimento de novos sistemas semióticos específicos e, para exemplificar tal afirmação, ele diz que é suficiente comparar a evolução dos livros didáticos para constatar a ampliação da diversidade de sistemas semióticos presentes.

---

[1]   Traduzido pelos autores. Tradução do original em francês (DUVAL, 1995, p. 5).

Essa especificidade de acesso ao objeto matemático conduz à adoção de um modelo específico para descrever as condições da aquisição de conhecimentos matemáticos. Nesse caso, os modelos clássicos da psicologia cognitiva — centrados nos tratamentos de informação — ou os modelos epistemológicos — centrados no desenvolvimento histórico dos diferentes domínios matemáticos — não atendem às necessidades específicas da aprendizagem matemática.

Duval (2003) faz uma distinção entre os diferentes sistemas semióticos quanto às atividades cognitivas que eles são capazes de cumprir. Em primeiro lugar tem-se a *atividade de formação* de representações em um registro semiótico particular, com a finalidade de expressar uma representação mental ou para evocar um objeto real. Ao transformar uma representação em outra, pode-se ter um tratamento ou uma conversão. A *atividade de tratamento* consiste na transformação de uma representação para outra no interior de um mesmo registro semiótico. No contexto da Geometria Analítica, seria o caso de resolver uma equação vetorial no registro simbólico. A *atividade de conversão* consiste em uma transformação que parte de uma representação de determinado registro em direção a outra representação de um registro distinto do qual se partiu. Por exemplo, é o caso de representar graficamente um vetor dado pelas suas coordenadas, efetuando, assim, uma conversão do registro simbólico-numérico para o gráfico.

Nesse caso, um registro de representação semiótica é o sistema semiótico capaz de cumprir essas três atividades cognitivas mencionadas. Como exemplos de registros de representação semiótica temos o algébrico, o da língua natural e o gráfico. Já os códigos representam um sistema semiótico que não cumpre as três atividades cognitivas citadas, logo, não constituem um registro de representação semiótica.

Se por um lado só é possível acessar um objeto matemático por meio de um sistema semiótico, ao mesmo tempo um objeto matemático não pode ser confundido com a representação semiótica utilizada. Nesse aspecto, Duval (1995) destaca a importância da distinção entre sentido e referência proposta por Frege (1971, apud DUVAL, 1995), já que o objeto representado não pode ser identificado com o conteúdo da representação que o torna acessível.

> Sempre que um sistema semiótico é alterado, o conteúdo da representação muda, enquanto o objeto denotado permanece o mesmo. Mas como objetos matemáticos não podem ser identificados com nenhuma de suas representações, vários estudantes não podem discriminar o conteúdo da representação e o objeto representado (DUVAL, 2000, p. 59).

Essa problemática acaba sendo transportada para o ensino de Matemática caso o professor não tenha a preocupação de explorar diferentes registros. Nessa situação, o aluno passa a identificar um objeto matemático exclusivamente com uma de suas representações. Dessa forma, na visão do autor, a coordenação consciente dessa variedade de sistemas semióticos representa uma atividade essencial para a aprendizagem matemática.

Com relação às transformações entre representações, o autor revela que os alunos normalmente apresentam dificuldades na atividade de conversão. Isso porque essa atividade é dotada de duas características que nem sempre são consideradas no ensino de Matemática: a não congruência e a heterogeneidade nos dois sentidos de conversão, a serem elucidadas a seguir.

Se na comparação da representação do registro de partida com a representação final do registro de chegada a transformação ocorrer de maneira espontânea, próxima a uma situação de codificação, a conversão é classificada como congruente. Geralmente, para que exista congruência na conversão, três condições devem ser satisfeitas: correspondência semântica entre as unidades significantes que as constituem, uma mesma ordem possível de apreensão das unidades das duas representações e conversão de uma unidade significante de representação de partida para uma unidade significante correspondente no registro de chegada. Quando pelo menos uma dessas características não ocorre, tem-se uma conversão não congruente. O quadro seguinte contém os exemplos traduzidos e presentes em Duval (2000) que ilustram esse tipo de fenômeno característico da atividade de conversão.

Quadro 1: Exemplo de análise da congruência da atividade de conversão

TIPO DE CONVERSÃO	SISTEMA OU REGISTRO DA ESCRITA NATURAL	SISTEMA SIMBÓLICO-ALGÉBRICO
Conversão congruente	Conjunto de pontos com ordenada maior que abscissa.	$y > x$
Conversão não congruente	Conjunto de pontos cujas ordenadas e abscissas têm o mesmo sinal.	$x.y > 0$

FONTE: DUVAL, 2000, p. 63 [Nota: Traduzido pelos autores]

Ainda, a questão da heterogeneidade nos dois sentidos de conversão aponta que uma conversão pode ser congruente em um sentido e não congruente no sentido oposto e, consequentemente, é um grande equívoco considerar que se um estudante é capaz de efetuar a conversão em um sentido, automaticamente, terá condições de estabelecer a conversão no sentido oposto. Exemplificando, Pavlopoulou (1993), em seu estudo sobre vetores, aplicou uma questão que exigia a conversão da representação do registro numérico de coordenadas para o gráfico. Nesse caso, o índice de acerto foi de 0,83. Ao solicitar a resolução da mesma questão requerendo a conversão no sentido contrário, o índice de acerto foi de 0,34.

Duval (2011) revela que esses dois fenômenos da congruência não são muito tratados nas pesquisas relacionadas à Educação Matemática, sendo essencial para a aprendizagem matemática o reconhecimento de conversões não congruentes e o domínio de uma efetiva coordenação entre os registros, pois são atividades que constituem condição de acesso à compreensão matemática. Nesse caso, pressupõe-se que a aprendizagem de um conceito matemático consiste em desenvolver coordenações progressivas entre vários sistemas de representações semióticas e que isso permite ao estudante obter avanços de qualidade em suas produções. Apesar disso, o autor aponta que várias pesquisas na área de Educação Matemática indicam que no ensino há um "enclausuramento" de registro e, por consequência, raramente é dada uma atenção especial ao papel desempenhado pela atividade de conversão e aos fenômenos a ela relacionados. Segundo o pesquisador, uma aprendizagem que não explora as conversões não capacita o estudante a realizar transferências.

> Numerosas observações nos permitiram colocar em evidência que os fracassos ou os bloqueios dos alunos, nos diferentes níveis de ensino, aumentam consideravelmente cada vez que uma mudança de registro é necessária ou que a mobilização simultânea de dois registros é requerida. No caso de as conversões requeridas serem não congruentes, essas dificuldades e/ou bloqueios são mais fortes (DUVAL, 2003, p. 21).

Tal pesquisador também classifica os registros quanto à sua funcionalidade em multifuncionais ou monofuncionais. Os registros multifuncionais, presentes em vários campos da cultura, são utilizados com a finalidade tanto de comunicação como de tratamento. Dado que esse tipo de registro admite várias formas de tratamento, estas não podem ser realizadas de forma algorítmica. Como exemplo de registros multifuncionais, tem-se a língua natural e as figuras. Já os registros monofuncionais são tratados de forma específica, sendo dotados de tratamentos algoritmizáveis. São exemplos deste tipo de registro o gráfico e o algébrico.

Ainda, os registros podem ser discursivos ou não discursivos. Entende-se como discursivos os registros que permitem o discurso, como a língua natural. Como exemplos de não discursivos tem-se os gráficos e as figuras.

Nessas condições, dos registros trabalhados neste artigo, pode-se classificar o registro da língua natural como multifuncional discursivo, o figural como multifuncional não discursivo, o gráfico como monofuncional não discursivo e o algébrico como monofuncional discursivo.

Duval (2000) afirma que nos níveis mais avançados de ensino privilegia-se o uso de registros monofuncionais. Na concepção do autor, excluir o uso de registros multifuncionais nessa etapa, considerando a língua natural e as figuras geométricas como objetos óbvios, pode levar à confusão no entendimento de um conceito e à perda de significado.

A teoria de Duval insere-se no modelo cognitivo do processo da aprendizagem matemática, cujo foco está na complexidade cognitiva do pensamento humano. A preocupação consiste em analisar as condições cognitivas internas necessárias para o estudante entender matemática, as quais formam a sua arquitetura cognitiva. O entendimento matemático depende, então, da mobilização de vários registros e, dessa forma, um indivíduo que aprende matemática integra em sua arquitetura cognitiva todos os registros necessários como novos sistemas de representação.

METODOLOGIA

Dentro da visão de uma pesquisa qualitativa, foi adotada a metodologia de Design Experiment de Cobb et al. (2003) para balizar a elaboração e a condução do experimento. Essa metodologia surgiu nos Estados Unidos, em torno de 1970, para atender a uma demanda das pesquisas em Educação Matemática. Um dos motivos de ela ter emergido na época foi o fato de as pesquisas em Educação Matemática se basearem em modelos de outras áreas, tais como Epistemologia, Psicologia e Filosofia, os quais não haviam sido criados para analisar a Matemática específica dos estudantes. Era vital que surgisse um modelo com raízes na própria Educação Matemática para considerar o progresso de um estudante diante de uma comunicação matemática interativa.

Ainda, a metodologia experimental da época, baseada no modelo da Psicologia, procurava selecionar uma amostra de sujeitos, submetendo-os a diferentes tratamentos. Em seguida, comparações entre os efeitos de um tratamento com os de outros eram realizadas, com a intenção de especificar diferenças entre eles, e assim os pesquisadores formulavam possíveis fatores que poderiam ser variados sistematicamente, de modo que houvesse uma variação correspondente em outras variáveis.

Esse tipo de experimento, classificado como desenho clássico experimental, tinha um agravante para pesquisas ligadas à área de educação, pois omitia a análise conceitual, ou seja, os sujeitos eram considerados recipientes de tratamentos e usualmente não eram o foco de análise. Eles eram indivíduos que seriam tratados, e não participantes da construção dos tratamentos no contexto dos episódios de ensino. Como o interesse principal do pesquisador da área de ensino passou a ser a análise dos significados construídos pelos estudantes, foi elaborado um novo modelo voltado a esse foco, denominado Design Experiment.

Segundo Cobb et al. (2003), Design Experiment representa um tipo de metodologia cujo objetivo é analisar processos de aprendizagem de domínios específicos. Apesar disso, não se deve conceber essa metodologia como voltada simplesmente a uma coleção de atividades ou a sequências de ensino direcionadas à aprendizagem de um determinado domínio. Na verdade, este tipo de metodologia é considerado uma ecologia de aprendizagem, no sentido de representar um sistema complexo, de interação e construção iterativa, envolvendo múltiplos elementos de diferentes tipos e níveis. Isso ocorre por meio da modelagem de seus elementos e da antecipação de como esses elementos funcionam em conjunto para dar suporte à aprendizagem.

Inicialmente, realiza-se uma primeira concepção do desenho tendo por base as indicações presentes na literatura científica, porém, à medida que o experimento é aplicado, caso haja necessidade, podem ser realizadas novas conjecturas e o experimento pode ser remodelado de acordo com as produções dos estudantes. Para que isso seja possível, a metodologia passa a ter um caráter cíclico, incluindo as características de iteratividade e flexibilidade. A intenção é servir como base para possíveis reestruturações e inovações no ensino de Matemática.

E pode manifestar-se de diversas maneiras, tanto para modelos de pequena escala como para amostras grandes de estudantes ou de professores ou ainda como elementos de reestruturações de currículos escolares. No presente estudo, foi adotado o modelo de pequena escala para favorecer a análise minuciosa das trajetórias dos sujeitos.

Nessa metodologia, espera-se do pesquisador uma atuação voltada à orientação do processo, intervindo somente nos momentos de bloqueio e identificando as reformulações necessárias durante a execução do experimento.

Neste capítulo serão apresentados os resultados da aplicação de dois experimentos, o primeiro sobre Vetores e o segundo sobre Base no Plano. O experimento sobre Vetores contou com a participação de dois estudantes; e o experimento de Base no Plano, com cinco estudantes. Todos eram provenientes do ciclo básico do curso de Engenharia de uma instituição confessional de ensino superior. Eles já haviam tido contato com o tema proposto, porém, sem o uso do recurso computacional.

Primeiro foi realizada uma breve familiarização com o software. Em seguida, foram aplicadas as atividades e, para isso, foi necessária a utilização de um laboratório de informática. Para o desenvolvimento do experimento sobre Vetores, os dois alunos formaram uma dupla. Já no experimento sobre Base no Plano, os cinco alunos foram organizados em duas duplas e um único aluno, os quais serão denominados nesse capítulo por Dupla A, Dupla B e Aluno A.

Durante a execução do experimento o professor-pesquisador detectou a necessidade de intervenções, as quais foram pontuais, e identificou os possíveis avanços dos alunos.

Ainda, em caso de necessidade, a metodologia garante a possibilidade de reestruturar a atividade durante o processo para que os alunos possam construir suas compreensões acerca do objeto matemático. Diante disso, o foco da metodologia não está propriamente no experimento construído, mas sim no pensamento que o aluno construirá favorecido pelo experimento.

Para a análise dos dados, foram consideradas as produções oral e escrita dos sujeitos, bem como as telas produzidas durante a execução do experimento. Para a captura de telas, foi utilizado o software denominado Camtasia.

A seguir, será apresentada uma amostra de atividades elaboradas sobre dois tópicos da Geometria Analítica: Vetores e Base no Plano.

APRESENTAÇÃO DAS ATIVIDADES E ANÁLISE DOS RESULTADOS

Atividades do Experimento sobre Vetores

O experimento sobre Vetores objetivou explorar a combinação linear de dois vetores por meio de uma entrada gráfica com o auxílio do software GeoGebra. A intenção era que os estudantes, partindo da equação $a\overrightarrow{AX} = b\overrightarrow{XB}$, levantassem conjecturas sobre a relação existente entre os vetores $\overrightarrow{AX}$ e $\overrightarrow{AB}$ no ambiente dinâmico para, em seguida, validarem tais conjecturas algebricamente no ambiente papel e lápis. Ressalta-se que em todas as tarefas foi solicitada a apresentação das conclusões no registro da língua natural.

Apresenta-se, a seguir, uma amostra das atividades aplicadas. Salienta-se que na atividade apresentada neste capítulo foram tomados os representantes dos vetores considerados em relação à base canônica. Inicialmente foram propostas as tarefas apresentadas a seguir.

Tarefa 1: *No eixo x, marque dois pontos distintos A e B.*

Tarefa 2: *Usando o botão vetor, construa o vetor $\vec{u} = \overrightarrow{AB}$.*

Tarefa 3: *Na caixa de entrada escreva a equação C= A + 3*u.*

Tarefa 4: *Usando o botão vetor, construa o vetor $\vec{v} = \overrightarrow{AC}$.*

Todos os estudantes realizaram a construção solicitada de forma satisfatória. Em seguida, foi solicitado, na Tarefa 5, que alterassem o ponto B, a fim de verificar a influência desse movimento no representante do vetor $\overrightarrow{AC}$, fato possível dada a característica dinâmica do software. Tinha-se por objetivo que eles observassem que, ao manipularem o ponto B, a igualdade $\overrightarrow{AC} = 3\overrightarrow{AB}$ se mantinha. Os alunos observaram tal fato, conforme exposto na Figura 1.

Figura 1: Produção da dupla na Tarefa 5

Tarefa 5: Variando o ponto B, o que ocorre com o vetor $\overrightarrow{AC}$? Era esperado? O que podemos concluir?

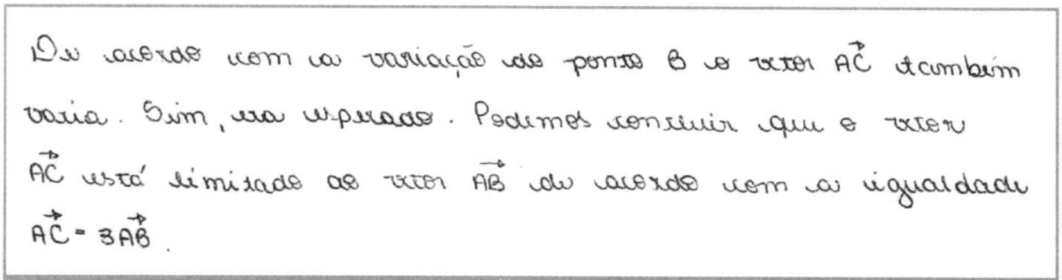

> *De acordo com a variação do ponto B o vetor $\overrightarrow{AC}$ também varia. Sim, era esperado. Podemos concluir que o vetor $\overrightarrow{AC}$ está limitado ao vetor $\overrightarrow{AB}$ de acordo com a igualdade $\overrightarrow{AC} = 3\,\overrightarrow{AB}$.*

Na tarefa seguinte, o aluno deveria, em uma nova janela, construir um ponto D fora do eixo x, de modo que os vetores $\overrightarrow{AD}\,e\,\overrightarrow{AB}$ satisfizessem a equação vetorial $\overrightarrow{AD} = \dfrac{\overrightarrow{AB}}{4}$. Ainda, os alunos deveriam verificar se os pontos A e B poderiam estar no eixo x.

Primeiro os alunos apresentaram dificuldades na tarefa, uma vez que aceitaram a possibilidade de os pontos A e B pertencerem ao eixo x. Diante disso, coerente com as características da metodologia adotada, o professor-pesquisador solicitou à dupla que reavaliasse sua resposta. Os estudantes da dupla, ao refletirem novamente sobre a tarefa, notaram o equívoco cometido e apresentaram a produção descrita na Figura 2, efetuando uma conversão do registro gráfico para a língua natural.

Figura 2: Produção reavaliada da dupla na Tarefa 6

Tarefa 6: Abra uma nova janela no GeoGebra. Depois disso construa o ponto D fora do eixo x de modo que os vetores $\overrightarrow{AD}$ e $\overrightarrow{AB}$ satisfaçam a seguinte equação vetorial: $\overrightarrow{AB} - \overrightarrow{AB}/4$. Os pontos A e B podem estar no eixo?

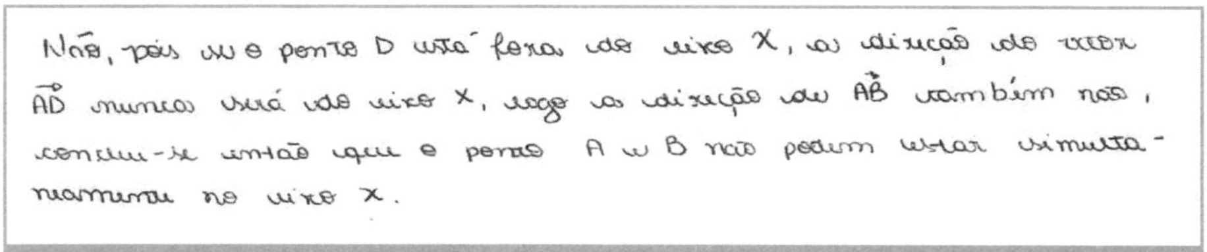

> *Não, pois se o ponto D está fora do eixo x, a direção do vetor $\overrightarrow{AD}$ nunca será do eixo x, logo a direção de $\overrightarrow{AB}$ também não. Conclui-se então que os pontos A e B não podem estar simultaneamente no eixo x.*

Apenas na afirmação final, ao serem questionados pelo professor-pesquisador a respeito do relato de que os pontos A e B não poderiam estar simultaneamente no eixo x, foi possível observar que eles sabiam que nenhum dos dois pontos poderia pertencer ao eixo x, porém a produção escrita apresentada não revelava isso.

Após a realização de uma série de tarefas semelhantes, foi proposta a Tarefa 10 (conforme Figura 3), que objetivou avaliar se os estudantes notavam que, manipulando os pontos A ou B, a direção dos dois vetores se mantinha, a medida deles alterava de acordo com a relação estabelecida e que o valor de α influenciava no comprimento e no sentido.

Os alunos apresentaram um equívoco na análise do sentido dos vetores, ou seja, não perceberam a influência do α nessa análise, conforme pode-se observar na Figura 3.

Figura 3: Produção da dupla na Tarefa 10

Tarefa 10: Seja a um número real não nulo e X um ponto tal que $\overline{AX}$= a. Variando-se o ponto A e B, o que ocorre com a direção, o comprimento e o sentido vetor $\overline{AX}$? É independente do valor de escala α?

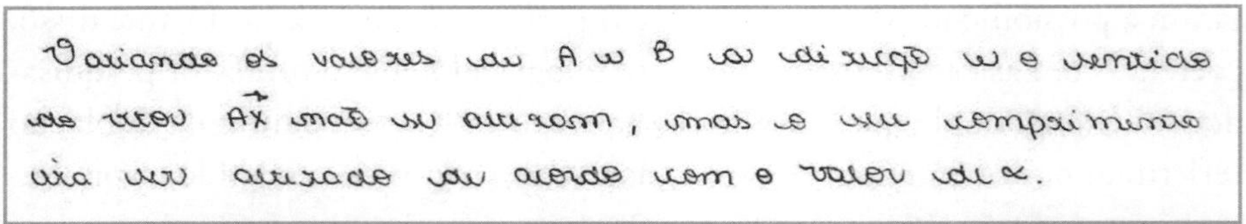

Variando os valores de A e B a direção e o sentido do vetor $\overline{AX}$ não se alteram, mas o seu comprimento será alterado de acordo com o valor de a.

Com a reavaliação da produção solicitada pelo professor-pesquisador os alunos procuraram estabelecer novas manipulações e notaram que o elemento α tinha influência no sentido dos vetores, conforme apontado na Figura 4. Apesar disso, não relataram o que ocorreria com os vetores para = 1 ou α= -1.

Ressalta-se que os sujeitos observaram a manutenção da relação com a alteração de A ou B e essa visão gráfica global se deve à característica dinâmica do software adotado.

Figura 4: Produção reavaliada da dupla na Tarefa 10

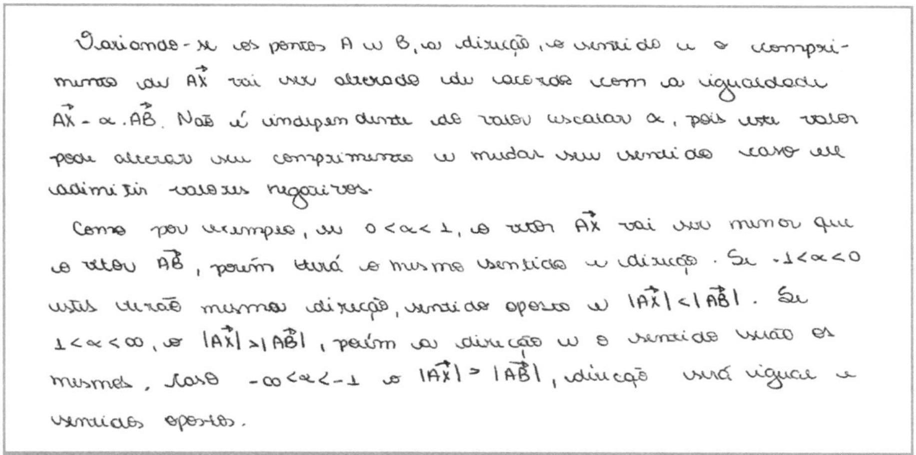

> Variando-se os pontos A e B, a direção, o sentido e o comprimento de AX vão ser alterados de acordo com a igualdade $\overrightarrow{AX} = a \cdot \overrightarrow{AB}$. Não é independente do valor escalar α, pois este valor pode alterar seu comprimento e mudar seu sentido caso ele admitir valores negativos. Por exemplo, se o $0 < α < 1$, o vetor $\overrightarrow{AX}$ vai ser menor que o vetor $\overrightarrow{AB}$, porém terá o mesmo sentido e direção. Se $-1 < α < 0$ estes terão mesma direção, sentido oposto e $\left|\overrightarrow{AX}\right| < \left|\overrightarrow{AB}\right|$. Se $1 < α < ∞$, o $\left|\overrightarrow{AX}\right| > \left|\overrightarrow{AB}\right|$, porém a direção e o sentido serão os mesmos. Caso $-∞ < α < -1$ o $\left|\overrightarrow{AX}\right| > \left|\overrightarrow{AB}\right|$, direção será igual e sentidos opostos.

A partir daí, os estudantes desenvolveram, sem dificuldades, outras atividades exploratórias com o intuito de auxiliar e favorecer a realização da tarefa final da atividade, referente à investigação experimental de que, se $a\overrightarrow{AX} = b\overrightarrow{XB}$, então $\overrightarrow{AX} = \dfrac{b}{a+b} \cdot \overrightarrow{AB}$. As tarefas finais da atividade são apresentadas a seguir.

Tarefa 15: Usando o botão segmento, construa os segmentos orientados $\overrightarrow{AX}$ e $\overrightarrow{XB}$.

Tarefa 16: Troque o rótulo dos segmentos de "nome" para "nome e valor", pois isso nos dará também o comprimento dos segmentos.

Tarefa 17: Considere $a\overrightarrow{AX} = b\overrightarrow{XB}$ com a e b positivos. Movendo os pontos X e B da construção da Tarefa 13, obtenha novos valores e complete a tabela abaixo.

Valores de a (Inteiros)	Valores de b (Inteiros)	Calcular (a+b)	$\overrightarrow{AX}$	$\overrightarrow{XB}$	$\left|\overrightarrow{AB}\right|$	$\dfrac{a}{a+b}$ (fração)	$\left(\dfrac{a}{a+b}\right)\left|\overrightarrow{AB}\right|$

Tarefa 18: A partir da equação $a\overrightarrow{AX} = b\overrightarrow{XB}$, usando a tabela completada na tarefa anterior, procure determinar a relação existente entre os vetores $\overrightarrow{AX}$ e $\overrightarrow{AB}$.

Tarefa 19: Usando lápis e papel prove tal relação.

Alterando os valores de a e b, os alunos preencheram seis linhas da tabela da Tarefa 17, conforme apresentado na Figura 5.

Figura 5: Produção da dupla na Tarefa 17

Resolução da Tarefa 17:

Valores de a (Inteiros)	Valores de b (Inteiros)	Calcular (a+b)	$\left|\overrightarrow{AX}\right|$	$\left|\overrightarrow{XB}\right|$	$\left|\overrightarrow{AB}\right|$	$\dfrac{b}{a+b}$ (fração)	$\left(\dfrac{b}{a+b}\right)\left|\overrightarrow{AB}\right|$
1	1	2	5	5	10	1/2	5
4	7	11	7	4	11	7/11	7
7	2	9	2	7	9	2/9	2
1	1	2	8	8	16	1/2	8
10	7	17	7	10	17	7/17	7
3	1	4	2	6	8	1/4	2

A partir daí, conjecturaram a relação solicitada na Tarefa 18, conforme ilustrado na Figura 6.

Figura 6: Produção da dupla na Tarefa 18

Resolução da Tarefa 18:

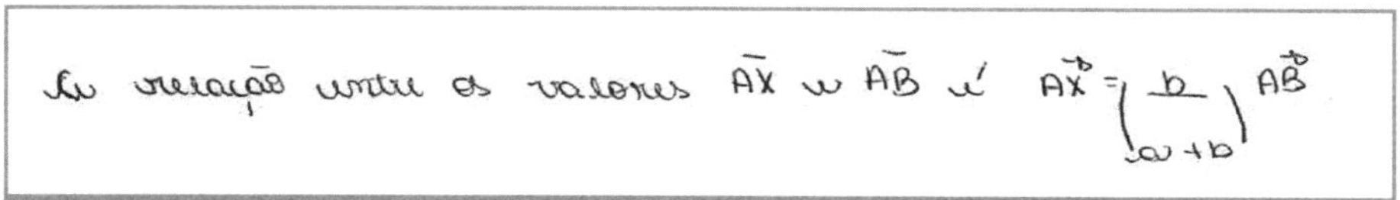

A relação entre os valores $\vec{AX}$ e $\vec{AB}$ é $\vec{AX} = \left(\dfrac{b}{b+a}\right)\vec{AB}$

Nesse caso, por meio de manipulações no software dinâmico, os alunos puderam investigar a existência de um padrão, o que favoreceu a atividade de conversão entre os registros algébrico e gráfico.

Para validar essa conclusão experimental, foi solicitado aos alunos que realizassem a dedução algébrica da situação. O professor-pesquisador previa dificuldades nesta etapa, porém os alunos determinaram a dedução de forma independente e sem dificuldades, conforme apresentado na Figura 7.

Figura 7: Produção da dupla na Tarefa 19

Resolução da Tarefa 19:

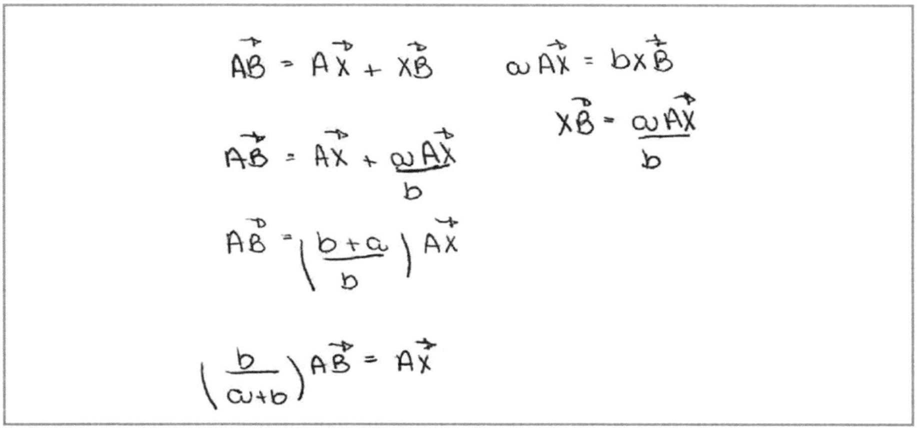

$$\vec{AB} = \vec{AX} + \vec{XB} \qquad \omega\vec{AX} = b\times\vec{B}$$

$$\vec{XB} = \frac{\omega\vec{AX}}{b}$$

$$\vec{AB} = \vec{AX} + \frac{\omega\vec{AX}}{b}$$

$$\vec{AB} = \left(\frac{b+\omega}{b}\right)\vec{AX}$$

$$\left(\frac{b}{\omega+b}\right)\vec{AB} = \vec{AX}$$

Atividades do Experimento sobre Base no Plano

O experimento sobre Base no Plano também partiu de uma entrada gráfica utilizando o software GeoGebra, sendo propostas atividades que intencionaram fornecer ao estudante um ambiente favorável para verificar que uma base no plano não é única, que se um conjunto de dois vetores é uma base do plano, então é possível escrever qualquer vetor do plano como combinação linear deles e que isso não é possível se o conjunto for formado por dois vetores colineares. Ainda, foi desenvolvida uma atividade para o aluno analisar que, como um mesmo vetor pode ser dado em diferentes bases, suas coordenadas dependem da base considerada.

Primeiro foi solicitado aos alunos que avaliassem a veracidade das seguintes informações, justificando suas classificações.

Quadro 2: Questionário Inicial do Experimento de Base

a. Só existe uma base no plano. ( )

b. Dado um conjunto de dois vetores { $\vec{u}$, $\vec{v}$ }, ele sempre será uma base do plano. ( )

c. Se o conjunto { $\vec{u}$, $\vec{v}$ } é uma base do plano, qualquer vetor do plano pode ser escrito como combinação linear de $\vec{u}$ e $\vec{v}$. ( )

d. Dados dois vetores $\vec{u}$ e $\vec{u}$ colineares, qualquer vetor do plano pode ser escrito como combinação linear de $\vec{u}$ e $\vec{v}$. ( )

e. As coordenadas de um vetor do plano dependem da base considerada. ( )

Fonte: Acervo pessoal

O Aluno A acertou todas as questões dessa atividade inicial, porém, em sua justificativa no Item *d*, ele afirmou que não seria possível escrever um vetor do plano como combinação linear de dois vetores colineares, não observando que essa situação seria possível se o vetor também fosse colinear com os outros dois vetores dados.

A Dupla A errou todas as questões do questionário inicial. Além de classificar todas as tarefas incorretamente, foi possível verificar na análise de suas justificativas dadas no registro da língua natural que havia deficiências no conceito de base no plano. Por exemplo, a dupla revelou que a base no plano é única, fornecendo como justificativa: "Verdadeiro, pois em uma base podem estar contidos infinitos planos." Além disso, quando questionados se um conjunto de dois vetores quaisquer poderia ser uma base do plano, a dupla forneceu como produção "Verdadeiro, pois os vetores $\vec{u}$ e $\vec{v}$ possuem mesmo sentido".

A Dupla B acertou somente os itens *a* e *e* do questionário inicial. No Item *b*, ela relatou que um conjunto de dois vetores sempre será uma base do plano e apresentou uma representação figural de dois vetores linearmente independentes, conforme Figura 8.

Figura 8: Produção da Dupla B — Questionário Inicial — Item b

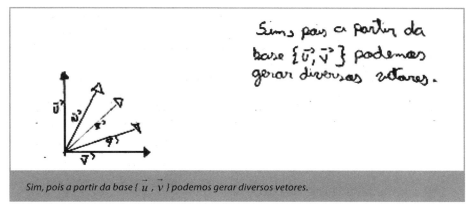

Sim, pois a partir da base { $\vec{u}$, $\vec{v}$ } podemos gerar diversos vetores.

Foi possível observar que a dupla não refletiu sobre o caso de dois vetores colineares. No Item *c*, que solicitava classificar em verdadeira ou falsa a afirmação "se um conjunto é uma base do plano, qualquer vetor pode ser escrito como combinação linear deles", a dupla classificou a afirmação como falsa, fornecendo a justificativa "porque nem sempre os vetores vão ser paralelos (múltiplos)", o que revela um problema no conceito de base.

No Item *d*, a dupla afirmou que dados dois vetores colineares, qualquer vetor pode ser escrito como combinação deles, justificando com a seguinte frase: "Sim, pois os vetores serão múltiplos entre si." Nesse caso, a dupla entendeu que, dados dois vetores colineares, seria possível escrever um em função do outro.

Diante disso, com exceção do Aluno A, notamos que as duplas não apresentaram uma concepção sólida sobre o conceito de base, apesar de já terem visto esse conteúdo em aulas regulares.

Foram então propostas cinco atividades concebidas nos ambiente papel e lápis e GeoGebra. Em todas as atividades os vetores foram considerados em relação à base canônica do plano. Na primeira atividade, apresentada no Quadro 3, objetivou-se criar para o aluno uma situação em que ele pudesse construir, de forma independente, a noção de que, dados dois vetores do plano não colineares, é possível escrever um vetor qualquer do plano como combinação linear deles. Da forma como a atividade foi elaborada e proposta, esperava-se que inicialmente o aluno determinasse a combinação linear algebricamente para, em seguida, relacionar o obtido com a representação no registro gráfico, efetuando conversões no sentido algébrico-gráfico. Salienta-se que o aluno também poderia seguir outros caminhos de resolução. Por exemplo, ele poderia optar em resolver a atividade fora da ordem estipulada, efetuando a conversão no sentido contrário, ou seja, do gráfico para o algébrico. Dada a característica da metodologia adotada, qualquer estratégia seria considerada.

Quadro 3: Primeira Atividade do Experimento de Base

1. Na entrada, construir os pontos A= (0,0), B= (1,2), C= (3,1) e D= (11,7).

2. Usando o comando "vetor" (no terceiro ícone), construir os vetores $\vec{u} = \overrightarrow{AB}$, $\vec{v} = \overrightarrow{AC}$ e $\vec{w} = \overrightarrow{AD}$. Com o botão direito do mouse vá em propriedades e altere a cor de $\vec{w}$.

3. No papel, determine a e b para que $\vec{w} = a\vec{u} + b\vec{v}$, se possível.

4. Vamos verificar o significado geométrico desta situação. No GeoGebra, construa a reta paralela ao vetor $\overrightarrow{AC}$ que passa por D. Para isso, use o comando "reta paralela" (quarto ícone). Do mesmo modo, construa a reta paralela ao vetor $\overrightarrow{AB}$ que passa por D. Usando o comando "reta" (terceiro ícone), construa as retas AB e AC. Agora com o comando "interseção de dois objetos" (segundo ícone) determine os pontos de intersecção entre as retas. Observe que o vetor $\overrightarrow{AD}$ coincide com a diagonal do paralelogramo AFDE.

5. Construa os vetores $\vec{e} = \overrightarrow{AE}$ e $\vec{f} = \overrightarrow{AF}$ usando o comando "vetor" (no terceiro ícone). As coordenadas do vetor $\overrightarrow{AE}$ são (,) e as coordenadas do vetor $\overrightarrow{AF}$ são (,).

6. No item 3, você encontrou: (11,7)=_____(1,2) + _____(3,1)

Compare essa resposta com os vetores $\overrightarrow{AE}$ e $\overrightarrow{AF}$ na tela do GeoGebra. O que você observou?

As demais atividades utilizaram dessa mesma construção e, dado o caráter dinâmico do software, que atualiza as informações diante das modificações realizadas, foram propostas somente alterações nos vetores.

Na Atividade 2, o vetor $\vec{w}$ = (11,7) foi mantido, porém os vetores $\overrightarrow{AB}$ e $\overrightarrow{AB}$ foram alterados para $\overrightarrow{AB}$ = (2,1) e $\overrightarrow{AC}$ = (1,1). O objetivo consistiu em fazer com que o aluno observasse, tanto algébrica como graficamente, que a base não é única, ou seja, que um mesmo vetor pode ser dado em relação a diferentes bases. Para isso, foi explorada a conversão no sentido gráfico-algébrico. Na Atividade 3, foi solicitado aos estudantes que comparassem o obtido nas duas atividades anteriores e apresentassem suas conclusões na língua natural. Nesse sentido, o objetivo consistiu em investigar se os alunos percebiam que as coordenadas de um mesmo vetor são alteradas de acordo com a base considerada, por meio da análise das resoluções algébrica e gráfica. Na quarta atividade, manteve-se o vetor $\vec{w}$ = (11,7), e os vetores $\overrightarrow{AB}$ e $\overrightarrow{AC}$ foram alterados para $\overrightarrow{AB}$ = (1,2) e $\overrightarrow{AC}$ = (2,4), com o intuito de levar o aluno a concluir que não seria possível escrever o vetor $\vec{w}$ como combinação linear de $\overrightarrow{AB}$ e $\overrightarrow{AC}$, uma vez que eles são colineares. Consequentemente, pretendia-se verificar se o aluno concluía que haveria a necessidade de um conjunto ter dois vetores com direções diferentes para ser uma base do plano. Ainda nessa atividade, foi solicitada a alteração do vetor $\vec{w}$ para $\vec{u}$ = (4,8) para verificar que, se o vetor for colinear com os outros dois, a combinação linear solicitada é possível.

Essas situações foram exploradas em dois ambientes, GeoGebra e papel e lápis, e na última atividade, Atividade 5, foi apresentada uma macroconstrução no software com três vetores $\vec{u}$, $\vec{v}$ e $\vec{w}$ no plano. O aluno poderia manipular esses vetores para observar o que ocorria diante da alteração realizada. Primeiro, os alunos alteravam apenas o vetor $\vec{w}$ para verificar se seria possível escrevê-lo sempre como combinação linear de $\vec{u}$ e $\vec{v}$ (sendo $\vec{u}$ e $\vec{v}$ não colineares). Em seguida, eles fixariam o vetor $\vec{w}$ e alterariam apenas os vetores $\vec{u}$ e $\vec{v}$, observando o que ocorria na representação gráfica e nas coordenadas.

Após o contato com esse experimento, foi aplicado novamente o questionário inicial, com o intuito de investigar se houve ou não avanço nas compreensões dos sujeitos.

O Aluno A, apesar de já ter acertado a maioria das situações do questionário inicial, apresentou avanços de qualidade nas justificativas de algumas tarefas do questionário final.

Por exemplo, na questão "c" do questionário preliminar, a produção do aluno na língua natural escrita já revelou a compreensão de que, se um conjunto de dois vetores é uma base do plano, qualquer vetor do plano pode ser escrito como combinação linear deles. No questionário final, em sua justificativa ele mencionou também o fato de vetores diferentes representados numa mesma base terem suas coordenadas alteradas. Tal afirmação foi dada tanto no registro da língua natural como no algébrico, apontando assim uma habilidade em coordenar representações de registros diferentes, tanto mono como multifuncionais, conforme apresentado na Figura 9.

Figura 9: Produção do Aluno A — Questionário Final — Item c

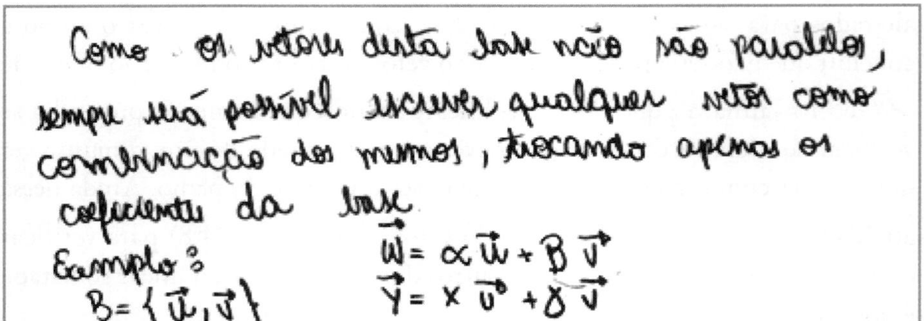

Como os vetores desta base não são paralelos, sempre será possível escrever qualquer vetor como combinação dos mesmos, trocando apenas o coeficiente da base. Exemplo: B= { $\vec{u}$, $\vec{v}$ }

$\vec{w} = a\,\vec{u} + B\,\vec{v}$

$\vec{v} = x\,\vec{u} + y\,\vec{v}$

O aluno acertou a classificação do Item *d* do questionário preliminar, mas inicialmente ele afirmou que não seria possível escrever um vetor do plano como combinação linear de outros dois vetores colineares. Após o experimento, nesse mesmo item da atividade final, o Aluno A relatou que haveria a possibilidade de escrever um vetor como combinação linear de dois vetores colineares, desde que esse também fosse colinear com os outros dois. É provável que, para essa produção, o aluno tenha sido influenciado pela Atividade 4 do *design*, uma vez que ela tratou desse caso específico. Para esse aluno, durante a execução das atividades, o professor-pesquisador só interveio para auxiliá-lo na compreensão do enunciado da Atividade 2 e para lembrá-lo da condição de paralelismo entre dois vetores.

A Dupla A, no questionário inicial, mostrou que não tinha uma compreensão satisfatória sobre o conceito de base. Ao participarem da primeira atividade, apesar de apresentarem dificuldades na resolução do sistema linear e na manipulação do software, requerendo assim auxílio do professor-pesquisador naquele momento, os alunos da dupla conseguiram relacionar o obtido algebricamente com a construção gráfica, efetuando satisfatoriamente a conversão do algébrico para o gráfico. Na Atividade 2, eles tiveram sucesso na determinação das coordenadas e observaram que o mesmo vetor foi dado em duas bases diferentes.

Na terceira atividade, os alunos observaram que as combinações lineares com vetores diferentes resultavam no mesmo vetor, no caso, o vetor (11,7). Na Atividade 4, a dupla notou, manipulando o software, que não seria possível representar o vetor (11,7) como combinação linear dos vetores (1,2) e (2,4), mas que o vetor (4,8) poderia ser representado como combinação linear desses mesmos vetores, tendo em vista que ele era colinear com os outros dois. Apesar disso, ao analisar algebricamente essa última situação, apesar de obter infinitas soluções, a dupla classificou o sistema linear incorretamente como determinado, e não como indeterminado. Ainda, quando relatou que "o vetor $\vec{s}$ passa por cima de $\vec{u}$ e $\vec{v}$ e são equipolentes", foram observadas incongruências na compreensão de equipolência. Com isso, para essa dupla, problemas com conhecimentos considerados como pré-requisitos interferiram em alguns momentos de forma negativa para a compreensão do conceito tratado.

A despeito desses problemas, houve avanços da dupla nas produções fornecidas no questionário final, uma vez que no inicial a dupla errou todas as classificações e justificativas das questões e, no final, ela classificou todos os itens corretamente e apresentou justificativas coerentes. Ela afirmou que existe mais de uma base no plano e soube avaliar que nem sempre dois vetores não nulos formam uma base do plano. Para isso, a dupla se utilizou do registro não discursivo figural, conforme apresentado na Figura 10.

Figura 10: Produção da Dupla A — Questionário Final — Item b

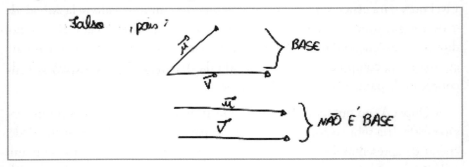

Em sua produção algébrica, a dupla demonstrou observar que, se um conjunto de dois vetores é uma base do plano, qualquer vetor do plano pode ser escrito como combinação linear deles. Ao ser questionada se qualquer vetor do plano poderia ser escrito como combinação linear de dois vetores colineares, a dupla relatou corretamente que só existiria essa possibilidade para vetores que fossem colineares com esses dois.

No Item *e*, por meio do registro de dados obtidos via software, a dupla mostrou compreender que as coordenadas de um vetor do plano dependem da base considerada, conforme apresentado na Figura 11.

Figura 11: Produção da Dupla A — Questionário Final — Item e

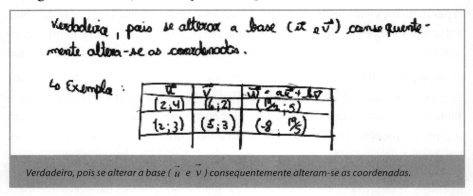

Verdadeiro, pois se alterar a base ($\vec{u}$ e $\vec{v}$) consequentemente alteram-se as coordenadas.

Com isso, embora apresentasse ainda alguns problemas conceituais, observou-se que essa dupla apresentou avanços significativos após a participação no *design*, e as justificativas passaram a integrar diferentes registros, dentre eles o figural e o da língua natural, fato que aponta a habilidade da dupla em coordenar diferentes registros e em efetuar conversões de maneira satisfatória entre representações desses registros.

A Dupla B, que havia acertado somente os itens *a* e *e* do questionário inicial, realizou a Atividade 1 com êxito, estabelecendo a conversão do registro algébrico para o gráfico. O professor-pesquisador fez apenas intervenções pontuais, relativas à correção de cálculos e à orientação sobre o uso da ferramenta computacional. Na Atividade 2, essa dupla relacionou satisfatoriamente os resultados gráfico e algébrico e, na Atividade 3, concluiu, comparando as resoluções obtidas nas atividades anteriores, que a base não é única e que, dependendo da base, as coordenadas do mesmo vetor alteram. Na Atividade 4, a dupla, com o auxílio do software, pôde constatar que não seria possível escrever a combinação linear indicada, tanto no registro gráfico como no algébrico. Na Atividade 5, que pretendia fornecer um ambiente favorável para que os alunos constatassem, por meio do registro algébrico, que o vetor $\vec{s} =$ (4,8) poderia ser representado de infinitas maneiras como combinação linear dos vetores (1,2) e (2,4), a dupla optou pelo registro figural e mostrou três opções para essa combinação linear.

Ao ser questionada se qualquer vetor do plano poderia ser representado como combinação linear de dois vetores colineares, a dupla respondeu que "Não, somente vetores paralelos a eles". Por fim, utilizando o dinamismo do software, ela pôde experimentar, com certa generalidade, a análise de que, dados dois vetores não colineares no plano, qualquer vetor pode ser representado como combinação linear deles e que um mesmo vetor pode ser dado em diferentes bases e, consequentemente, suas coordenadas se adaptam à base utilizada.

No questionário inicial, a dupla errou o Item *b;* e no final, nesse mesmo item, ela apresentou a produção presente na Figura 12.

Figura 12: Produção da Dupla B — Questionário Final — Item b

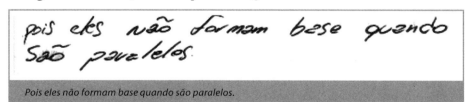

Pois eles não formam base quando são paralelos.

No Item *c*, ela apresentou uma produção que revelou a análise de que, dada uma base, é possível escrever qualquer vetor do plano como combinação linear dos vetores dela. A produção da dupla é apresentada na Figura 13.

Figura 13: Produção da Dupla B — Questionário Final — Item c

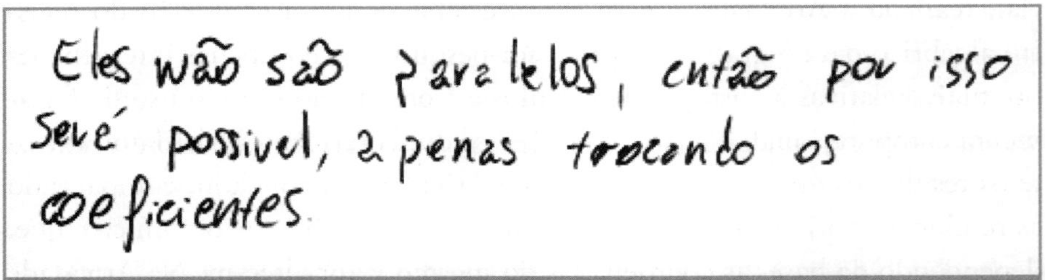

Eles não são paralelos, então por isso será possível apenas trocando os coeficientes.

No Item *d*, os alunos constataram que, se dois vetores são colineares, não é possível escrever um vetor qualquer do plano como combinação linear deles, exceto se ele também for colinear com os demais.

CONSIDERAÇÕES FINAIS

Experimentos de ensino sobre vários conteúdos da Geometria Analítica foram elaborados de forma a explorar conversões entre representações de diferentes registros semióticos, nos ambientes GeoGebra e papel e lápis. Neste capítulo, foi apresentada a análise de uma amostra de atividades sobre os tópicos de Vetores e Base no Plano.

Os experimentos foram elaborados de forma a tornar o aluno um protagonista e gerenciador de seu conhecimento, uma vez que, por meio do dinamismo do software, ele conseguiu verificar padrões e estabelecer um ponto de partida para compreender as generalizações algébricas. A atuação do professor-pesquisador se mostrou bastante pontual, principalmente voltada a orientações de uso do software, uma vez que os alunos ainda não estavam bem familiarizados com a ferramenta.

Avaliando as produções dos estudantes tanto no experimento sobre Vetores como no de Base no Plano, constatou-se que um trabalho de integração de representações provenientes tanto de registros mono como multifuncionais, discursivos e não discursivos, favoreceu a construção de uma compreensão mais aprofundada do conceito matemático em questão.

O trabalho experimental no software, além de favorecer uma construção mais independente do conhecimento, se tornou um ambiente favorável para o estabelecimento de conjecturas e para o levantamento de padrões, uma vez que, por meio de seu dinamismo, adaptações da construção ocorriam em tempo real de acordo com as alterações realizadas. Por exemplo, no experimento de Base no Plano, foi possível, por meio da manipulação das extremidades dos representantes dos vetores, constatar a existência de diferentes bases e a mudança das coordenadas de um mesmo vetor dependendo da base considerada. No experimento sobre Vetores, a simples alteração dos valores constantes do exercício permitiu ao aluno observar a existência de um padrão que posteriormente foi verificado no registro algébrico.

Foi inegável a constatação de avanços e de aumento de qualidade nas produções apresentadas pelos alunos. Em ambos os experimentos, os sujeitos passaram a integrar diferentes registros em suas produções, estabelecendo, em sua maioria e de forma satisfatória, conversões entre representações dos registros algébrico, gráfico e da língua natural.

Em linhas gerais, considera-se que uma abordagem que privilegiou as conversões entre representações de registros semióticos, que integrou um recurso computacional dinâmico e que fez com que o aluno desempenhasse um papel ativo na sua aprendizagem, além de permitir um contato diferenciado com os objetos matemáticos, trouxe efetivamente ganhos pedagógicos.

Este trabalho abre perspectivas para a elaboração de propostas inovadoras e pode ser ampliado para outros conteúdos da Geometria Analítica. Sugere-se que novas pesquisas integrem, além do GeoGebra e do ambiente papel e lápis, ferramentas algébricas, tais como o Winplot ou o Matlab, para que o aluno possa também estabelecer relações entre as resoluções obtidas no papel com as realizadas nesses ambientes.

REFERÊNCIAS

BORBA, Marcelo de Carvalho; PENTEADO, Miriam Godoy. **Informática e Educação Matemática**. 4. ed. São Paulo: Autêntica, 2010.

COBB, Paul; CONFREY, Jere; DISESSA, Andrea; LEHRER, Richard; SCHAUBLE, Leona. "Design experiments in education research". *Educational researcher*, Flórida: SAGE Journals, n.1, pp. 9–13, 2003.

DALLEMOLE, Joseide Justin; GROENWALD, Cláudia Lisete Oliveira; RUIZ, Luiz Moreno. "Os registros de representação semiótica no estudo da reta com enfoque na geometria analítica". *Alexandria: Revista de Educação em Ciência e Tecnologia*. Florianópolis: Editora da Universidade Federal de Santa Catarina, n.2, v. 4, pp. 149–178, 2011.

DUVAL, Raymond. *Sémiosis et pensée humaine*. Berna: Peter Lang, 1995.

DUVAL, Raymond. Basic Issues for Research in Mathematics Education. In: CONFERENCE OF THE INTERNATIONAL GROUP FOR THE PSYCHOLOGY OF MATHEMATICS EDUCATION, 24, 2000, Hiroshima. *Proceedings of the 24th PME*. Hiroshima: Department of Mathematics Education Hiroshima University, 2000. pp. 55–69.

DUVAL, Raymond. Registros de representações semióticas e funcionamento cognitivo da compreensão em Matemática. In: MACHADO, S.D.A. *Aprendizagem em Matemática: Registros de representação semiótica*. Campinas: Papirus, 2003. pp. 11–33.

DUVAL, Raymond. A cognitive analysis of problems of comprehension in a learning of Mathematics. **Springer**. [s. I.], pp. 103–131. fev. 2006.

DUVAL, Raymond. **Ver e ensinar a Matemática de outra forma - entrar no modo matemático de pensar**: os registros de representações semióticas. São Paulo: Proem, 2011. Organizadora: Tânia M. M. Campos.

KARRER, Mônica.; BARREIRO, Simone Navas. Introdução ao estudo de vetores: uma análise de dois livros didáticos sob a ótica da teoria dos registros de representação semiótica. In: ENCONTRO DE EDUCAÇÃO MATEMÁTICA DE OURO PRETO, 4, 2009, Ouro Preto. Anais do IV Encontro de Educação Matemática de Ouro Preto. Ouro Preto: UFOP, 2009. pp. 484–507.

NOSS, Richard; HOYLES, Celia. **Windows on mathematical meanings**: learning cultures and computers. Dordrecht: Kluwer, 1996.

NOSS, Richard.; HOYLES, Celia. "The technological mediation of Mathematics and its learning. Human Development: giving meaning to Mathematical signs". *Psychological, Pedagogical and Cultural Processes,* Basel, v. 52, n. 2, pp. 129–147, 2009.

PAVLOPOULOU, Kalya. "Un problème décisif pour l'apprentissage de l'algèbre linéaire: la coordination des registres de représentation". *Annales de Didactique et de Sciences Cognitives*, Strasbourg: IREM Strasbourg, v.1, n. 5, pp. 67–93, 1993.

SANTOS, Adriana Tiago Castro. Caminhos e percursos da Geometria Analítica; estudo histórico e epistemológico. *I CEMACYC - I Congreso de Educación Matemática de América Central y El Caribe*. Santo Domingo, República Dominicana, 2013.

Capítulo 6

A Aprendizagem Significativa no Cálculo Diferencial e Integral: Relato de Experiência com a Abordagem de Problemas de Taxa de Variação na Formação de Engenheiros

Cláudio Dall'Anese

Paulo Henrique Trentin

INTRODUÇÃO

O cenário da formação de engenheiros no Brasil neste início de século XXI tem passado por reformulações que atingiram o modo como o docente deve lidar com o Conhecimento Científico acumulado, o Conhecimento Escolar e o Conhecimento Social. Entendemos como Conhecimento Científico toda a ciência gerada em diversas áreas por estudos acadêmicos nos grandes centros de investigação pelo mundo. O Conhecimento Escolar reflete o Conhecimento Científico que chega aos centros de ensino e é adequado de modo a ser apreendido pelos estudantes principalmente na educação básica ou na educação superior. Os problemas são propostos e solucionáveis por determinados modelos científicos, moldados para tal fim. O Conhecimento Social (ou não escolar) refere-se àquele que o estudante carrega em sua formação cultural, familiar e tem relação com crenças e entendimentos que, por vezes, podem conflitar com o que a escolarização oferece.

Neste ambiente em que transitamos como docentes-pesquisadores é que relatamos nossa experiência com o ensino do Cálculo Diferencial. Nossa prática docente, por vezes, nos guia e nos faz repensar os caminhos que permitam aos discentes o estabelecimento de uma conexão interdisciplinar que aproxime seu domínio social àquilo que oferecemos como conhecimento escolarizado. Numa dessas buscas por conexões, dialogando com professores-colegas, nasceu a proposta de pôr em prática uma sequência didática que teve sua semente numa investigação realizada em um Centro de Pesquisa em Educação Matemática Brasileiro (DALL'ANESE, 2000).

Inicialmente, aplicamos uma sequência didática piloto (que será apresentada mais adiante neste capítulo) com algumas dezenas de estudantes de Cálculo I do curso de Engenharia do Centro Universitário FEI. Após a aplicação dessa sequência, propusemos um questionário/pesquisa com os participantes para saber quais as suas impressões sobre esse tipo de prática pedagógica, e os resultados desse questionário (que será apresentado mais adiante) apontaram que seria viável implementar a proposta. Alguns ajustes foram feitos para adequar às nossas necessidades, e partimos então para a implementação de uma sequência didática com o intuito de que os alunos percebam que um dos significados que podem ser atribuídos à derivada é taxa de variação instantânea.

No presente capítulo iremos inicialmente contar um pouco de como nasceu nosso interesse por abordagem de conceitos do Cálculo Diferencial e Integral, em particular o conceito de Derivada, oferecendo aos alunos uma sequência didática, e não a de uma aula expositiva.

Em seguida, iremos discorrer sobre os elementos teóricos utilizados para a elaboração e aplicação de uma sequência didática sobre taxa de variação. Isso inclui desde uma mudança de postura em sala de aula, tanto do docente quanto do discente, a forma como pensamos na elaboração do material empregado e quais os recursos que podem ser utilizados pelos alunos para resolver as questões propostas.

Ao final, apresentamos a sequência didática piloto, uma análise dos resultados obtidos com o questionário feito pelos participantes e as justificativas dos ajustes feitos para se chegar à sequência didática atualmente em uso. Também fazemos comentários sobre as contribuições que pudemos observar com a aplicação da sequência atualizada.

Nosso Interesse por este Estudo e esta Problemática

As "conversas de corredor" com professores colegas de Cálculo Diferencial e Integral levaram-nos a refletir sobre nossa prática em sala de aula. Como professores, nossa intenção é que o aluno aprenda conceitos inerentes à disciplina para que sejam aplicados em disciplinas subsequentes e/ou sejam utilizados como ferramenta de resolução de problemas. Isso, em especial, com alunos de cursos de Engenharia, que irão deparar com fenômenos do mundo concreto que envolvem questões que, para resolvê-las, são necessários conceitos relacionados ao cálculo das variações.

Temos observado um esforço por parte dos professores de Cálculo, no sentido de despertar o interesse dos alunos em apreender conceitos da disciplina. Esse "despertar de interesse" pode estar relacionado em estabelecer conexões entre o conhecimento que o aluno carrega de suas experiências cotidianas e escolares com o que pretendemos ofertar, como novos conhecimentos escolarizados inerentes ao Cálculo Diferencial e Integral. Pode também relacionar-se em fazer com que o aluno tenha uma participação mais ativa no seu aprendizado e/ou que o aluno tenha uma aprendizagem mais significativa.

No entanto, o que se observa, na maioria das vezes, é que tais tentativas de se estabelecer essas conexões acontecem num ambiente de sala de aula em que os conceitos de Cálculo Diferencial e Integral são introduzidos por meio de uma aula expositiva, ou seja, o professor apresenta definições, propriedades e exemplos, e os alunos resolvem listas de exercícios, fazem provas e obtêm ou não aprovação na disciplina.

Vamos considerar, por exemplo, um aluno que obteve aprovação em Cálculo 1. Será que ele está apto a aplicar os conceitos estudados em situações-problemas diversas que envolvem cálculo de variações? Será que ele aprendeu esses conceitos? Qual foi o papel do aluno no aprendizado desses conceitos? Quem foi o protagonista na sala de aula de Cálculo no que se refere ao aprendizado desses conceitos? O professor, fazendo uma exposição do conteúdo, ou o aluno, resolvendo listas de exercícios?

É fato que, nesse ambiente de aula baseado em aulas expositivas, as "obrigações contratuais", tanto do ponto de vista do professor quanto dos alunos, parecem ter sido cumpridas. No entanto, o que se tem observado nessa disciplina é o elevado índice de reprovação e de desistência, sinalizando a existência de problemas no processo ensino-aprendizagem.

Tais problemas têm suscitado a elaboração de investigações em Didática da Matemática na intenção de diagnosticá-los e adotar práticas metodológicas testadas e analisadas sob diversas perspectivas e dentro de diversos contextos, como o uso de tecnologias, o desenvolvimento de conteúdo por resolução de problemas, a aprendizagem significativa, o desenho e a aplicação de sequência didática, a prática da sala de aula invertida (SILVEIRA, 2001; MELO, 2003; VOGADO, 2014; MEIRA, 2015). Tudo isso como tentativa de contribuir para que sejam minimizadas as dificuldades encontradas pelos alunos e também na melhora do quadro acima observado.

Nossas reflexões a respeito dos resultados apresentados pelos alunos no aproveitamento da disciplina Cálculo I, nossas buscas por estabelecer conexões interdisciplinares, assim como termos ciência do desenvolvimento de estudos como os acima citados, que fazem uso de práticas pedagógicas diferentes da tradicional aula expositiva, nos levaram a pensar em elaborar uma sequência didática que, para sua aplicação, requer uma mudança da prática tradicional da aula expositiva, como mencionaremos adiante.

Nossa proposta foi elaborarmos uma sequência didática, oferecendo aos alunos atividades a serem desenvolvidas (atividades estas distribuídas numa ficha). Nossa pretensão fora contribuir para o desenvolvimento de uma prática pedagógica ao introduzir-se conceitos do Cálculo Diferencial e Integral e, especialmente nesse caso, explorar o conceito de derivada, numa abordagem a partir da noção de taxa de variação.

Escolhemos como ponto de partida a noção de variação levando em conta um pouco do desenvolvimento histórico: a definição atual de derivada deve-se a Cauchy, que a apresentou, por volta de 1823, como razão de variação infinitesimal, embora, já no século XVII, Newton e Leibniz tenham utilizado os fundamentos desse conceito como um método para relacionar problemas de quadraturas e de tangentes. Não temos como intenção explorar aspectos históricos ou utilizá-los com propósitos metodológicos, porém cabe salientar que nossa perspectiva está alinhada àquelas que os historiadores da ciência consideram importante, a saber: historiográfica, epistemológica e sociológica; seja qual for o propósito para a exploração dos elementos da história da matemática.

Voltando à nossa proposta, consideramos que a prática pedagógica adotada é a que, em um primeiro momento, sugere que os alunos trabalhem individualmente ou em duplas, conforme preferirem, utilizando papel, lápis e calculadora e explorando as etapas que estão registradas na folha que receberam com as devidas orientações. Pautamo-nos nas sugestões apresentadas por Silva e Igliori (1996), no artigo *"Um estudo exploratório sobre o conceito de derivada"*, que relata uma experimentação "piloto" realizada com duplas de alunos iniciantes da disciplina Cálculo Diferencial e Integral.

No artigo, os autores relatam que os alunos, desenvolvendo atividades que conduzem à exploração da noção de razão de variação, afirmaram com convicção que *"**aprenderam** o que é **derivada**"*.

Em nossa proposta apresentamos um problema do mundo concreto de modo que o aluno percebesse que ainda não dispunha de instrumental eficaz para propor uma solução. Procuramos conduzir à exploração da noção de variação objetivando a construção do conceito de derivada como taxa de variação instantânea. Após completar cada etapa da sequência, propomos uma plenária para a discussão dos resultados obtidos pelos alunos e a institucionalização dos conceitos envolvidos. Mas por que nosso interesse pelo conceito de derivada? Nosso foco é o ensino e a aprendizagem do Cálculo Diferencial e Integral e entendemos ser este um de seus conceitos fundamentais. Diversas áreas do conhecimento utilizam-se da derivada como ferramenta para resolver problemas sobre fenômenos que envolvem variação. Por exemplo, na biologia, a derivada pode se aplicar na pesquisa da taxa de crescimento de bactérias de uma cultura; na eletricidade, para descrever a variação da corrente num circuito elétrico; na economia, para estudar a receita, o custo e o lucro marginais. Na física, o conceito para definir a velocidade (medida da taxa de variação da distância percorrida em relação ao tempo) e a aceleração (medida da taxa de variação da velocidade) de uma partícula que se move ao longo de uma curva. A tangente a uma curva num determinado ponto indica a direção do movimento da partícula. Problemas de máximos e de mínimos podem ser resolvidos com o uso de derivadas. Percebe-se que as aplicações de derivada são inúmeras e que em muitos casos está presente explicitamente a essência do conceito, que é a medida de variação.

Para Villarreal (1999), os estudos em Educação Matemática que tratam do ensino e aprendizagem de Cálculo Diferencial e Integral abordam o problema sob diversas perspectivas e em diversos contextos, cada um oferecendo inúmeros elementos que permitem ampliar a análise das dificuldades apresentadas na aprendizagem da disciplina. A autora apresenta algumas dessas dificuldades seguindo dois caminhos que estão intimamente relacionados: a problemática da concepção dos estudantes e a problemática do ensino no Cálculo. Destacamos a seguir algumas dificuldades levantadas nesses estudos e outras por nós observadas ao longo da prática docente.

Um aspecto que parece bastante relevante é o que indica que para os alunos a derivada representa um processo mecânico, algoritmo de cálculo ou resultado de uma operação. Villarreal (1999) aponta que:

> [...] os estudantes tiveram um bom desempenho nas tarefas algorítmicas (por exemplo: cálculo de derivadas),... mas surgiram dificuldades quando representações gráficas estavam envolvidas no cálculo de taxas de variação... Poderosos algoritmos produzem uma algebrização que acaba ocultando as ideias essenciais do Cálculo.

Por outro lado, os alunos tendem a decorar regras de derivação, e a derivada parece ter pouca significação. Ao resolver questões que envolvem a aplicação desse conceito, eles recorrem a procedimentos-padrão. Exemplo disso é a determinação de pontos de máximo e de mínimo, derivando a função dada e encontrando as raízes da função derivada, sem relacionar a posição da reta tangente ao gráfico com o ponto em análise. Outro exemplo é: "derivando a velocidade, encontra-se a aceleração" e, às vezes, nessa "técnica" não está incorporada a noção de que houve variação.

O artigo de Silva e Igliori (1996), que faz um ensaio com duas duplas de alunos iniciantes de Cálculo, não trata o conceito de forma algorítmica-algébrica, e sim pela apresentação de uma sequência de seis fichas que conduzem o aluno a trabalhar para construir a essência do conceito (medida da variação).

Nesse artigo, os autores colocam a questão: *"Como aplicar esta (ou outra) sequência em uma classe inteira de alunos que nunca ouviram falar em derivada?"*, sugerindo a continuação do estudo. Na conclusão do artigo, Silva e Igliori (1996) consideram que:

> [...] a substituição do tratamento clássico dispensado ao conceito de derivada (apresentação de definições, propriedades, técnicas e algumas aplicações) pela tentativa da construção do conceito, pelo estudante,

através de sua participação efetiva, demonstra que o aluno, uma vez motivado, busca com muita perseverança e vontade o saber construído para poder aplicá-lo na solução de questões previamente colocadas. Sua satisfação em poder, finalmente, responder aos apelos feitos, usando seguramente um instrumento eficaz, indica que a meta foi alcançada.

Os autores apontam que a prática usual do ensino do Cálculo Diferencial e Integral *"quase nunca foge da apresentação de definições, propriedades, técnicas e algumas poucas aplicações"*, o que permite contornar obstáculos enfrentados pelos alunos, sem que *"o preço a ser pago seja muito perceptível aos agentes do sistema (alunos e professores)"*. Assim, a aula expositiva, dentro de um quadro algorítmico-algébrico, é um *"refúgio seguro"*, e as mesmas estratégias são usadas ao introduzir-se vários conceitos tratados na disciplina. Os estudantes se adaptam, aprendendo a reconhecer certas palavras-chave que induzem a procedimentos para a resolução de problemas; e *"como os professores têm a prudência (ou não) de incluir estas pistas de reconhecimento nos enunciados, os estudantes acabam por atingir uma eficácia razoável"*. Tais afirmações sinalizam que há uma relação entre a aprendizagem e os métodos adotados em geral.

Dall'Anese (2000) em sua dissertação de mestrado "Conceito de Derivada: uma proposta para seu ensino e aprendizado" ressalta que boa parte dos alunos de cursos iniciais de Cálculo decoram regras de derivação ao invés de entender o conceito de taxa de variação, imprescindível para a resolução de problemas que envolvem questões relacionadas ao cálculo de variações. Observou-se também que substituir a aula expositiva pela apresentação de questões investigativas, que visam à construção do conceito pelo estudante, contribui para que o estudante busque com perseverança e vontade o conhecimento Escolar por ele construído na aplicação e resolução de problemas.

O principal instrumento utilizado para estimular o aluno, fazendo com que ele busque a construção de um conceito que é novo para ele (conhecimento escolar), através de articulação de conhecimentos que ele já traz previamente (conhecimento escolar prévio e conhecimento social), foi uma sequência didática distribuída em fichas para os alunos resolverem em duplas, utilizando-se como recursos papel, lápis, calculadora e computador.

Neste mesmo sentido, Trentin (2005) em sua pesquisa intitulada *"Expressões algébricas: um estudo sobre suas contribuições para a formação do pensamento algébrico no ensino fundamental"* aponta que:

a Zona de Desenvolvimento Proximal (ZDP), que pressupõe a experiência da coletividade como contribuinte para a aquisição de conhecimentos pelo indivíduo, será destacada, uma vez que representa a discrepância entre o que o indivíduo consegue resolver por conta própria e o que resolve com o auxílio de alguém. O desenvolvimento da sequência didática proposta foi realizada num único grupo, e as verificações as quais os alunos foram submetidos em cada encontro aconteceram em duplas, tendo por finalidade explorar a cooperação entre os indivíduos de ZDP(s) provavelmente próximas, mas diferentes, garantindo assim um avanço na aprendizagem. Ao professor coube, através da orientação e da solicitação de perguntas, contribuir para o sucesso nesse desenvolvimento.

Como considera Trentin (2005), a aproximação e a cooperação entre os estudantes representa o ponto fundamental para o desenvolvimento da proposta didática. De certo modo, nota-se a quebra do paradigma no qual repousa na ação docente toda a responsabilidade pela construção do conhecimento, trazendo o discente para o papel mais ativo no processo.

Devemos considerar também que a escolha feita por Dall'Anese (2000) para a apresentação do conceito de derivada, qual seja, aplicação de fichas em que os alunos trabalham em duplas, com questões que permitam fazer estimativas, indagações, conjecturas, levantar hipóteses, comprovar resultados, representa uma ruptura do contrato didático usual.

Elementos Teóricos

A elaboração da sequência didática com as atividades que oferecemos aos alunos está embasada em elementos teóricos da Didática da Matemática, tais como o Contrato Didático (BROUSSEAU, 1986) e a Engenharia Didática (ARTIGUE, 1988) e também em princípios da Teoria do Conhecimento, em particular no que se refere à formação dos conceitos "espontâneos" e "científicos". A noção de Contrato Didático e também de elementos relacionados à Aprendizagem Significativa nos orientou com relação à elaboração, aplicação e análise da sequência didática.

Contrato Didático

A relação professor-aluno está subordinada a muitas regras e convenções, quase nunca explícitas, mas que se revelam principalmente quando se dá a transgressão das mesmas, que funcionam como se fossem cláusulas de um contrato. O conjunto das cláusulas, que estabelecem as bases das relações que os professores e alunos mantêm com o saber, constitui o chamado contrato didático, cuja definição dada por Brousseau (1986) é:

> Chama-se contrato didático o conjunto de comportamentos do professor que são esperados pelos alunos e o conjunto de comportamentos do aluno que são esperados pelo professor… Esse contrato é o conjunto de regras que determinam, uma pequena parte explicitamente, mas sobretudo implicitamente, o que cada parceiro da relação didática deverá gerir e aquilo que, de uma maneira ou de outra, ele terá de prestar conta perante o outro.

De acordo com Silva (1999), a prática pedagógica mais comum em Matemática parece ser aquela em que o professor cumpre sua parte do contrato dando aulas expositivas e passando exercícios aos alunos, selecionando partes do conteúdo para que o aluno possa aprender, propondo problemas cujos enunciados contenham apenas dados necessários para sua resolução. O aluno, por sua vez, cumpre sua parte do contrato compreendendo bem ou mal a aula, mas sobretudo conseguindo resolver corretamente ou não os exercícios. Caso o aluno não tenha sucesso na resolução dos exercícios, o professor deve ajudá-lo por meio de indicações do tipo reforço de aula ou pela colocação de questões elementares que conduzam ao resultado esperado.

Neste panorama existem casos em que o professor se refugia na segurança dos algoritmos prontos, fraciona a atividade matemática em etapas pelas quais passa mecanicamente, esvaziando seu significado. Sua atuação resume-se em apresentar uma definição, dar alguns exemplos e solicitar exercícios muito parecidos aos dos exemplos dados, cabendo aos alunos memorizar regras e reproduzi-las quando identificam a sua pertinência, normalmente pelo reconhecimento de palavras-chave contidas nos enunciados das questões. Nessa situação de ensino, a construção do saber fica quase que exclusivamente sob a responsabilidade do aluno. Essa prática pedagógica parece ser comum no ensino do Cálculo Diferencial, em que frequentemente as questões são do tipo: derive e simplifique a função…, determine os pontos de máximo e mínimo da função…, determine a taxa de variação instantânea de y em relação a x etc.

Essa relação didática é bem diferente daquela que direciona uma prática pedagógica em que os alunos trabalham, realizando atividades propostas e, no final, o professor, em uma plenária, procura institucionalizar o conceito que se está trabalhando e em seguida propõe exercícios de fixação e/ou verificação do aprendizado. Assim, o aluno trabalhando em duplas ou individualmente, em sequências didáticas organizadas pelo professor, que se apoia nas produções pessoais ou coletivas dos alunos (resultados de atividades propostas através de um problema), propicia o estabelecimento de um contrato didático totalmente diferente, em que o professor faz progredir o aprendizado de toda a classe. A sequência didática aqui proposta apoia-se neste tipo de prática pedagógica.

Quando se propõe a introdução de um conceito por meio de atividades em que os alunos, partindo de uma situação-problema, resolvem questões trabalhando individualmente ou em duplas e, no final, o professor faz com toda a classe o fechamento, visando a institucionalização do conceito que se pretende construir, ocorre o fenômeno denominado ruptura do contrato didático vigente, o que exige uma renegociação de novas cláusulas contratuais. Nesse momento, o contrato didático é transgredido pelo professor, e as regras implícitas se manifestam fortemente. É o caso deste trabalho, visto que a sequência didática que propusemos aborda o conceito de taxa de variação instantânea, que é novo para os alunos, através de atividades a serem desenvolvidas individualmente ou em duplas, partindo de um problema do mundo concreto e, ao final, é aberta uma plenária visando institucionalizar conceitos que se pretende construir.

Brousseau (1986), ao destacar a existência do contrato didático, dá indicações que este pode ser, em muitas oportunidades, gerador de sucessos e insucessos por parte dos alunos, mascarando às vezes dificuldades na aprendizagem. Por outro lado, Chevallard (1988), em sua investigação sobre o que acontece quando o contrato didático, vigente por muito tempo no decorrer da vida escolar dos alunos, é transgredido, **levanta**, dentre outras, as seguintes regras implícitas no contrato que regem os comportamentos do professor e dos alunos em relação ao saber:

- Sempre há uma resposta a uma questão matemática, e o professor a conhece. Deve-se sempre dar uma resposta que eventualmente será corrigida.

- Para resolver um problema é preciso encontrar os dados no seu enunciado. Nele devem constar todos os dados necessários e não deve haver nada de supérfluo.

- Em matemática resolve-se um problema efetuando-se operações. A tarefa é encontrar a boa operação e efetuá-la corretamente. Certas palavras-chave contidas no enunciado permitem que se adivinhe qual delas é.

- Os números são simples e as soluções também devem ser simples, senão é possível que se engane.

- As questões colocadas não têm, em geral, nenhuma relação com a realidade cotidiana, mesmo que pareçam ter, graças a um habilidoso disfarce. Na verdade, elas só servem para ver se os alunos compreenderam o assunto que está sendo estudado.

A apresentação de questões abertas, que sugerem a procura de dados pertinentes à questão proposta, assim como a verificação da validade dos resultados obtidos fazem parte do contrato didático que escolhemos.

Chevallard (1988) considera ainda que o professor tem a obrigação social de ensinar tudo o que é necessário para que o aluno aprenda um saber, independentemente das condições que determinam, quase sempre implicitamente, aquilo que cada um dos dois parceiros (professor e aluno) da relação didática tem a responsabilidade de gerenciar. Essas condições (contrato didático) dependem da estratégia de ensino adotada, adaptando-se a diferentes contextos, tais como: as escolhas pedagógicas, o tipo de trabalho proposto aos alunos, os objetivos de formação, a história do professor, as condições de avaliação etc. O professor deve gerir sua parte do contrato, de forma que o aluno consiga resolver problemas que lhe são impostos, a fim de que ambos (professor e aluno) constatem que cumpriram sua tarefa. Com o intuito de fazer com que o aluno tenha sucesso na construção do saber, o professor, querendo facilitar-lhe a tarefa, pode fornecer-lhe pistas para a resolução das questões propostas e, às vezes, desviar-se dos objetivos inicialmente presentes nestas propostas. Atitudes como essas são efeitos do Contrato Didático. Dentre os efeitos, citamos alguns:

- O chamado efeito "Topázio", em que o professor tenta resolver a questão no lugar do aluno, quando este encontra uma dificuldade, fornecendo-lhe abundantes explicações, ensinando pequenos truques, algoritmos e técnicas de memorização ou mesmo indicando-lhe pequenos passos na resolução do problema proposto.

- Acreditar que os alunos darão naturalmente a resposta esperada. O professor ensina apenas aquelas "partes" do assunto em que se supõe que o aluno tenha mais facilidade de "aprender", privando-o das condições necessárias à compreensão e aprendizagem da noção visada, colocando como objetos de estudo suas próprias explicações e seus meios heurísticos, ao invés de ter como objeto o verdadeiro saber matemático.

- Substituir uma noção complexa por uma analogia, ou seja, substituir uma problemática real e específica por outra, talvez metafórica, mas que não confere sentido correto à situação. O uso abusivo de analogias acaba produzindo o efeito "Topázio" citado acima, quando o professor passa a fornecer dicas e desenvolver técnicas para a resolução da questão proposta.

- Ao interpretar um comportamento banal do aluno como uma manifestação de um saber culto (chamado efeito "Jourdan"), o professor pode não permitir que o aluno exponha algumas dificuldades ou concepções inadequadas sobre o conceito que se quer ensinar e também mascara a existência de algum fracasso.

- Considerar uma técnica, útil para resolver um problema, como objeto do estudo e perder de vista o saber desenvolver (escorregamento metacognitivo). Por exemplo, trabalhar exaustivamente as regras de derivação ao invés de desenvolver o conceito de derivada.

A partir das considerações apresentadas não podemos deixar de mencionar a perspectiva da aprendizagem significativa, que coloca o estudante como o elemento fundamental da construção do conhecimento. Nesse cenário, recorremos a Ausubel (1976) e às suas considerações acerca da aprendizagem significativa como o pano de fundo para a proposição na prática pedagógica de metodologias ativas para o ensino e a aprendizagem. É importante considerar que as ideias de Ausubel são evidentes no estudo comparativo desenvolvido por Hazoff Júnior e Sauaia (2008), no qual os alunos de uma mesma disciplina de dois cursos distintos de duas IES (Instituição de Ensino Superior) distintas, quando divididos em dois grupos, dentro da mesma IES, e submetidos ao mesmo conteúdo e à mesma avaliação, porém com cada grupo experimentando uma distinta abordagem pedagógica, uma centrada no professor (passiva) e outra fortemente centrada no aluno (ativa), o estudo mostrou efeitos distintos nos procedimentos adotados. Os autores observaram um desempenho acadêmico estatisticamente significativo do grupo de estudantes submetido à abordagem centrada no aluno. Nosso entendimento acerca da aprendizagem significativa tem relação com a atribuição de significados idiossincráticos e a opção pela sequência didática que elaboramos deve refletir as peculiaridades individuais, permitir que se estabeleça um diálogo entre os estudantes e pelas contribuições que cada um deva oferecer possa sugerir uma resposta, ainda que provisória ao problema apresentado na sequência.

Conceitos Espontâneos e Conceitos Científicos

Segundo Fosnot (1998), Vygotsky definiu conceito espontâneo como aqueles que o estudante desenvolve naturalmente no processo de construção que emerge de suas próprias reflexões sobre a experiência cotidiana. Definiu conceitos científicos como aqueles que se originam na atividade estruturada da instrução de sala de aula e impõem sobre o indivíduo abstrações mais formais e conceitos logicamente mais definidos do que os construídos espontaneamente.

Segundo Vygotsky (*apud* FOSNOT, 1998), os conceitos científicos não vêm para o indivíduo de uma forma já pronta. Eles passam por um desenvolvimento substancial, dependendo do nível de desenvolvimento de um conceito espontâneo, para que o aprendiz seja capaz de absorver um conceito científico a ele relacionado. Os conceitos científicos abrem seu caminho "para baixo", impondo sua lógica ao sujeito; os conceitos espontâneos abrem caminho "para cima", encontrando o conceito científico e permitindo que o aprendiz aceite sua lógica. Nas palavras de Vygotsky, como considera Fosnot (1998):

> Ao trabalhar seu lento caminho ascendente, um conceito cotidiano limpa um caminho para o conceito científico e seu desenvolvimento descendente. Ele cria uma série de estruturas necessárias para a evolução dos aspectos elementares mais primitivos de um conceito que lhe dão corpo e vitalidade. Os conceitos científicos, por sua vez, fornecem estruturas para a elevação do nível de consciência e para seu uso deliberado. Os conceitos científicos crescem descendentemente através de conceitos espontâneos; os conceitos espontâneos crescem ascendentemente através de conceitos científicos.

O "lugar" onde se dá esse desenvolvimento ascendente e descendente Vygotsky chamou de *"Zoped"* (Zona de Desenvolvimento Proximal) e viu como inadequados os testes ou as tarefas escolares que apenas examinavam a resolução de problemas resolvidos individualmente pelo aprendiz, alegando que a existência de um "mediador", para aquilatar as capacidades destes aprendizes, contribui para o progresso de formação de conceitos. Dessa forma, a aprendizagem se dá mais efetivamente quando este "mediador" (professor) leva o estudante, em companhia de seus pares, para um nível "potencial" de desempenho construído conjuntamente.

A sequência didática proposta neste trabalho pretende contribuir para que o aluno perceba que um dos significados que podem ser atribuídos à derivada (conceito científico) é a noção de taxa de variação instantânea (conceito espontâneo). A Zona de Desenvolvimento Proximal no grupo de alunos é acionada pelas atividades que compõem a sequência e que podem ser desenvolvidas em duplas, o que permite negociação, questionamento e conclusão pelo grupo de alunos. A plenária, que é realizada após cada atividade, permite que o "mediador" institucionalize conceitos científicos, contribuindo para que haja a formação desses conceitos pelo aluno.

Sobre a Elaboração da Sequência Didática e Metodológica

Com o intuito de fomentar um ambiente em sala de aula que contribua para o estabelecimento de conexões entre o conhecimento social do aluno e o conhecimento escolar, propusemos uma sequência didática no momento em que abordamos o ponto Taxa de Variação. Até aqui os alunos já sabem calcular derivada por regras, sabem que no ponto de máximo local e no ponto de mínimo local a derivada vale zero e também já foi abordado o assunto diferencial. A sequência didática foi pensada de forma a substituir a aula expositiva pelo oferecimento de atividades a serem desenvolvidas pelos alunos, com apresentação de questões investigativas. Notemos que aqui estabelecemos a ruptura do contrato didático habitual, que até então era tradicionalmente de aula expositiva.

O que queríamos com essa sequência didática é que os alunos percebessem que um dos significados que podem ser atribuídos à derivada é a taxa de variação instantânea. Além disso, gostaríamos que esta sequência contribuísse para melhorar a compreensão dos alunos nos problemas de aplicação de taxa de variação que propomos no final do curso de Cálculo.

Para a elaboração da sequência, nos baseamos em princípios de Engenharia Didática, caracterizados por Michèle Artigue (1988) como *"um esquema experimental baseado sobre 'realizações didáticas' em sala de aula, isto é, sobre a concepção, a realização, a observação e a análise de sequências de ensino".*

Inicialmente aplicamos no mês de maio de 2015 uma sequência didática piloto para 328 alunos da disciplina Cálculo I do Centro Universitário FEI. Desse total, 179 eram alunos do período noturno e 149 eram do período matutino, distribuídos em diversas turmas e em três professores, sendo um professor das turmas do período matutino e dois professores das turmas do período noturno. Foi distribuída uma ficha para cada aluno, e eles podiam resolver a atividade individualmente ou em grupos pequenos, conforme a conveniência deles. Foi reservado um encontro de 100 minutos, no período de aula regular, para a resolução da ficha. O que se observou é que a maioria preferiu desenvolver a atividade em pequenos grupos, pois assim poderiam dialogar e trocar informações a respeito das questões investigativas que estávamos propondo. E era essa nossa intenção, que eles dialogassem e trocassem informações com os colegas da turma. Houve pouca ou nenhuma interferência por parte do professor aplicador na resolução da atividade, tendo em vista que, antes de oferecer a ficha para os estudantes, foi explicado que a intenção era que eles resolvessem a atividade sem a interferência do professor e que, na próxima aula, seria feita uma plenária com a discussão dos resultados por eles obtidos em que seriam institucionalizados os conceitos que estavam presentes na atividade. Como recursos para o desenvolvimento da ficha, foi permitido o uso de calculadora não gráfica, papel e lápis.

A sequência didática piloto foi a seguinte:

SEQUÊNCIA DIDÁTICA SOBRE TAXA DE VARIAÇÃO

Problema: Enchendo um Cilindro de Água

Despeja-se água num frasco cilíndrico reto de raio 10cm a uma razão constante de 200π cm^3/s, ou seja, a cada segundo o volume de água no cilindro aumenta em 200π cm^3.

Volume do cilindro reto: V= $\pi r^2 h$ onde r= raio da base e h= altura do cilindro.

Admita que inicialmente o cilindro está vazio.

1) Usando a informação dada no enunciado de que "*a cada segundo o volume de água no cilindro aumenta em 200π cm^3*", complete a tabela abaixo. Pode deixar os resultados em função de π.

Tabela 1

t: tempo em seg.	0	1	2	10	20	30	60	70	72
V: volume									

Como o frasco é cilíndrico reto, isso significa que, conforme a água enche o frasco, o raio não varia, os parâmetros que variam são volume V e altura h. Assim, podemos escrever o volume do cilindro (e o volume de água também) em função da altura h como V=..........π (complete o pontilhado, lembrando que o cilindro tem raio r= 10).

2) Aproveitando os resultados da Tabela 1 e a fórmula que você acabou de escrever, complete a tabela abaixo:

Tabela 2

t: tempo em seg.	0	1	2	10	20	30	60	70	72
V: volume									
h: altura água									

3) Aproveitando os resultados da Tabela 2, calcule a variação da altura de água no cilindro em todos os intervalos de tempo acima considerados.

De 0 a 1: Δh =..........   De 20 a 30: Δh =..........

De 1 a 2: Δh =..........   De 30 a 60: Δh =..........

De 2 a 10: Δh =..........   De 60 a 70: Δh =..........

De 10 a 20: Δh =..........   De 70 a 72: Δx =..........

4) O que você observa com a variação da altura de água no cilindro nos intervalos de tempo acima considerados? A variação é constante ou não?

Taxa Média de Variação: se y é uma quantidade que depende de outra quantidade x, ou seja, se é uma função do tipo y= f(x), a Taxa Média de Variação de y em relação a x quando x varia de um valor x_0 para um valor $x_{0+} \Delta x$ (Δx pode ser positivo ou negativo) é calculada assim:

$$TMV = \frac{\Delta y}{\Delta x} = \frac{y(x_0 + \Delta x) - y(x_0)}{(x_0 + \Delta x) - x_0}$$

A Taxa Média de Variação exprime a velocidade média de variação de y em relação a x, quando x varia de um valor inicial x_0 para um valor final x_{0+} Δt .

5) Calcule a Taxa Média de Variação da altura h de água no cilindro em relação ao tempo t nos intervalos abaixo considerados:

$t_0 = 0$ e $t_0 + \Delta t = 1$ $\Rightarrow \Delta t =$............ $\Delta h =$............ $TMV = \dfrac{\Delta h}{\Delta t} =$

$t_0 = 10$ e $t_0 + \Delta t = 20$ $\Rightarrow \Delta t =$............ $\Delta h =$............ $TMV = \dfrac{\Delta h}{\Delta t} =$

$t_0 = 30$ e $t_0 + \Delta t = 60$ $\Rightarrow \Delta t =$............ $\Delta h =$............ $TMV = \dfrac{\Delta h}{\Delta t} =$

$t_0 = 70$ e $t_0 + \Delta t = 72$ $\Rightarrow \Delta t =$............ $\Delta h =$............ $TMV = \dfrac{\Delta h}{\Delta t} =$

6) O que você observa com a Taxa Média de Variação da altura de água no cilindro em relação ao tempo nos intervalos de tempo acima considerados? A Taxa de Variação é constante ou não? Por quê?

7) Calcule a Taxa Média de Variação da altura h de água no cilindro em relação ao tempo t nos intervalos abaixo considerados. Lembre-se que a cada

1 segundo $\Delta V = 200\pi$ cm³ e que $h = \dfrac{V}{100\pi}$, logo $\Delta h = \dfrac{\Delta V}{100\pi}$

$t_0 = 10$ e $t_0 + \Delta t = 10{,}1$ $\Rightarrow \Delta t =$............ $\Delta h =$............ $TMV = \dfrac{\Delta h}{\Delta t} =$

$t_0 = 10$ e $t_0 + \Delta t = 10{,}01$ $\Rightarrow \Delta t =$............ $\Delta h =$............ $TMV = \dfrac{\Delta h}{\Delta t} =$

$t_0 = 10$ e $t_0 + \Delta t = 10{,}001$ $\Rightarrow \Delta t =$............ $\Delta h =$............ $TMV = \dfrac{\Delta h}{\Delta t} =$

$t_0 = 10$ e $t_0 + \Delta t = 10{,}0001$ $\Rightarrow \Delta t =$............ $\Delta h =$............ $TMV = \dfrac{\Delta h}{\Delta t} =$

Observe que quando $\Delta t \to 0$ os valores da TMV são .... (complete o pontilhado). Esse valor é chamado de taxa instantânea de variação de h em relação a t e é denotado por $\lim\limits_{\Delta t \to 0} \dfrac{\Delta h}{\Delta t}$. Taxa instantânea porque é num valor específico para t (neste caso, estamos calculando a taxa instantânea de variação de h em relação a t quando t= 10).

A Taxa Instantânea de Variação (ou simplesmente Taxa de Variação) exprime a velocidade com que h está variando em relação a t quando t assume o valor t_0.

Note que a altura da água no cilindro depende do tempo, já que a cada segundo o volume aumenta 200π cm³. Assim, quando calculamos $\lim\limits_{\Delta t \to 0} \dfrac{\Delta h}{\Delta t}$, estamos calculando $\lim\limits_{\Delta t \to 0} \dfrac{h(t_0 + \Delta t) - h(t_0)}{(t_0 + \Delta t) - t_0}$, o que é o mesmo que a derivada de h em relação ao tempo num instante de tempo t_0 e que pode ser denotada por $\dfrac{\partial h}{\partial t}$.

Vamos agora proceder à resolução do seguinte problema: qual a Taxa de Variação da altura da água em qualquer instante de tempo no frasco cilíndrico considerado e sabendo que a água está sendo despejada a uma razão constante de 200π cm³/s, ou seja, a cada segundo o volume de água no cilindro aumenta em 200π cm³.

Dito de outra forma, o que está dado no problema é $\dfrac{\partial V}{\partial t} = 200\pi$.

A fórmula que relaciona as variáveis envolvidas é $V = \pi r^2 h$, com raio sempre igual a 10. Assim, podemos escrever
$$V = 100\pi h$$

Diferencie esta equação:

Divida por a diferenciação por ∂t :

Substitua o(s) valor(es) conhecido(s) e encontre o que é pedido, ou seja, $\dfrac{\partial h}{\partial t}$:

Na aula seguinte, foi realizada uma plenária com a discussão dos resultados pelos alunos e o que se observou foi que a maioria dos alunos acertou totalmente as questões propostas na ficha. Como queríamos ter um feedback mais detalhado sobre a percepção deles em relação à nossa proposta, oferecemos o seguinte questionário para eles responderem:

AVALIAÇÃO DA AULA: TAXA DE VARIAÇÃO

Observações:

A. Esta avaliação servirá para o aperfeiçoamento das práticas pedagógicas na disciplina Cálculo Diferencial e Integral I do curso de Engenharia da FEI.

B. Para responder, marque com um X na tabela de acordo com a escala.

1ª) A forma com que a aula foi desenvolvida contribuiu para a compreensão do tópico Taxa de Variação.

	Concordo
	Concordo parcialmente
	Não concordo e nem discordo
	Discordo parcialmente
	Discordo

2ª) Cada etapa do método utilizado para o desenvolvimento da aula ficou clara.

	Concordo
	Concordo parcialmente
	Não concordo e nem discordo
	Discordo parcialmente
	Discordo

3ª) O método utilizado permitiu compreender a aplicação do tópico Taxa de Variação.

	Concordo
	Concordo parcialmente
	Não concordo e nem discordo
	Discordo parcialmente
	Discordo

4ª) É interessante estender o método utilizado na aula sobre Taxa de Variação para outros assuntos abordados em Cálculo I.

	Concordo
	Concordo parcialmente
	Não concordo e nem discordo
	Discordo parcialmente
	Discordo

Se você concorda ou concorda parcialmente, cite quais assuntos.

5ª) Após a aula de Taxa de Variação é possível resolver os problemas propostos sobre o assunto.

	Concordo
	Concordo parcialmente
	Não concordo e nem discordo
	Discordo parcialmente
	Discordo

Para efeito de tabulação dos resultados, atribuímos a seguinte numeração para as respostas:

5: Concordo; 4: Concordo parcialmente; 3: Não concordo e nem discordo; 2: Discordo parcialmente; 1: Discordo

As respostas dadas pelos estudantes foram as seguintes:

Para a questão 1:

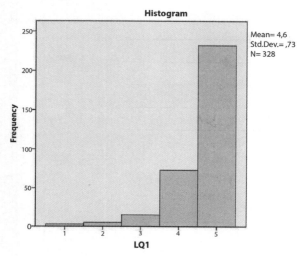

Para a questão 2:

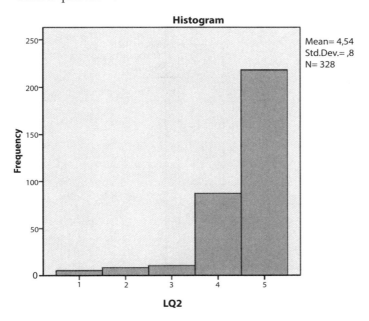

Para a questão 3:

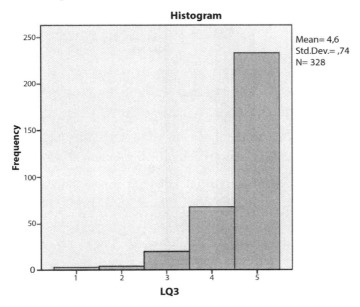

Para a questão 4:

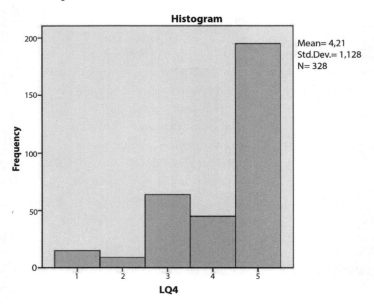

Para a questão 5:

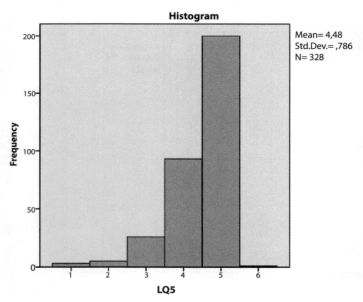

Com relação à questão 4, que coloca a afirmação *"É interessante estender o método utilizado na aula sobre Taxa de Variação para outros assuntos abordados em Cálculo I"* e em seguida pede para o aluno citar os assuntos, a tabela abaixo é um recorte daqueles que fizeram alguma citação:

ALUNO	Q1	Q2	Q3	Q4	Assuntos Q4
A0101	1	1	1	1	todos
A0102	2	1	1	1	todos
A0103	1	1	2	1	todos
A0105	1	1	1	1	otimização
A0106	1	1	1	1	otimização
A0107	1	1	1	1	limites
A0108	1	1	1	2	limites
A0110	1	1	1	2	derivada
A0113	1	1	1	1	otimização
A0114	1	1	1	1	função, otimização
A0119	1	1	1	1	otimização
A0121	1	2	1	2	função
A0122	1	1	1	2	função
A0125	1	1	1	1	gráficos
A0130	1	1	1	1	todos
A0131	1	2	1	1	otimização
A0132	1	1	1	1	limites
A0138	1	2	2	2	otimização
A0207	1	1	1	1	otimização
A0208	2	2	1	2	otimização
A0209	1	2	2	2	otimização
A0210	2	2	4	1	derivada
A0214	3	2	2	2	todos
A0221	1	1	1	2	derivada composta
A0222	1	1	1	1	limites
A0225	1	1	1	1	limites

ALUNO	Q1	Q2	Q3	Q4	Assuntos Q4
A0226	2	2	2	1	otimização
A0234	1	1	1	1	limites
A0239	1	1	1	1	derivada
A0303	1	1	1	1	todos
A0305	1	1	1	1	derivada
A0307	1	1	1	1	otimização
A0308	1	1	1	1	derivada, função
A0316	1	1	1	1	otimização
A0318	1	2	1	1	derivada, reta tangente
A0322	1	1	1	1	otimização, reta tangente, l´hospital
A0323	1	1	1	1	derivada, otimização
A0403	1	2	1	1	otimização
A0404	2	2	2	1	gráficos, otimização
A0406	1	2	1	1	otimização
A0407	1	1	1	1	otimização
A0411	1	1	1	1	todos
A0412	1	1	1	1	derivadas, limites
A0413	2	2	2	2	derivada
A0416	1	1	1	1	derivada, otimização
A0417	1	2	1	1	gráficos
A0419	1	1	1	1	otimização
A0421	2	1	1	2	gráficos, domínio
A0423	2	2	1	1	diferencial, otimização
A0430	1	1	1	1	limites, gráficos
A0431	1	1	1	1	gráficos
A0432	1	1	1	1	função
A0434	1	1	1	1	derivada
A0436	1	1	1	2	otimização
A0437	1	1	1	1	otimização
A0438	2	1	1	1	otimização

ALUNO	Q1	Q2	Q3	Q4	Assuntos Q4
A0441	1	1	1	1	otimização
A0442	1	1	1	1	otimização
A0443	1	1	1	1	otimização
A0444	1	1	1	1	otimização
C0901	1	2	1	1	finanças, taxa não constante
C0902	1	1	1	1	derivadas, fórmulas
C0903	1	1	1	1	otimização, derivadas
C1203	2	1	2	3	elogios pela iniciativa
C1204	1	1	1	1	otimização
C1205	2	1	3	1	otimização
C1206	1	1	1	1	método, receita, resolução
C1209	1	2	1	2	método não é bom
C1210	1	1	1	1	deve ser usado, força o aluno a pensar
C1211	1	2	2	3	dificuldade de resolver sozinho
C1212	2	1	2	2	otimização
C1214	3	2	1	1	não envolve assunto taxa
T0401	1	1	1	2	importante para compreender assunto
T0402	2	1	1	2	limites, derivadas
T0403	2	2	1	2	otimização
T0404	1	1	2	2	limites, derivadas
T0405	1	2	2	1	otimização
T0406	1	2	2	1	derivadas
T0407	2	2	1	1	funções, limites, derivadas
T0415	1	1	1	2	importante para não decorar fórmulas
T0416	1	1	1	2	limites, derivadas, otimização
T0417	1	1	1	2	limites
T0419	1	1	1	2	otimização
T0420	2	1	1	2	otimização
T0421	1	1	2	2	limites, derivadas
T0422	3	2	2	1	limites

ALUNO	Q1	Q2	Q3	Q4	Assuntos Q4
T0423	1	2	2	1	otimização
T0438	1	1	1	1	otimização, limites, derivadas, l´hospital
T0441	1	1	1	1	derivadas, variação função
T0446	1	2	1	1	variação função, derivadas
T0447	1	2	1	1	otimização
T0451	2	1	2	1	otimização
T0452	1	1	2	2	derivadas, taxa variação, derivada implic.
T0501	1	2	2	1	derivadas, variação função
T0502	2	2	1	1	todos de cálculo 1
T0503	3	1	1	1	limites
T0504	1	1	1	1	otimização
T0505	1	1	1	1	variação função, reta tangente
T0506	1	1	1	1	limites gráficos, derivadas
T0507	1	1	1	1	otimização, limites
T0509	1	1	1	1	otimização, derivadas, simplificação
T0510	1	1	1	1	limites
T0511	2	1	3	1	limites
T0512	2	1	2	1	derivadas, variação função
T0513	2	1	2	1	otimização
T0525	1	1	1	2	derivadas
T0526	1	1	1	2	otimização
T0527	1	1	2	1	todos de cálculo 1
T0528	1	1	1	1	otimização
T0529	1	1	1	1	limites
T0530	1	1	1	1	todos de cálculo 1
T0531	1	1	1	1	reta tangente
T0532	1	1	1	1	todos de cálculo 1
T0533	1	1	1	1	derivadas
T0535	1	2	1	1	otimização, limites
T0536	1	2	1	1	todos de cálculo 1
T0537	2	1	2	1	otimização

ALUNO	Q1	Q2	Q3	Q4	Assuntos Q4
T0545	1	2	1	1	todos de cálculo 1
T0546	2	2	1	1	otimização, limites
T0548	2	1	3	5	possibilita melhor entendimento
T0549	2	3	2	3	possibilita melhor entendimento
T0550	2	5	2	1	todos de cálculo 1
T0601	1	1	1	1	derivadas
T0602	2	3	2	5	não teve aprofundamento na matéria
T0603	1	2	3	3	derivadas, limites
T0606	1	2	2	1	exercícios do livro são mais difíceis
T0607	2	4	1	1	não ficou clara a explicação
T0608	2	2	1	1	facilita o entendimento
T0610	1	1	1	1	otimização, variação de função
T0611	1	1	1	1	ajudou o entendimento
T0613	1	1	1	1	funções, limites, derivadas
T0614	1	1	1	1	definição de derivadas
T0617	1	1	1	1	derivadas, taxa variação
T0618	1	1	1	1	otimização
T0620	1	1	1	1	derivadas, limites
T0621	1	1	1	1	definição de derivadas
T0622	1	1	1	1	definição de derivadas
T0623	1	2	1	1	derivadas, reta tangente
T0624	1	2	1	1	otimização
T0625	1	1	2	1	todos de cálculo 1
T0628	2	1	1	2	todos de cálculo 1
T0629	3	1	1	2	todos de cálculo 1
T0636	2	4	1	1	otimização, variação de função
T0637	2	2	2	1	definição de derivadas
T0639	2	1	1	2	derivadas, limites
T0646	3	2	3	3	ajudou o entendimento
T0647	1	4	4	5	não houve aprofundamento do assunto

O resultado desse questionário mostrou-nos que foi acertada nossa escolha por esse tipo de prática pedagógica e também nos motivou a pensar em desenvolver sequências didáticas referentes a outros assuntos. Para o semestre seguinte fizemos alguns ajustes na sequência didática piloto, pois no problema aqui proposto a taxa instantânea de variação é constante. Isso nos levou a pensar em outro problema no qual a taxa instantânea de variação não é constante. A sequência didática atualmente em uso é a que apresentamos a seguir e temos observado que, após a adoção desse tipo de prática pedagógica, os alunos têm apresentado um aumento de rendimento nas questões de prova que envolvem o tema "Taxa de Variação".

SEQUÊNCIA DIDÁTICA SOBRE TAXA DE VARIAÇÃO

Problema: Determinação da Velocidade Instantânea de um Automóvel

Um automóvel encontra-se em movimento e sua posição em uma dada estrada é dada pela equação horária $S(t) = \dfrac{t^3}{3} - t^2 + t$, sendo S a posição dada em Km e t o instante dado em horas.

1) Usando a equação horária do movimento, complete a tabela abaixo com três casas decimais:

t: tempo em h	10	10,5	10,25	10,1	10,01
S: posição em Km					

2) Aproveitando os resultados da tabela acima, determine os deslocamentos $\Delta S = S_f - S_i$, onde S_f é a posição final no instante t_f e S_i é a posição inicial no instante t_i do automóvel, e os respectivos intervalos $\Delta t = t_f - t_i$:

$t_f = 10,5h$ e $t_i = 10h$ $\Rightarrow$ $\Delta S =$ .... $\Delta t =$ ....

$t_f = 10,25h$ e $t_i = 10h$ $\Rightarrow$ $\Delta S =$ .... $\Delta t =$ ....

$t_f = 10,1h$ e $t_i = 10h$ $\Rightarrow$ $\Delta S =$ .... $\Delta t =$ ....

$t_f = 10,01h$ e $t_i = 10h$ $\Rightarrow$ $\Delta S =$ .... $\Delta t =$ ....

Taxa Média de Variação: se y é uma quantidade que depende de outra quantidade x, ou seja, se é uma função do tipo y= f(x), a Taxa Média de Variação de y em relação a x quando x varia de um valor x_i para um valor x_f é calculada assim:

$$TMV = \frac{\Delta y}{\Delta x} = \frac{y_f - y_i}{x_f - x_i}$$

A Taxa Média de Variação exprime a velocidade média de variação de y em relação a x, quando x varia de um valor inicial x_i para um valor final x_f .

3) Calcule a Taxa Média de Variação (velocidade média do automóvel) nos intervalos indicados:

$$t_f = 10,5h \text{ e } t_i = 10h \Rightarrow TMV = V_{média} = \frac{\Delta S}{\Delta t} = \dots\dots\dots$$

$$t_f = 10,25h \text{ e } t_i = 10h \Rightarrow TMV = V_{média} = \frac{\Delta S}{\Delta t} = \dots\dots\dots$$

$$t_f = 10,1h \text{ e } t_i = 10h \Rightarrow TMV = V_{média} = \frac{\Delta S}{\Delta t} = \dots\dots\dots$$

$$t_f = 10,01h \text{ e } t_i = 10h \Rightarrow TMV = V_{média} = \frac{\Delta S}{\Delta t} = \dots\dots\dots$$

4) O que você observa com a Taxa Média de Variação da posição do automóvel nos intervalos acima considerados? A Taxa Média de Variação é constante ou não?

Observe que quando $\Delta t \to 0$ os valores da TMV se aproximam de .... $\frac{Km}{h}$ (complete o pontilhado). Esse valor é chamado de taxa instantânea de variação de S em relação a t e é denotado por $\lim_{\Delta t \to 0} \frac{\Delta S}{\Delta t}$. Taxa instantânea porque é a velocidade em um valor específico para t (nesse caso, estamos calculando a Taxa Instantânea de Variação de S em relação a t quando t= 10h).

A Taxa Instantânea de Variação (ou simplesmente Taxa de Variação) exprime a velocidade com que S está variando em relação a t quando t assume o valor t_i.

Assim, quando calculamos $\lim_{\Delta t \to 0} \frac{\Delta S}{\Delta t}$, estamos calculando $\lim_{\Delta t \to 0} \frac{S_f - S_i}{t_f - t_i}$ o que é o mesmo que a derivada de S em relação ao tempo num instante de tempo t_i e que pode ser denotada por $\frac{dS_{(ti)}}{dt}$ ou por $S'_{(ti)}$.

Vamos agora proceder à resolução do seguinte problema: qual a velocidade do automóvel no instante t= 10h, sendo que a sua posição é dada pela equação horária $S(t) = \dfrac{t^3}{3} - t^2 + t$?

Dito de outra forma, o que se pede é: $\dfrac{dS_{(10)}}{dt}$

A fórmula que relaciona as variáveis envolvidas é $S(t) = \dfrac{t^3}{3} - t^2 + t$

Determine o diferencial da função S: dS=...

Divida pelo diferencial do tempo: $\dfrac{dS}{dt} =$..

Substitua t por 10h e encontre o que é pedido, ou seja, $\dfrac{dS_{(10)}}{dt} =$.....................

CONSIDERAÇÕES FINAIS

Este capítulo não tem a pretensão de oferecer uma análise abrangente, aprofundada ou conclusiva sobre o desenho ou a aplicação da sequência didática em um curso de Engenharia. Nem tampouco pretendemos definir um modelo a ser seguido ou adotado por outras Instituições de Ensino Superior (IES) ou colegas. Nossa pretensão é descrever nossa experiência no processo de busca por caminhos para que se estabeleça uma mudança nos papéis que, em muitas situações, se apresentam rígidos nas salas de aula, ou seja, o professor é detentor do saber, e o estudante deve prestar atenção, tomar nota e, quando permitido ou questionado, responder ao professor.

Os esforços empreendidos no sentido de repensar as práticas pedagógicas têm impelido a IES na qual atuamos, em especial o corpo docente do Departamento de Matemática, a buscar por alternativas para que o estudante tenha um papel mais atuante. Entendemos que é um processo contínuo que se constrói à medida que os desafios se apresentam. O projeto é ousado tanto por demandar mudança de paradigmas quanto pelo fato de existirem poucas experiências similares no Brasil, notadamente relativas ao curso de Engenharia.

Por fim, a construção de Mapas Conceituais também deve favorecer que o estudante aprenda de maneira significativa os constructos específicos de cada um dos componentes curriculares. Qualquer implantação de uma nova proposta pedagógica, como a pedagogia das competências, exige de todos os atores envolvidos uma reformulação na maneira de pensar e o rompimento com paradigmas.

REFERÊNCIAS

ARTIGUE, M. Ingénierie Didactique. Recherches en Didactique des Mathématiques, vol.9, nº 3, pp. 281–308. Grenoble, 1988.

AUSUBEL, David P. (1976). Psicología educativa: um punto de vista cognoscitivo. México, Editorial Trillas. Traducción al español de Roberto Helier D., de la primera edición de Educational psychology: a cognitive view. Ausubel.

BROUSSEAU, G. Fondements et méthodes de la didactique des mathématiques. Recherches en Didactique des Mathématiques, vol 7, nº 2, pp. 33–115, Grenoble, 1986.

CHEVALLARD, Y. Sur l'analyse didactique: deux études sur les notions de contract et de situation. Publication de l'IREM d'Aix Marseilee, 14, 1988.

DALL'ANESE, C. Conceito de Derivada: uma proposta para seu ensino e aprendizagem. 2000. Dissertação (Mestrado) — Educação Matemática, Programa de Estudos Pós-Graduados em Educação Matemática, Pontifícia Universidade Católica de São Paulo — PUC-SP, São Paulo, 2000.

FOSNOT, Catherine Twomey. **Construtivismo**: teoria, perspectivas e prática pedagógica. Porto Alegre: Artmed, 1998.

HAZOFF JÚNIOR, Waldemar; SAUAIA, Antonio Carlos Aidar. Aprendizagem centrada no participante ou no professor?: Um estudo comparativo em administração de materiais. **Rac**, Curitiba, v. 12, n. 3, pp. 631–658, jul. 2008. Trimestral. Disponível em: <http://www.scielo.br/pdf/rac/v12n3/03.pdf>. Acesso em: 07 jan. 2018.

SILVA, B. A. Contrato Didático. *in* Educação Matemática: uma introdução. São Paulo. EDUC, 1999.

SILVA, B. A. e IGLIORI, S. B. C. Um estudo exploratório sobre o conceito de Derivada. Anais IV Encontro Paulista de Educação Matemática. PUC-SP, janeiro de 1996.

SILVEIRA, E.C. Uma sequência didática para aquisição/construção da noção de taxa de variação média de uma função. 2001. Dissertação (Mestrado) — Educação Matemática, Programa de Estudos Pós-Graduados em Educação Matemática, Pontifícia Universidade Católica de São Paulo — PUC-SP, São Paulo, 2001.

TRENTIN, P. H.. Expressões Algébricas: Um estudo sobre suas contribuições para a formação do Pensamento Algébrico no Ensino Fundamental. Dissertação de Mestrado em Educação da Universidade Braz Cubas. Mogi das Cruzes: 2005.

TRENTIN, P. H. .O livro Didático na Constituição da Prática Social do Professor de Matemática. Dissertação de Mestrado do programa de Mestrado em Educação da Universidade São Francisco. Itatiba, 2006.

TRENTIN, P. H. ."MATEMÁTICA NO BRASIL: As Traduções de Manoel Ferreira de Araújo Guimarães (1777–1838) das obras de Adrien Marie Legendre. Tese de Doutorado do Programa de História da Ciência da Pontifícia Universidade Católica de São Paulo. São Pulo: 2011.

TRENTIN, P. H. .Alguns textos de história em livros de matemática: uma primeira aproximação. *In:* Revista Eletrônica da PUC/SP: História da Ciência e Ensino: Construindo Interfaces. Volume 3, ano 2011. Endereço Eletrônico: http://revistas.pucsp.br/index.php/hcensino/article/view/5596 Acesso em: 28/04/2017

VILLARREAL, M. E. O pensamento matemático de estudantes universitários de Cálculo e tecnologias informáticas. Rio Claro, 1999. Tese (Doutorado em Educação Matemática) — Instituto de Geociências e Ciências Exatas, Universidade Estadual Paulista.

VOGADO, G.E. O ensino e a aprendizagem das ideias preliminares envolvidas no conceito de integral, por meio da resolução de problemas. 2014. Tese (Doutorado) — Educação Matemática, Programa de Estudos Pós-Graduados em Educação Matemática, Pontifícia Universidade Católica de São Paulo — PUC-SP, São Paulo.

Parte III
Perspectiva Histórica no Ensino de Matemática

Paulo Henrique Trentin

Armando Pereira Loreto Junior

Capítulo 7

Inquietações e Possibilidades: Excertos de Experiências no Ensino e na Aprendizagem das "Matemáticas" para uma "Educação Matemática"

Paulo Henrique Trentin

APRESENTAÇÃO

Fomos surpreendidos em 2016 com a proposta para a reformulação do ensino médio, direcionando a formação do estudante e conduzindo-o à sua área vocacional ou de seu interesse. Esse direcionamento promoverá mudanças na educação básica, na educação superior, nos mecanismos para o ingresso nas universidades brasileiras e nos exames nacionais atuais (ENEM, ENAD), fazendo com que a arquitetura do ensino se assente no aprimoramento de habilidades e competências dos estudantes. A reformulação na educação superior, iniciada por muitas IES (Instituição de Ensino Superior), exigirá dos atores envolvidos (atuantes no cenário) que repensem suas ações, da preparação à realização de suas intervenções pedagógicas.

Os ambientes educacionais não se restringem mais às salas de aula ou se limitam ao uso de lousas. Os espaços são criados e explorados de modo a favorecer a aprendizagem significativa, àquela na qual o estudante é o protagonista, e o docente é o mediador entre os conhecimentos que estão disponíveis em nuvens e são acessíveis num simples toque do celular, por exemplo.

Fóruns para a discussão e estudos são organizados em ambientes inimagináveis, como o Congresso Brasileiro de Ensino em Engenharia (Cobenge), que subsidia e se retroalimenta das ações gestadas e desenvolvidas em todos os níveis e com todas as experiências de ensino e aprendizagem nas graduações em Engenharia.

Entendendo que somos atores nesse complexo cenário, trazemos excertos das pesquisas maturados ao longo de três décadas de atuação na docência e na pesquisa em todos os níveis de ensino do sistema educacional brasileiro. Assim, organizamos este capítulo com base em nossas experiências: (1ª) na formação dos professores que ensinam Matemática; (2ª) na história da Matemática brasileira; e (3ª) no uso de tecnologias. Estabelecemos conectores entre essas três áreas pelas quais navegaremos: a primeira parte traz a experiência de quatro anos de estudo da relação que o professor de Matemática, em sua prática social, estabelece com o material escrito. A segunda parte aponta para a presença de elementos de história da Matemática nos livros didáticos. Para tanto, selecionamos textos utilizados no ensino da Matemática nas escolas brasileiras. A terceira parte refere-se ao uso de tecnologia em sala de aula e reúne a ação docente e o uso de fragmentos da história da Matemática. A construção de mapas conceituais pode oferecer a conexão que buscamos entre essas duas partes. Reservamos uma parte final às reflexões, sugestões e propostas para a realização de outras ações investigativas.

O Papel do Material Escrito na Prática Social do Professor de Matemática

A Matemática não deve ser concebida a não ser em uma estreita relação com a sociedade e, por representar uma elaboração humana, é influenciada por concepções, crenças e expectativas. No diálogo com a Matemática, a interpretação e atribuição de significados, dentre outros fatores, podem conduzir o homem a tomar decisões e reformular suas ideias.

Quando pensamos em situações cotidianas dos indivíduos, em uma sociedade, em que haja um diálogo com a Matemática, lembramos da figura do professor em três momentos de sua atuação profissional, que são: a preparação, a realização e as reflexões que surgem ao final de cada aula e que servem como ponto de partida para a preparação da próxima. Nesses momentos, percebemos tomar parte o livro didático, as concepções do professor, os aspectos relativos à sua cultura, os aspectos sociais, as questões políticas, dentre outros.

Considerando o estudo realizado por Santos (2004), propomos algumas reflexões sobre a atuação docente enquanto uma prática social. Trazemos algumas considerações sobre o que entendemos como "prática social do professor" a partir das discussões apresentadas por Santos (2004), que, em seu estudo, destaca algumas conceituações na perspectiva de Lave (1988) e Wenger (2001). Uma reflexão acerca do termo prática social se faz necessária, uma vez que vários autores atribuem a esse termo algumas significações em campos distintos, tais como: o sociológico, o da psicologia cognitivista e o filosófico.

Na vida em sociedade, os indivíduos estabelecem entre si relações de poder guiadas por regras de conduta comumente aceitas e que, por isso, são ditas legitimadas. A legitimação estrutura-se conforme as crenças, as concepções e os objetivos, ou seja, segundo os elementos subjetivos valorizados pelo grupo social.

Considerar se algo é certo ou errado para um grupo social significa conhecer e entender os valores morais, as crenças, os aspectos culturais e religiosos aceitos pelo grupo. Nessa perspectiva, o reconhecimento de "fazeres" no grupo, como algo que traz benefícios, ou que é indispensável à sua manutenção (do grupo), passa por um processo de legitimação. A legitimação, segundo sugere Santos (2004), é entendida como um processo que se caracteriza por aspectos, como a temporalidade, a frequência, o comprometimento e o compartilhamento, dentre outros, que legitimam a ação, ou fazer, ou a atividade de um indivíduo, ou de um grupo de indivíduos dentro de uma comunidade.

Em algumas ocasiões a expressão "prática social" é empregada para indicar as ações geradas para enfrentar os desafios inerentes à vida comunitária. As ações geradas pelo indivíduo e ou pelo grupo que buscam sua aceitação indicam a presença de um processo de aprendizagem. Aprendizagem, nesse sentido, não tem relação direta com o sistema escolar, sendo entendida como uma proposta para a inserção do indivíduo em determinada prática social, situando e caracterizando-o como alguém que pertence a um grupo social. Atividade, desse modo, quando caracterizada por esse componente da aprendizagem — servir e se servir de uma comunidade —, deve ser entendida como uma prática social.

Santos (2004) nos oferece elementos para o delineamento do que assumiremos como prática social, bem como do entendimento da profissão de professor de Matemática como *prática social*.

A expressão prática social pode ser entendida como o fazer de um indivíduo numa sociedade, ou seja, como qualquer ação rotineira ou acontecimento periódico. Acrescentamos a essa concepção alguns ingredientes, como a estabilidade e a legitimidade das ações. Nesse sentido, considera Miguel (2003) que a expressão prática social compreende:

> Toda ação ou conjunto intencional e organizado de ações físico-afetivo-intelectuais realizadas, em um tempo e espaço determinados, por um conjunto de indivíduos, sobre um mundo material e/ou humano e/ou institucional e/ou cultural, ações essas que, por serem sempre, em certa medida e por um certo período de tempo, valorizadas por determinados segmentos sociais, adquirem uma certa estabilidade e realizam-se com certa regularidade (MIGUEL, 2003, p. 27).

A noção de prática social apresentada por Miguel (2003) dialoga com a que Santos (2004) propõe. Identificamos, em Miguel (2003), a noção de **tempo,** que indica o contexto histórico e o período, tanto de realização quanto de existência, da atividade na comunidade. Também percebemos, em Miguel (2003), a noção de **mundo social** quando menciona que as ações dos indivíduos acontecem sobre *um mundo material e/ou humano e/ou institucional e/ou cultural*, na menção das **pessoas em ação,** e no fato de a expressão **atividade em seu uso** assumir o mesmo significado da palavra **ação** ou da expressão **conjunto de ações**.

O processo de constituição profissional do professor de Matemática tem passagem obrigatória, na sociedade atual, do século XXI, pela escola, seja para a diplomação ou para a aquisição do repertório das discussões acerca do conhecimento matemático científico. Para Caria (2003), o caminho para se propor um significado para a expressão prática social deve passar pelas considerações de Pierre Bourdieu acerca do que ele chamou de *habitus*. Bourdieu diferencia a prática social e a interação social dos indivíduos numa sociedade. Segundo ele *habitus* abarca o *conjunto de esquemas pré-reflexivos de percepção, apreciação e antecipação que foram produzidos no agente social* (p. 34) e gerados por um trabalho de fixação que acontece pelo acompanhamento do que se realiza na prática. Podemos propor que um participante que vê o fazer, acompanhando os que sabem fazer, permite a ele (indivíduo que aprende) assumir internamente, *de modo sistemático e coerente, as estruturas das relações de poder, a partir do lugar e da posição que nelas ocupa, e se exterioriza em práticas as disposições, os esquemas estruturados, que antes interiorizou* (p. 34).

Caria (2003, p. 35) propõe que, para Bourdieu, a prática não deve ser produto simplesmente da estrutura presente, e sim de uma *relação dialética* entre a estrutura interiorizada pela história do grupo social ao qual o indivíduo pertence, considerada como *habitus,* e a estrutura social presente. O choque entre esses dois fatores pode manifestar-se em uma defasagem que se impõe ao indivíduo, em uma necessidade de improvisação e que a *incorporação das estruturas cumpre a função de disciplinar o corpo selvagem, exigindo-se o pormenor das posturas dos gestos, dos tons de voz aparentemente insignificantes* como se identifica em um professor quando analisado pelos "fazeres" presentes[1] nessa prática social.

Das considerações apresentadas emerge a noção de que a prática social do professor[2] de Matemática integra o conjunto de práticas sociais escolares ou, como denomina Kleiman (1995), práticas escolares. Representando, como considera Miguel (2003), o conjunto organizado de *ações físico-afetivo-intelectuais* valorizadas por determinados segmentos sociais, os elementos que fazem parte desse conjunto são professores, alunos, corpo de administradores, corpo diretivo, supervisores de ensino, delegados e demais pessoas envolvidas na difusão de conhecimentos científicos sedimentados pela história da humanidade.

Entendemos que o **engajamento mútuo**, o **empreendimento conjunto** e o **repertório partilhado** são aspectos que refinam a conceituação de uma prática social, entendida como integrante de uma comunidade de práticas. Propomos abaixo um quadro com alguns exemplos relativos a cada um dos aspectos na intenção de situarmos a prática social do professor de Matemática em uma comunidade de práticas.

---

1 Não que todos os professores, necessariamente, sigam determinados roteiros em sua prática, mas entendemos que existem roteiros preestabelecidos pela estruturação social que são internalizados pelo professor e naturalizados em sua atuação. Por exemplo, a necessidade de se ter o livro didático presente na escola e a disposição de alunos e professores.

2 Assumiremos o termo "prática social do professor de Matemática" para identificar os "fazeres" que se alinham à caracterização proposta em Santos (2004) e não representam só atividades. Já a menção ao termo *práticas* indica, no texto, a interconexão entre práticas sociais de mesma natureza ou de natureza distinta.

Quadro 1: Exemplos da prática Social do professor de Matemática

Aspecto	Exemplos
Engajamento mútuo: indica a predisposição, entre os indivíduos pertencentes à comunidade de prática, em participar atuando com compromisso e responsabilidade, durante razoável período de tempo, cativando e permitindo ser ajudado por outros participantes.	— As reuniões para troca de experiências entre os professores, coordenadores. — Outras iniciativas dos (e entre os) professores para o seu aperfeiçoamento na prática social.
Empreendimento conjunto: indica a "negociação da empresa conjunta" que representa a produção coletiva, sugerindo para a expressão "negociação" uma dimensão política que garante a manutenção via inter-relação e interação com as outras comunidades de prática.	— As ações, como os projetos, das quais participam os professores de uma escola ou de uma região. — O intercâmbio na produção de conhecimentos com outras áreas do saber. — A interação professor-livro-alunos.
Repertório partilhado: traduz-se nas interpretações dos participantes de suas ações, bem como das condições de constrangimentos que enfrentam num processo quotidiano e dinâmico, nos quais os participantes desenvolvem significados que, não sendo idênticos entre eles, se inter-relacionam e acabam por se conjugar e ganhar coerência relativamente à prática que os une.	— A apropriação de um repertório específico dado pelo conhecimento matemático. — A definição de um fazer rotineiro que caracteriza a atividade de um professor de Matemática de acordo com concepções, mas dialogando com os demais participantes do cenário.

O quadro acima propõe um resumo de algumas situações nas quais localizam-se exemplos na atuação do professor enquanto prática social de acordo com o que buscamos discutir neste capítulo. As características, ou aspectos, apresentadas na coluna à esquerda são os indicativos de que o professor pertence a uma prática social que participa, por sua vez, de uma comunidade de práticas. A coluna à direita traz exemplos dos "fazeres" que compõem o cenário de atuação do professor. Esses exemplos buscam assinalar a presença da característica a que se refere na prática social do professor de Matemática. Apesar de serem exemplos identificados na atuação do professor são fazeres comuns a muitos docentes que atuam nas escolas brasileiras em todos os níveis.

Aventuramo-nos até este ponto numa teorização necessária às considerações que faremos a partir do olhar sobre a prática do professor de Matemática. Os resultados, comentários e outros apontamentos que seguem foram identificados no acompanhamento das interações em aulas de Matemática no ensino médio de uma escola pública da região metropolitana de São Paulo. Tivemos outros momentos para a entrevista dos atores, transcrição e análises. Selecionamos alguns pontos que consideramos mais relevantes.

Seguimos apresentando trechos da pesquisa que realizamos com um professor de Matemática, que nomeamos como professor P. Pesquisa com as observações que realizamos como pesquisador nos eventos "aulas de Matemática" por um período de cinco meses. Estabelecemos um diálogo entre os fragmentos retirados das entrevistas e das observações e a fundamentação teórica, base para nossas observações.

Iniciamos apresentando como se deu a constituição da identidade de professor de Matemática do nosso sujeito da pesquisa. Vejamos o que diz o professor P.

> [...] eu estava em Mogi das Cruzes [na faculdade em Mogi das Cruzes, São Paulo] e gostava do curso de Economia. Fiquei desempregado e o que dava para fazer era [uma faculdade] em Ribeirão Pires. E optei por Matemática.

A necessidade de recolocação imediata no mercado de trabalho conduz o entrevistado a trabalhar como professor de Matemática. Na época, final dos anos oitenta, o Brasil passava por uma série de mudanças econômicas. A inflação elevadíssima do final da década de oitenta trazia instabilidade e a recessão. A corrida aos supermercados para a compra e o estoque de produtos devido aos aumentos sucessivos nos preços gerava muita inquietação. Instaurava-se uma possibilidade de um caos social, pois as empresas demitiam funcionários em massa e não acompanhavam a política de reajuste mensal dos salários. Conforme os indicadores econômicos, as vendas nos mercados de bens de consumo diminuíam. Com início dos anos noventa, uma medida tenta equilibrar a equação que envolve as incógnitas produção, consumo e circulação de moeda: o confisco do dinheiro de aplicações financeiras e de contas corrente. O confisco, acompanhado da implantação de um novo modelo econômico, trouxe à sociedade brasileira mais preocupações, incertezas e instabilidade. A abertura do mercado nacional para concorrência internacional, por ação da globalização, acarretou certa dificuldade à recolocação no mercado de trabalho dos desempregados.

Nesse panorama recessivo, de contenção econômica, situava-se o sujeito de nossa pesquisa, como tantos outros brasileiros, desempregado. Para P, neste momento histórico, havia carência de professores no período noturno, principalmente de Matemática, e isso favoreceu a sua recolocação rapidamente no mercado de trabalho. Segundo ele, logo no primeiro ano da licenciatura em Matemática, consegue aulas em Rio Grande da Serra. Vemos as marcas do momento histórico, ou seja, do tempo, caracterizado pelas mudanças econômicas e o início da composição da figura do professor de Matemática. Consideramos a perda do emprego, ou seja, o período estabelecido entre a saída da empresa, da área de Recursos Humanos, e o ingresso na educação como professor de Matemática, como um momento da transição. Diz o professor:

> [...] Eu peguei aula no Estado e passei a ser professor no primeiro semestre da minha faculdade. [...] Fui para a educação, pois [...] precisava pagar a faculdade. Naquela época, não tinha professor, eles eram "catados a laço", tanto que eu peguei aula no primeiro semestre da faculdade. Olha que absurdo! [...] Eu não tinha formação nenhuma. Agora a gente percebe as bobagens que fez.

Para P, o conhecimento profissional precário que possuía, devido ao fato de estar, ainda, iniciando seu curso de graduação favorecera a ocorrência de alguns equívocos durante as aulas que ministrava naquela época. Com o passar do tempo, tanto de sua atuação no magistério como de seus estudos na graduação, passou a se sentir mais preparado para a sua "participação" na prática social docente.

Entendemos que a sua "participação" na prática social toma forma com o decorrer do tempo de integração docente e de seus estudos na graduação e pós-graduação.

O sujeito participante da pesquisa considera que até mesmo a sua relação com o livro didático tenha se transformado com o transcorrer do tempo. Vejamos o que P afirma:

> [...] Antes o que eu fazia era pegar o livro didático, em alguns casos, e trabalhar exercícios. Ainda que não houvesse nada escrito [notas de aula preparadas], na hora eu me virava e conseguia resolver. Mas, ultimamente, tenho feito uma transposição do que está no livro, de acordo com o que eu acho que deve ser o encaminhamento e faço as

anotações. [...] Assim, você não tem que ficar limitado a um livro ou outro fazendo uma mescla entre eles.

Quando P menciona que, no início de sua atuação no magistério, apenas retirava exercícios do livro didático, notamos a presença de uma restrição quanto ao tempo para a preparação das aulas, por encontrar-se em um momento de adaptação profissional, além da exigência de atividades extraclasse do curso de graduação em Matemática. Com as sucessivas participações e a atribuição de significados, ou a "coisificação", manifestadas pelos processos de interação do professor com os elementos constitutivos da prática social de um professor de Matemática, tais como, as ideias matemáticas a serem discutidas, a seleção e a adequação dos conteúdos, a relação do professor P com o livro didático passa por uma transformação. Segundo ele:

> Acho que no início de minha carreira o livro era para mim uma cartilha, pois você se encontra em um período de formação por sair da faculdade sem experiência e sem domínio do conteúdo. Você usa aquele livro como uma muleta. Penso que você só consegue se libertar do livro com um pouco de experiência. Este é um caminho natural! Não há como ser diferente. Hoje, não mais. Hoje, sinto que não há esta necessidade. Pois você vai amadurecendo em termos de conhecimento. Até porque você consegue filtrar o que é ruim com mais eficiência. Mas isso é um processo que leva tempo. Não dá para exigir do professor iniciante esta capacidade. Embora os cursos de graduação, atualmente, estejam mais preocupados com estas questões. No meu tempo não era assim.

O professor ressalta o amadurecimento que a ação na prática social de um professor de Matemática traz, referindo-se à mudança na forma de utilização do livro didático.

No início de sua atuação docente, o livro era entendido como sua cartilha. Um material que apresentava só as verdades sobre a Matemática e o modo de se abordá-la, que eram indiscutíveis. Com o transcorrer do tempo, o livro didático ainda representa um material de consulta utilizado para o que ele chama de transposição didática. Mas o amadurecimento profissional e a compreensão do papel de professor de Matemática trouxeram-lhe a possibilidade do diálogo com o livro didático, da avaliação de sua compatibilidade com o que o professor entende ser "ideal" em termos de ensino de Matemática.

Sugerimos que a expressão "ser ideal", ou adequado, para o professor P, tenha relação com o que consideramos acerca das práticas de letramento-numeramento, ou seja, que represente um material escrito que favoreça as discussões de outras questões que interessem a comunidade a qual ele se destina, e não só favoreça os alunos a memorizem regras e procedimentos algorítmicos da Matemática, conforme ele considera em sua fala os aspectos que ressaltam tal sentido, vejamos:

> Eu acho que eles [os alunos] não têm perspectivas. A perspectiva deles é de engrossar o mercado de trabalho informal. [...] Eles estão fadados a ter subemprego. A acompanhar o pai que é pedreiro, por exemplo, e se tornar pedreiro também, a ser funileiro. E a minha briga lá sempre foi a seguinte: este momento que ele está na escola talvez seja o único em que ele pode vislumbrar alguma coisa diferente. E se este é o único momento ele deve ser tratado com mais cuidado. O aluno precisa de conteúdo, ele precisa ter novas perspectivas. [...] as coisas só se dão via conteúdo, não há outro caminho. Você pode falar de crescimento emocional, de humanização, socialização, tudo isto a custo da escola e não se dá se não for via conteúdo. E este é o grande engano, criminoso em minha opinião, que tem sido cometido. Esqueceram que isto só se dá via conteúdo. Então, há uma preocupação excessiva para que o professor atue como psicólogo e assistente social, esquecendo do "para que" e "por que" o aluno está na escola. Isto é fruto de uma má leitura, endossada, em minha opinião, por propagandas governamentais, que vão ao encontro do interesse deles (governantes). Então vemos afirmações como: "Agora a escola é para a vida." Que vida? Qual? Aquela que eles (alunos) já têm? É aquela velha história, você tem que trabalhar a unidade de medida que o aluno já conhece que é para aproximar o aluno da realidade que vive. Mas esta eles já conhecem. Para que fazer isto, então? O aluno está fadado a ser o que a escola determina, da forma em que ela se encontra hoje. Como disse, esta situação é fruto de uma má leitura da literatura, fruto de uma pressão governamental. O professor, a partir de um dado momento, achou que aproximar o conteúdo à realidade do aluno é ficar só na realidade do aluno e não ir além dela. E a realidade do aluno é uma realidade de subsistência. Eu

gosto de mencionar este exemplo, do indivíduo que conhece uma unidade de medida e precisa conhecer outras, você pode usar as que ele conhece para iniciar a discussão, mas você tem que avançar e isto não acontece, fica sempre na mesma coisa. Repentinamente torna-se moda trabalhar com projeto. O que é que cabe ao professor de Matemática? Ele faz os gráficos, cria lá uns percentuais e é isso, não sai disto. Isto é projeto? Isto é avançar? Quando eu digo que o aluno precisa de conteúdo, eu pretendo dizer que ele precisa de conhecimento, ir além da porcentagem e do gráfico. E o que tem acontecido é um esvaziamento total de conteúdo, na rede pública. Eu corro o risco de ser visto como um monstro tradicionalista quando afirmo isto. Mas eu estou convencido de que chega de papo furado! Chega, não deu certo! Não funciona! Tem que ter conteúdo e todo o resto. Mas todo o resto só se dá por via do conteúdo.

Notamos no trecho apresentado que o professor P, de certo modo, não está afinado com algumas discussões em Educação Matemática, que admitem a realidade do aluno com uma possibilidade, ou um ponto de partida, para a consecução do processo ensino-aprendizagem da Matemática. O posicionamento crítico que o professor pode assumir parece mais complexo e de maior amplitude que qualquer encaminhamento proporcionado por um livro didático. Parece-nos que há um certo descrédito na instituição "escola" e em seu papel de possibilitar uma transformação social.

Em outro posicionamento o professor considera que o conteúdo deva ser o veículo para a discussão de aspectos sociais que aflijam a comunidade e que o livro didático deve ser o portador, ou ao menos dar abertura, para que tais discussões aconteçam na escola. Admitir que a sociedade esteja impregnada de questões impostas pela Matemática escolar impõe à escola a responsabilidade de discutir os problemas da comunidade além de ensinar conteúdos matemáticos do livro didático, mesmo que esses conteúdos funcionem como um veículo de exclusão social. As dificuldades dos alunos ao estudarem a Matemática escolar avalizam nossa argumentação de que a formatação Matemática da sociedade estabelece a presença de uma discussão Matemática na escola, via livro didático, que vá além do domínio de técnicas, regras, postulados e algoritmos, abarcando as questões sociais, políticas, econômicas e culturais.

É nesse sentido que as discussões do letramento-numeramento, referentes à linguagem, à atribuição de significados tanto dos alunos quanto dos professores, dentre outros fatores, podem contribuir para aproximar a proposta escolar de ensino da Matemática das expectativas de uma comunidade. Não nos esqueçamos que as questões que afligem uma comunidade situam-se em determinado tempo social. A afirmação apresentada pelo professor P, de que a Matemática é vista pela comunidade como uma ciência difícil e privilegiada no currículo escolar, coloca a Matemática em um patamar de superioridade em relação às demais disciplinas. Será que a Matemática é difícil ou nós, professores e pesquisadores responsáveis pela discussão da Matemática na escola, é que contribuímos para fazer com que ela seja difícil? Ou fazemos com que acreditem que a Matemática seja difícil? Será que a linguagem formal da qual ela (Matemática) se reveste e suas formas de representação escrita cumprem um papel de exclusão e de afirmação de uma dificuldade? Essas são algumas das perguntas para as quais não temos respostas conclusivas, mas elas permeiam todas as discussões relativas ao ensino e aprendizagem da Matemática e, de certo modo, se fizeram presentes na fala do sujeito participante da pesquisa para justificar que a Matemática ocupa um lugar reconhecidamente privilegiado no sistema escolar e na sociedade atual.

Além do que destacamos como uma afirmação que coloca a Matemática em um lugar de destaque, outros significados atribuídos a ela pelo professor P têm relação com o sentimento de despreparo no início de sua atuação como professor de Matemática. A participação do professor P em cursos para a discussão de questões ligadas ao ensino e aprendizagem da Matemática representou um ponto determinante em sua prática social de professor de Matemática.

De acordo com as considerações que fizemos, o tempo não pode ser materializado, restando-nos compreendê-lo enquanto uma manifestação simbólica e, no caso, essa manifestação será identificada no processo de aprendizagem pelo qual passou o professor P até identificar-se como pertencente a uma comunidade de prática.

O livro, segundo entendemos, exerce um papel nos movimentos realizados pelo professor na constituição desta identidade de professor de Matemática. O livro didático, segundo P, é a cartilha, a muleta, o apoio para os professores de Matemática, principalmente os iniciantes. O livro didático representa, segundo o que observamos, o material pelo qual cada aula se materializa. Nas aulas que acompanhamos notamos a presença do livro didático, não fisicamente, ou seja, em algumas ocasiões o livro não acompanhou o professor que se dirigia à aula, levando somente os diários, giz e apagador.

A presença do livro didático se manifesta nos tipos de argumentações, nos exemplos propostos para desencadear uma discussão sobre assuntos matemáticos que seriam tratados nas aulas, nos exercícios propostos aos alunos, enfim, no momento de propor uma formalização ou, como o professor P propõe, "colocar o pingo no i" ou, ainda, no momento de sistematização das questões discutidas. A presença do livro didático, aliado às concepções do professor P, materializou-se nas notas de aulas transcritas na lousa, um exemplo de uma prática de letramento-numeramento no contexto escolar, pois o modo como o professor expressou-se ao escrever na lousa manifestou aspectos da linguagem, da proposta de discussão e de encaminhamento moldados pelo livro didático. Também identificamos a presença do livro na fala do professor e em inúmeros pontos da entrevista em que ele manifesta seu posicionamento classificando o que seria, para ele, um livro "bom" e um livro "ruim".

> [...] Eu costumo trabalhar com alguns [livros] com os quais me habituo ou que considero bons livros. Eu gosto muito do livro da editora F.; uso também o livro do N.J., que deve ser da editora A.; o da editora F. é o do autor B; e, dependendo do conteúdo, eu uso o livro do G.I. Este do G.I. é aquela história, temos que fazer a transposição, não dá para acompanhar o nível de formalização que ele propõe. O livro do B. eu também gosto de usar, ele é da editora M. [...] Tenho notado que houve uma reforma muito grande nos livros do ensino fundamental, eles estão muito mais preocupados com a questão didática. Os livros destinados ao ensino médio me parecem que não. Pois não há um processo de distribuição de livros para o ensino médio, até por isso não há um processo de modernização dos livros. Percebo, também, que os livros do ensino fundamental, sob o argumento de que são modernos, se transformaram em um gibi, têm muito apelo gráfico e pouco conteúdo. Os autores se preocuparam em mesclar as diversas áreas do conteúdo matemático; eles colocaram isto como critério. Você tinha álgebra e depois geometria no final, a estatística vinha um pouco antes da geometria e ficava nisso; depois de toda a crítica, em relação a esta "compartimentalização", alguns autores fizeram o seguinte: um capítulo de álgebra, outro de geometria, um de estatística, outro de álgebra, outro de geometria. Enfim, isto não resolve.

O livro didático, segundo o professor P, não sofreu grandes alterações em sua proposta, principalmente aqueles destinados ao ensino médio. A experimentação dos livros destinados ao ensino médio poderia contribuir para a organização de livros que atendessem às expectativas tanto de professores quanto de alunos.

O papel do livro no processo de negociação entre o professor P e a prática social docente, no início de sua atuação como professor, era o de apoio à construção de sua aula sem suscitar uma discussão acerca da adequação de sua proposta didática. A adequação da linguagem, do nível de exercícios e das discussões que o livro propunha, segundo P, não tinham relevância. Não havia um olhar sobre o livro com os olhos daquele que conhece muito bem quem são seus alunos e de quem analisa a adequação dos objetivos à proposta pedagógica e às suas concepções. O livro didático era, para o professor P, o material que, em caso de dúvidas, deveria ser consultado, pois a sua Matemática (do livro) deveria ser ensinada sem questionamentos.

> [...] no período de profissionalização, aí sim, comecei a olhar para o livro com mais cuidado. Antes do programa de livro na escola, havia poucos livros à disposição e eram, também, livros muito ruins. Agora, há um dado interessante, neste período era muito fácil você ter acesso ao livro. Eu me lembro que, no início do ano, você ia até as editoras e conseguia levar para analisar coleções completas de livros destinados ao ensino de Matemática. Chegando em casa, com aquele monte de livro, você podia escolher um e propor como livro a ser trabalhado com seus alunos. Hoje em dia, parece-me que é mais difícil o acesso ao livro. Para o aluno o acesso, hoje em dia, é facilitado, ao professor não. [...] no início de minha carreira o livro era para mim uma cartilha. Pois, no começo da carreira, você encontra-se num período de formação. Você sai da faculdade muito cru, em termos de conteúdo, e usa o livro como muleta.

O livro didático ganha destaque de tal forma na trajetória do professor P que, ao referir-se aos livros como "ruins", manifesta um descontentamento com sua formação, enquanto aluno no grau equivalente ao atual ensino fundamental, ao citar uma determinada obra. A opção do professor P é pelas obras que tenham características opostas àquelas a que foi submetido quando foi aluno. Para preparar suas notas para as aulas, atualmente, procura utilizar o material que esteja de acordo com suas concepções sobre a Matemática e o ensino de Matemática escolar. As obras selecionadas, pelo que observamos, repousam sobre uma proposta para o ensino da Matemática não tradicional.

Não houve, porém, ao menos nas aulas do professor P nas quais participamos, nenhum momento em que a discussão tenha sido concluída com a proposição de um teorema, ou com uma formalização que trouxesse qualquer referência aos aspectos da Matemática moderna ou com a utilização de uma metodologia que apresentasse ao aluno o conceito matemático como algo pronto e que favorecesse apenas o uso de algum procedimento.

O professor P em nenhum momento preocupou-se com a apresentação da fórmula a ser utilizada nos casos dos arranjos ou das combinações sem antes ter exaustivamente discutido com seus alunos exemplos que trouxessem evidências para distinguir agrupamentos nos quais a ordem interessava e, em outros, em que a ordem não interessava. Vimos isso nos exemplos utilizados sobre a combinação de sabores de sorvete e no exemplo das placas dos veículos tratados pelo professor P.

Olhando para as considerações de Lave (1998) há uma observação que queremos registrar. Na composição dos sabores de sorvete seria quase que imediato interpretar que a ordem na colocação dos sabores não interessaria, ou seja, não necessitaríamos contar como distinto o sorvete com uma bola de chocolate e outra de creme de um outro sorvete com uma bola de creme e outra, sobreposta, de chocolate; pois o sorvete chocolate-creme e creme-chocolate seria um mesmo tipo de sorvete. Levando-se em consideração a vontade de uma pessoa em saborear primeiro o de chocolate, por preferência, e depois o de creme, ou vice-versa, implicaria considerar ordem relevante. Essas questões que naturalmente envolvem aspectos sociais, emocionais, culturais são desprezadas nas discussões durante as aulas de Matemática e, até mesmo, em livros destinados ao ensino da Matemática escolar. São aspectos como esses que, também, devem ser considerados e discutidos numa perspectiva do letramento-numeramento.

Notamos, também, que com o livro didático ou sem ele a construção e a realização da aula do professor P seria a mesma, pois a sequência dos tópicos e o encadeamento das discussões eram de domínio do professor. Talvez isso acontecera devido ao tempo físico de participação na prática social docente.

O tempo físico (ou cronológico) de participação na prática social e a estreita relação com alguns livros didáticos, durante este tempo, tenham tido talvez um papel importante na facilidade com que o professor P conduz suas aulas e as discussões sobre assuntos da matemática escolar.

A trajetória de P, até a sua participação na prática social dos professores de Matemática, traz manifestações de uma das identidades constituídas na interação com outros indivíduos e com o livro didático, em que o tempo é um componente inseparável marcando períodos, tanto quantitativamente quanto por acontecimentos sociais.

O livro didático, do modo que entendemos, esteve presente em três importantes momentos, deixando suas marcas na trajetória rumo à constituição da identidade de professor de Matemática, de P: (1) no início da prática social como professor de Matemática; (2) no período intermediário; e (3) no momento da realização desta investigação (tempo físico: 2004 a 2006, século XXI). Podemos olhar para esses três momentos, que representam apenas divisões didáticas, a partir da mudança de significados atribuídos ao livro pelo sujeito participante na pesquisa.

No momento inicial (1), o livro era "cartilha", a "muleta", portador de verdades incontestáveis. Neste momento, o professor P considera que a falta de maturidade na prática social, ou seja, a ausência de um período e tempo de atuação, além da falta de preparo, devido à formação deficitária na graduação, não lhe permitiam colocar em cheque o livro didático.

No período intermediário (2), o livro já não mais representava o material exclusivo para a sua prática social. A participação nos cursos de formação de professores; o fato de assumir a coordenação da área de Matemática, no projeto "Escola Padrão", da Secretaria da Educação do Estado de São Paulo; o ingresso no curso de especialização em ensino de Matemática, dentre outras questões, são os marcos temporais em sua trajetória que lhe trouxeram maturidade para a compreensão do livro como um coadjuvante e um artefato de sua prática social que poderia conter erros.

No terceiro momento (3), o atual, o livro didático atua como o artefato que, após ter sido selecionado, analisado e comparado à luz das concepções e crenças do professor P, oferece todos os subsídios para a presença de outros assuntos que não se limitem aos que integram o currículo destinado à Matemática.

Não há como separar o livro didático e a prática social do professor P. Se em algumas marcas no tempo social, estabelecidas por pontos que destacamos anteriormente, o livro didático pareceu-nos mais ou menos presente, isto quer dizer, em resumo, que ele sempre esteve presente. Em nosso entendimento, o livro didático estrutura, e também é estruturado, numa relação dialética, a prática social de um professor de Matemática. Se não se faz presente fisicamente faz-se, depois de algum tempo, presente nas observações, nas discussões, nos encaminhamentos, nas propostas de ensino, na elaboração das aulas e, principalmente, manifesta-se na forma com que o professor fala sobre as ideias matemáticas.

Cabe a nós, nesse ponto, estabelecer a apresentação de outras observações e considerações que complementem as propostas deste capítulo.

Como até aqui consideramos, o livro didático desempenha um papel importante na prática social docente e, dentre alguns apontamentos, decidimos olhar como os fragmentos da história da Matemática, que recheiam o material escrito, são apresentados.

A Presença de Fragmentos da História da Matemática nos Livros Didáticos de Matemática

Nossa proposta neste ponto é evidenciar que contribuições e intenções encontram-se nas entrelinhas dos textos destinados ao ensino de Matemática que trazem elementos da história desta ciência. Aproveitamos para fazer um aprofundamento nesse sentido com a intenção de olhar para os livros, e para complementar o apontamos relativamente à presença deste material na prática social docente. Para tanto, selecionamos algumas obras destinadas ao ensino de Matemática com base nos seguintes aspectos: (1) as obras são amplamente utilizadas em instituições de ensino no Estado de São Paulo; e (2) as obras apresentam elementos relativos à história da Ciência Matemática.

Optamos, nesta etapa, por explorar parte das possibilidades que mereceriam ser consideradas em relação aos textos destinados ao ensino de Matemática que contêm trechos da História da Matemática. Vejamos um primeiro trecho:

Ensino e Aprendizagem de Matemática na Educação Superior

É importante considerar que quase tudo o que estudamos na geometria plana era do conhecimento dos antigos gregos. Após os gregos, podemos registrar um grande avanço no século XVII, com os trabalhos do francês René Descartes (1596–1650), em seu livro *La Géometrie*, onde é estabelecido um novo método: a geometria das coordenadas ou geometria analítica.[3]

Em primeiro lugar temos que considerar que há uma referência ao trabalho dos gregos como fundamental para tudo o que há em termos de Matemática, especificamente em relação à geometria plana. Essa afirmação está sedimentada em tantas outras obras destinadas ao ensino de Matemática no Brasil. O autor faz menção, em outro ponto do trecho, à Europa do século XVII, destacando-a como o centro da criação da Matemática, especificamente trazendo uma figura de destaque para ilustrar sua afirmação e seu novo método. Novamente vemos que esse posicionamento é muito comum em inúmeros textos didáticos.

Vejamos trechos de outro livro que aqui analisaremos. Nele há duas páginas com o seguinte texto para uma introdução:

Arquimedes, o Grande Precursor do Cálculo Integral

Uma das primeiras manifestações do cálculo integral é devido a Antifon, um contemporâneo de Sócrates. Antifon argumentava que, por sucessivas duplicações do número de lados de um polígono regular inscrito num círculo, a diferença entre a área do círculo e a dos polígonos seria "ao fim" exaurida. E, como sempre é possível construir um quadrado equivalente a qualquer polígono, a quadratura do círculo seria possível.[4]

Vemos, também neste texto, a referência ao trabalho dos gregos e suas contribuições, segundo o autor, ao desenvolvimento do Cálculo Diferencial e Integral. A figura central é Arquimedes. A paternidade, neste texto, no primeiro momento, é dada a Arquimedes. Há no texto uma busca por referencial histórico, situado na disputa entre gregos e romanos pelo domínio de Siracusa que culminou com a morte de Arquimedes. O destaque é dado à figura geomé-

---

[3]   Bayer, Matemática: tópicos básicos, p. 135.

[4]   Domingues, Arquimedes, O Grande Precursor do Cálculo Integral, pp. 52–53

trica que foi inscrita na lápide de Arquimedes e que remetia a seu teorema que afirmava que "o volume da esfera inscrita é 2/3 do volume do cilindro".[5]

Na página 113, também de autoria de Domingues, no livro que analisamos dos gregos há uma ligação direta com o século XVII. Nesse caso, as contribuições ao Cálculo Integral são atribuídas aos trabalhos de Isaac Newton. Novamente há uma ligação direta entre as ideias gregas e o que foi publicado no século XVII, dando destaque a uma figura que garante a autoridade.[6]

Em muitos livros impressos destinados ao ensino de Matemática os textos de Domingues estão presentes. Em geral, os textos de história servem como uma referência que é apresentada para que se siga com as considerações matemáticas. Tais textos, de certo modo, têm relação com o que será estudado em Matemática.

Entendemos que os textos que apresentam a história da Matemática têm um forte apelo à ideia de linearidade nos eventos históricos. Além do mais, os acontecimentos que são destacados seguem uma evolução gradual e ocorrem em momentos isolados de um contexto econômico, social e sem a presença de outras personalidades que não sejam europeus ou gregos antigos. Aliás, a sequência histórica é a seguinte: primeiro destaca-se uma personalidade grega antiga e, em seguida, chega-se ao século XVII, a alguma outra personalidade europeia, francesa ou inglesa, ou ainda a alguns poucos italianos e alemães. É assim que se faz o contar a história da Matemática. As fontes de referência dos autores brasileiros, que contam a história da Matemática e que são inseridos nos livros didáticos impressos, são Boyer, Struik e Eves. Sendo que, principalmente nas obras de Boyer e Eves, a história da Matemática é contada tendo como referência uma linha do tempo eurocêntrica e apresentando nomes e produções de destaque de um determinado período da história.[7]

Vemos nos textos presentes nos livros didáticos uma busca pela identificação do precursor de determinado tópico que se ensina. Notamos que a intenção central dos textos é chamar atenção do estudante leitor para que se interesse em estudar determinado tópico da Matemática. Um exemplo é o

---

[5]   Ibid., p. 53.

[6]   Ibid, p. 113.

[7]   Boyer, *História da Matemática;* Eves. *Introdução a História da Matemática* e Struik, *História Concisa das Matemáticas.*

apelo à história da infância de Carl Friedrich Gauss (1777–1838). Vejamos o que encontramos a respeito:

> Carl Friedrich Gauss (1777–1838) é considerado um dos maiores matemáticos de todos os tempos. Gauss teve a estatura de Arquimedes e de Newton e seus campos de interesse excederam os de ambos. Gauss contribuiu para todos os ramos da Matemática e para a Teoria dos Números. Seu pai era jardineiro e assistente de um comerciante, e enquanto criança mostrou grande talento para a Matemática. Sua produção intelectual foi precoce; existe um conto que ilustra como Gauss deduziu a fórmula da soma do n primeiros termos de uma progressão aritmética. Diz a história que sua professora primária, para manter a classe ocupada, lhe passou a tarefa de fazer uma soma de 1 a 100, tarefa que Gauss cumpriu quase que de imediato com a utilização da fórmula da PA.
>
> $S_n = n.(a_1 + a_n) / 2$ [8]

O trecho ilustra uma história que está presente em inúmeras obras destinadas ao ensino de Matemática antes de se tratar das progressões aritméticas e geométricas. Entendemos que a intenção é motivar o estudante, mostrando que se Gauss, tão precocemente, deduziu uma fórmula para a determinação da soma de termos de uma progressão geométrica, seria possível que ele (estudante) também se motivasse a se aplicar ao estudo da Matemática e a chegar a alguns resultados por si.

Identificamos alguns estudos que buscaram constituir uma sequência didática destinada ao ensino da Matemática via elementos da história desta ciência. Ou outros tantos estudos que caracterizaram o contar a história da Matemática caracterizando a sedimentação de ideias, como a história da vida de Gauss, por exemplo.

Porém, entendemos que há espaço para estudos que busquem, em primeiro lugar, reavaliar a história da Matemática contada por autores que precedem e alimentam com seus textos os livros didáticos. O forte componente eurocêntrico e o eterno retrocesso a Grécia, devem ser reavaliados.

---

[8]   Amaral, *Gauss, Carl Friedrich (1777–1855)*, pp. 1–2.

Textos de referência, pautados nos direcionamentos dados pela história da Ciência, devem fugir do lugar-comum e propor uma alternativa. Os textos de referência devem ser aqueles em que a pesquisa foi realizada em documentos e que contêm desdobramentos de fontes dos autores. Além de mostrar que não há um precursor, um pai, eles devem indicar que os posicionamentos em uma determinada Ciência coexistem e servem como referência para a elaboração de textos que, em uma relação de poder, se sobrepõem em relação a outros. Não há um criador, não há uma convenção de matemáticos ilustres que definem, ou que estabelecem, o que deve ou não ser ensinado. Devemos nos lembrar que a ciência Matemática não é uma criação de uma divindade.

Passaremos a considerar uma possibilidade para a interação entre elementos teóricos, na perspectiva de uma aula operatória, àquela na qual o estudante tem um papel ativo e pode refletir a respeito dos constructos matemáticos. Para tanto, sugerimos como uma possibilidade o mapeamento de conceitos.

O Mapeamento de Conceitos: Uma Possibilidade de Reunir a Ação Docente e o Uso de Fragmentos da História da Matemática

Há alguns anos temos nos dedicado à temática Metodologia Ativa de Aprendizagem (MAA) e trilhamos caminhos que permeiam a ação docente (na interação com os discentes) numa perspectiva que recoloca em cena o estudante como protagonista e o docente, como gostamos de entendê-lo, no papel de mediador. As implicações dessa relação, iniciada na educação básica, qual seja, o ensino fundamental e médio na realidade brasileira em curso no século XXI, chegam a educação superior. Tais implicações carregam em seu âmago a força do momento histórico, social e político de reavaliações em todos os sentidos e se cobrem de incertezas em um cenário de mudanças rápidas com a presença da, quase indispensável, ferramenta tecnológica disponível, de fácil acesso e que oferece conteúdos multivariados em todas as áreas do conhecimento.

Assim estabelecemos uma questão central para nossas ações: de que modo fazer com que o estudante passe à condição de protagonista tendo como auxílio o componente tecnológico?

Descreveremos as ações que encaminhamos na educação superior para oferecer aos interessados possibilidades de diálogo entre três constructos que entendemos como interessantes no ambiente educacional atual: a ferramenta tecnológica; o pensamento reflexivo; e a ação discente.

A prática docente deve situar-se como mediadora entre os saberes escolarizados e não escolarizados. Para Ausubel (1976) a aprendizagem significativa é o pano de fundo para a proposição de metodologias ativas para o ensino e a aprendizagem, seja qual for a área do conhecimento. Sendo que as ideias de Ausubel desembocam no que preconizou Novak e Cañas (1998) ao trabalharem com a construção de mapas conceituais.

Estudo comparativo desenvolvido por Hazoff Júnior e Sauaia (2008), no qual os alunos de uma mesma disciplina de cursos de duas IES distintas, quando divididos em dois grupos, dentro da mesma IES, e submetidos ao mesmo conteúdo e à mesma avaliação, porém com cada grupo experimentando uma distinta abordagem pedagógica, uma fortemente centrada no professor (passiva) e outra fortemente centrada no aluno (ativa), mostrou efeitos distintos nos procedimentos adotados. Foi observado um desempenho acadêmico superior e estatisticamente significativo do grupo de estudantes submetido à abordagem centrada no aluno. Tal resultado vai ao encontro dos resultados evidenciados por Muritiba et al. (2010), ao considerar que a preferência por métodos ativos de ensino pode influenciar a motivação (atitude) e o desempenho de uma parcela dos estudantes.

Nosso entendimento acerca da aprendizagem significativa tem relação com a atribuição de significados idiossincráticos e o mapeamento de conceitos, seja pelos professores ou pelos estudantes, e reflete os significados que atribuírem a determinado constructo. Desse modo, tanto os mapas referenciados pelos educadores como recurso didático quanto os mapas elaborados pelos estudantes terão componentes peculiares e pessoais. Há variadas possibilidades de se trabalhar com o mapeamento de conceitos, dentre elas pensamos em algumas que passamos a considerar.

A primeira tem relação com o apoio à instrução, em que os mapas podem ser usados para dar uma instrução sobre uma atividade a ser realizada. A segunda indica os mapas como organizadores prévios de conhecimento, esta possibilidade está presente na Teoria da Aprendizagem Significativa de Ausubel (1976), que considera o ato de ensinar como o de evidenciar o que o estudante sabe. O objetivo, nesse propósito, é usar o mapa para estabelecer uma ligação entre os saberes do estudante e o recurso alternativo para a aprendizagem. A terceira possibilidade é a de utilizá-los logo que um determinado tema ou conteúdo é apresentado, sendo revisados, repensados e reelaborados ao longo das aulas. A quarta possibilidade seria a síntese dos conteúdos trabalhados, em que, ao final de uma aula ou de um curso, os Mapas Conceituais podem representar um resumo esquemático do que foi apreendido, composto pelo conjunto de conceitos importantes de uma área do conhecimento. A quinta possibilidade que destacamos seria a de utilizá-los como compartilhadores de informações, ou seja, para disponibilizar o conhecimento que foi construído e compartilhá-lo. Existe outra possibilidade que seria a utilização como método de avaliação e portfólio.

Entendemos que o mapeamento de conceitos representa uma alternativa para uma avaliação coerente com a Teoria da Aprendizagem Significativa, pois se centra na exposição que o estudante faz das relações que estabeleceu entre seus conhecimentos prévios e os escolarizados. Conjuntamente, o portfólio que diz respeito ao uso do mapa para o desenvolvimento dos conteúdos destaca a possibilidade de armazenamento de mapas conceituais para expressar a análise crítica, mostrando que o estudante de fato tenha adquirido relativo domínio sobre determinado constructo. Os estudantes devem ser estimulados a refletir sobre o seu processo de pensamento, fazendo registros permanentes a partir das novas interações com novos constructos que lhes são apresentados. Então teremos a construção de um portfólio, que poderá ser entendido como um "processofólio".

Pensar reflexivamente, nas palavras de Novak e Gowin (1999), é fazer algo de forma controlada, o que implica negociar com conceitos, juntando-os e separando-os. O ato de fazer e refazer mapas conceituais pode auxiliar esse processo, de maneira relevante, quando compartilhamos com outras pessoas. Novak e Canãs (2010) destacam que um mapa conceitual nunca está finalizado. A construção de mapas não é apenas uma ferramenta para capturar, representar e arquivar conhecimento, é uma alternativa para que o conhecer possa ser enriquecido e repleto de significados.

A estrutura dos mapas conceituais depende do contexto em que estão sendo elaborados. Em nosso entendimento, não existe mapa conceitual "fechado". O educador (mediador) não deve, ao menos inicialmente, apresentar aos estudantes o mapa conceitual de determinado constructo, pois isso pode sugerir que haverá um modelo a seguir. O ideal é propor ao estudante que elabore seu mapa conceitual para o conteúdo de acordo com os significados que ele, educador (mediador), atribui aos conceitos e às relações significativas entre eles. Em seguida, o mapa deve ser compartilhado com os colegas e avaliado. De maneira análoga, nunca se deve esperar do estudante o mapa conceitual "pronto". O educador deve esperar o mapa conceitual que estabeleça adequadamente as relações entre os conceitos, de acordo com determinado constructo e com o que determina a área do conhecimento ou o saber escolar, e sugerir outras conexões ou a inserção de novos conceitos. Na construção de mapas conceituais o interessante não é estabelecer se o mapa está certo ou não, mas sim se ele dá evidências de que o estudante está aprendendo significativamente o conteúdo. É com tal propósito que a construção de mapas deve ser entendida.

Retomando o que propomos considerar, o educador ao ensinar tem a intenção de proporcionar que o estudante estabeleça significados que são aceitos no contexto do saber escolar e que devam ser compartilhados por certa comunidade. Os mapas conceituais fornecem informações acerca de como alguém foi "tocado" por determinado conhecimento. Desse modo, tais construções revelam **a maneira pessoal de ver, de sentir e de reagir. Os mapas são representações de perspectivas alternativas entre estudantes e educadores ou entre os pares**. Se dois professores, com igual conhecimento, elaborarem um mapeamento de conceitos para certo conteúdo, seus mapas terão semelhanças e diferenças. Os dois mapas poderão evidenciar bom entendimento da matéria sem que se possa dizer que um é melhor do que outro e muito menos que um é certo e outro errado. Isso serve como indicação relativamente aos mapas conceituais elaborados por dois estudantes. Contudo, é preciso cuidado para não aceitar qualquer expressão, pois alguns mapas são definitivamente pouco elaborados e sugerem uma compreensão equivocada.

Como argumenta Moreira (2006), no momento em que um professor apresentar para o aluno um mapa conceitual como sendo o mapa correto de certo conteúdo ou no momento em que ele exigir do aluno um mapa correto, estará promovendo (como muitos outros recursos instrucionais) a aprendizagem mecânica em detrimento da significativa, pois os mapas conceituais são dinâmicos e estão constantemente mudando no curso da aprendizagem significativa. Se a aprendizagem é significativa, a estrutura cognitiva está constantemente se reorganizando por diferenciação progressiva e reconciliação integrativa e, em consequência, mapas traçados hoje serão diferentes amanhã.

Notemos que a análise de mapas conceituais é essencialmente qualitativa. O professor, em vez de preocupar-se em atribuir um escore ao mapa traçado pelo aluno, deve procurar interpretar a informação dada pelo aluno no mapa a fim de obter evidências do percurso da aprendizagem. Explicações do aluno, orais ou escritas, em relação a seu mapa facilitam muito a tarefa do professor nesse sentido.

De tudo o que consideramos até agora relativamente ao mapeamento conceitual, podemos afirmar que vislumbramos uma possibilidade de nos servirmos deste recurso no que se refere às reflexões acerca dos excertos de história de Matemática que receiam os materiais escritos disponíveis para o ensino de Matemática. Sugerimos, como exemplo, que o docente ofereça texto com relativa confiança nas reflexões sobre a história de determinado constructo matemático que pode ser encontrado na literatura disponibilizada pelos historiadores da ciência, disponíveis em centros de estudos como o CESIMA[9] e outros arquivos para consulta digital. Em seguida, o docente deve sugerir que o estudante elabore um mapeamento conceitual do texto. Recebido o mapeamento, o docente deve solicitar que o estudante busque outros recortes históricos em sites, livros de história, como Boyer e Eves, e compare com as perspectivas que o autor do texto base apresenta. O ideal é notar que não haverá no texto do historiador menção ao "pai", não há presença de aspectos como curiosidades (história do tipo "ti-ti-ti"), fofocas ou outros apontamentos que visam simplesmente tornar o texto atraente ao leitor. O estudante pode exercitar, ainda, a identificação de redes em que o constructo matemático ou o personagem central no texto-base se insere. Esse é um exercício interessante para se identificar fontes primárias, fontes confiáveis ou documentos importantes para a estruturação do texto base.

---

[9] Centro Simão Mathias de Estudos em História da Ciência, que disponibiliza teses, dissertações e publicações sobre a história da ciência. Visite o site http://www.pucsp.br/pos/cesima.

Pensamos que atividades como essa possam contar com a participação e a cooperação de docentes de outras áreas, como história, geografia, filosofia, o que tornará interessante a percepção de que o conhecimento científico é fruto do diálogo possível e necessário entre diferentes áreas do conhecimento.[10]

CONSIDERAÇÕES FINAIS

Quando estruturávamos este capítulo nos ocorreu que seria o momento de reunirmos apontamentos que pudessem refletir um pouco do que entendemos ser interessante àqueles que se dedicam a atuar na educação brasileira, que ainda engatinha.

Nossas inquietações referem-se a tudo o que nos faz mover em direção à busca por caminhos para construir pontes e superar as dificuldades e os desafios de atuar na educação, ensinando, pesquisando, publicando e refletindo. As possibilidades são as conexões que podemos estabelecer, principalmente, entre uma leitura teórica e outra prática, que se desenvolvem por anos em nossa prática social docente.

Em nosso entendimento, quando algo parece ser inconciliável nos sentimos atraídos pela busca de uma possível ponte. Um exemplo é a construção deste capítulo, no qual buscamos reunir teóricos, teorias, experiências, práticas e reflexões que parecem não se comunicar, e foi por isso que a construção deste capítulo nos serviu como um importante exercício.

Primeiro, pudemos entender que o caminho para a construção de nossa identidade docente tem a peculiaridade de ser eclética, não linear, pouco centrada em estudos monotemáticos ou especializações em pontos específicos. Revisitando parte dos estudos que realizamos, notamos a presença de linhas comuns entre eles, por exemplo, a presença do material escrito destinado às aulas de Matemática e a relação entre docente e discente no ambiente em que se dá a prática social docente. Além do mais, a história da Matemática e seus usos no ensino também foram um ponto de preocupação ao qual temos nos dedicado.

---

[10] Experiências que destacam a relação entre a História da Ciência e o ensino podem ser encontradas em publicações, como História da ciência e ensino: construindo interfaces no site http://revistas.pucsp.br/hcensino.

Cabe considerar ainda que o trabalho com os mapas conceituais pode não ser atraente aos educadores que preferem permanecer na zona de conforto ou aos estudantes habituados a memorizar conteúdos para reproduzi-los nas avaliações e atividades específicas. O mediador que optar pelo trabalho com a construção de mapas conceituais deve encampar a postura que contemple a atitude dialógica na perspectivada de uma aprendizagem significativa.

Inserir o mapeamento conceitual na rotina da sala de aula exige uma abertura para a presença de incertezas, visto que ele permite a explicitação das idiossincrasias presentes na estrutura cognitiva dos estudantes envolvidos na construção de uma aula. A construção de mapas conceituais, por lidar com a incerteza e a subjetividade, oferece mais oportunidades para o diálogo e para que as interações entre pares se estabeleçam no ambiente educacional.

Sugerimos, por fim, aos leitores que busquem exercitar um pouco a reconstrução de sua caminhada olhando para as pontes, conexões e conciliações que buscou fazer e que puderam contribuir para a formação de cidadãos, ou seja, para a educação de um povo seja em qualquer comunidade de prática.

Algumas inquietações que me afligem e que gostaria de compartilhar: *Qual o legado e qual a contribuição para a educação para a comunidade de prática da qual faço parte? Como a escola e os livros permeiam a constituição de um indivíduo ou de sua identidade profissional?*

REFERÊNCIAS

AUSUBEL, David P. **Psicología educativa**: um punto de vista cognoscitivo. México: Editorial Trillas, 1976. Tradução de: Roberto Helier D.

AMARAL, D. A. *Gauss, Carl Friedrich (1777–1855)*. Endereço eletrônico: *http://www.fem.unicamp.br/~em313/paginas/person/gauss.htm*. (Acesso em 10/12/2016).

BAYER, Arno et al. **Matemática**: tópicos básicos. Canoas: Editora Ulbra, 1998.

BAYER, A.; Elton Kautzmann; Arlete Isabel Ferrazza e Carme K. da Silva. *Matemática: tópicos básicos*. Canoas: Ed. Ulbra, 1998.

BOYER, Carl B. **História da matemática**. São Paulo: Edgard Blücher, 1996. Tradução de: Elza F. Gomide.

CARIA, T. H. L. Bourdieu e o Conceito de Prática na Pesquisa em Educação. In: Educação e Realidade, v. 28, nº1, pp. 5–185 jan./jul. 2003. Porto Alegre: publicação semestral da FACED/UFRGS.

CHING, H.Y.; da SILVA, E. C.; TRENTIN, P.H. *Formação Por Competência: Experiência na Estruturação do Projeto Pedagógico de Um Curso de Administração/Competency-Based Education: Experience Of Organizing A Business Administration Teaching Project*. Administração: Ensino e Pesquisa, v. 15, n. 4, p. 697, 2014.

CORREIA, P.R.M.; SILVA, A.C.; ROMANO Junior, J.G. (2010). Mapas Conceituais como ferramenta de avaliação na sala de aula. Revista Brasileira de Ensino de Física, São Paulo, v.32, n.4, pp. 44021–44028.

DOMINGUES, Hygino H. Arquimedes, O Grande Precursor do Cálculo Integral. In: Iezzi, G.; Carlos Murakami; Nilson José Machado. Fundamentos da Matemática Elementar.Vol.8. São Paulo: Editora Atual, 1993, pp. 52–53.

EVES, Howard. **Introdução à história da matemática**. São Paulo: Editora da Unicamp, 2002. Tradução de: Hygino H. Domingues.

FREIRE, P. (2013). Pedagogia do Oprimido [Recurso Eletrônico], Editora: Paz e Terra.

FREITAS, T.S.; Amorin, T.N.G.F.(2000). Diretrizes Curriculares x Flexibilização… Aonde vamos? Realmente queremos ir? Pág. 5-18. In: Anais do XI Enangrad: Encontro Nacional dos Cursos de Graduação em Administração. Salvador, BA, pp. 23–27.

HAZOFF Junior, W.; SAUAIA, A.C.A. (2008). Aprendizagem Centrada no Participante ou no Professor? Um Estudo Comparativo em Administração de Materiais. RAC, V.12, n.3, pp. 631–658.

IEZZI, Gelson; DOLCE, Osvaldo; MURAKAMI, Carlos. **Fundamentos de matemática elementar**. São Paulo: Atual, 1993. 8 v.

JENNINGS, D. (2012). Concept maps for assessment. UCD Teaching and Learning, UCD, Ireland.

KLEIMAN, A. "O que é letramento?". In: KLEIMAN, A (org.). Os significados do letramento: uma nova perspectiva sobre a prática social da escrita. São Paulo:Mercado das Letras, 1995.

KNIJNIK, Gelsa. **Exclusão e resistência**: Educação Matemática e legitimidade cultural. Porto Alegre: Artes Médicas, 1996.

LAVE, J. Cognition in Pratice: Mind, mathematics and culture in eveyday life. Cambridge University Press, 1988.

MENDES, Jackeline Rodrigues; TRENTIN, Paulo Henrique. A abordagem do cotidiano nas aulas de matemática:(re) significações feitas pelo professor a partir das sugestões apresentadas pelo livro didático.

MIGUEL, A. Formas de Ver e Conceber o Campo de Interações entre Filosofia e Educação Matemática**.** *In*: BICUDO, M.A.V. **Filosofia da Educação Matemática: concepções & movimento.** Brasília: Plano Editora, 2003.

MONTEIRO, Alexandrina; POMPEU JUNIOR, Geraldo. **A matemática e os temas transversais**. São Paulo: Moderna, 2001.

MOREIRA, W. A., TRENTIN, Paulo H. e Fernandez, CARMEN L. *O experimento da vela encapsulada e a argumentação: uma investigação com base no Modelo Argumentativo de Toulmin*. Anais do 8º Encontro Nacional de Pesquisa no Ensino de Ciências — ENPEQ, páginas 6 a 9, 2012.

MOREIRA, M.A. e MASINI, E.F.S. (2006) Aprendizagem significativa: a teoria de aprendizagem de David Ausubel. São Paulo: Centauro Editora. 2ª edição.

MURITIBA, P.M.; MURITIBA, S.N,; CASADO, T. (2010). Personalidade e Preferência por Métodos de Ensino: Um Estudo com Graduandos em Administração. R. Adm. Faces Journal, V.9 n.2, pp. 65–85.

NOVAK, J.D. e GOWIN, D.B. (1996). Aprender a aprender. Lisboa: Plátano Edições Técnicas.

NOVAK, J. e CANÃS, A. (1998). Conocimiento y aprendizage: los mapas conceptuales como herramientas facilitadoras para escuelas y empresas. Madrid: Alianza Editorial. Revisado e publicado em espanhol, em 2005, na Revista Chilena de Educação Científica, 4(2): pp. 38–44.

PEREIRA, Maria Cecília; BRITO, Mozar José de; BRITO, Valéria da Glória Pereira (2013). "Movimento de Re-Construção Do Currículo No Ensino Em Administração: Um Estudo Sobre O Imaginário Dos Docentes Em Uma Ies. Revista Eletrônica de Administração 12.2.

SANTOS, M. P. dos. Encontros e Esperas com os Ardinas de Cabo Verde: Aprendizagem e Participação numa Prática Social. Tese de Doutorado. Lisboa-Portugal: Universidade de Lisboa — Faculdade de Ciências Departamento de Educação, 2004.

STRUIK, Dirk Jan; GUERREIRO, João Cosme Santos; VIEIRA, Manuel Joaquim. **História concisa das matemática**s. Lisboa: Gradiva, 1992. Tradução de: João Cosme S. Guerreiro.

TRENTIN, P.H., GERAB, F. E CHING, C. Y. *The Role of the Concept Maps in the Development of a Pedagogical Project of a Business Course*. Journal of Business and Management Sciences, vol. 2, no. 5 (2014): pp. 105–110. doi: 10.12691/jbms-2-5-3

TRENTIN, Paulo H. *O Livro Didático na constituição da Prática Social de um Professor de Matemática*. Dissertação de mestrado do programa de Mestrado da Universidade São Francisco, 2006.

_____. MATEMÁTICA NO BRASIL: *As Traduções de Manoel Ferreira de Araújo Guimarães (1777–1838) das obras de Adrien Marie Legendre*. Tese de Doutorado do Programa de História da Ciência da Pontifícia Universidade Católica de São Paulo, 2011.

_____. *Alguns textos de história em livros de matemática: Uma primeira aproximação*. História da Ciência e Ensino: construindo interfaces. ISSN 2178-2911, v. 3, pp. 1–6, 2011.

WENGER, Étienne. **Comunidade de prática**: aprendizaje, significado e identidad. Barcelona: Ediciones Paidos Ibérica, 2001. Tradução de: Genis Sanches Barberan.

Capítulo 8

O Curso de Engenharia Operacional da Faculdade de Engenharia Industrial (1963–1977)

Armando Pereira Loreto Junior

A Faculdade de Engenharia Industrial ministrou, desde a sua criação, no ano de 1946, dos cursos de Química e posteriormente de Mecânica, um ensino de alto nível, apesar das grandes dificuldades financeiras pelas quais passou, para assegurar a sua manutenção. Os engenheiros formados pela FEI eram cotados como os melhores saídos das grandes escolas de engenharias do Brasil e havia uma insuficiência cada vez maior de profissionais que atendessem ao desenvolvimento da indústria paulista e brasileira, que experimentava uma grande expansão naquela época. A cidade de São Bernardo do Campo, em especial, havia se tornado um importante polo do desenvolvimento da indústria automobilística, com a chegada das grandes fábricas de renome mundial.

Na reunião ordinária da Congregação dos Professores da Faculdade de Engenharia Industrial, realizada no dia 23 de junho de 1961, os professores tomaram conhecimento da proposta de criação de novos cursos de engenharia.[1] Tratava-se de uma tentativa do governo federal de instalar nas cidades de São Paulo, Minas Gerais e Rio de Janeiro uma Universidade Nacional do Trabalho. A proposta do presidente Jânio da Silva Quadros era que elas fossem criadas nos mesmos moldes daquelas que existiam na Inglaterra, na Alemanha, na Bélgica, na Rússia e nos Estados Unidos e serviria para suprir a ausência de profissionais que tivessem um conhecimento tecnológico intermediário[2], en-

---

[1] Atas da Congregação dos Professores, Livro III, p. 52.

[2] Denominados "engenheiros médios".

tre o técnico e o engenheiro pleno, para dessa maneira atender às necessidades de uma indústria em fase de crescimento.

A Fundação de Ciências Aplicadas, mantenedora da Faculdade de Engenharia Industrial, resolveu ampliar o número de vagas oferecidas no concurso vestibular, não somente criando o curso de Engenharia Industrial modalidade Elétrica, em São Paulo, como construindo um novo campus na cidade de São Bernardo do Campo. Até o ano de 1958 eram oferecidas 60 vagas anuais, que passaram para 224, em 1959, e para 1354, em 1963.

Mediante esse cenário, o padre Veloso, que mantivera contato com os responsáveis do governo federal pela criação dessa universidade, comunicou que o cardeal dom Carlos Carmelo de Vasconcelos Mota conseguira com o prefeito da cidade de São Bernardo do Campo, Lauro Gomes, a doação de um terreno de 80.000 metros quadrados de área, que seria destinado à construção de um campus da Faculdade de Engenharia Industrial e que poderia ser aproveitado para abrigar um curso de Engenharia Operacional, ainda a ser criado.

Foi criada uma comissão de professores e engenheiros para elaborar o projeto desse curso, que deveria seguir a mesma orientação dos já existentes, formando profissionais para a indústria, mas que seriam profissionais de engenharia de nível intermediário entre o técnico e o engenheiro pleno. Dessa forma se conseguiria um link entre a Faculdade de Engenharia Industrial e as indústrias da região de São Bernardo do Campo.

O presidente Jânio da Silva Quadros emitiu dois decretos: o primeiro deles, de número 50.588, datado de 13 de maio de 1961, e o segundo, sem número, datado de 23 de maio de 1961, nos quais definia uma Comissão Executiva, com poderes para estabelecer as diretrizes da nova universidade, tratar da sua organização, ordenar o seu planejamento, definir os integrantes do corpo docente e os nomes dos pesquisadores. Um terceiro decreto, de número 51.196, de 14 de agosto de 1961, dispunha sobre a cessão de edifícios para a universidade.[3]

Essa Comissão Executiva instalaria, em 1963, *campi* universitários, nos estados de São Paulo, Guanabara e Minas Gerais, com o oferecimento de cursos de Engenharia Mecânica, Eletrônica, Siderúrgica, Automobilística, Metalúrgica e Têxtil.

---

[3]   S. S. Telles, "Um Projeto Populista para o Ensino: A Universidade do Trabalho", p. 103.

O curso teria um ano fundamental e dois anos de especialização nas indústrias, e o formado não seria um concorrente do engenheiro tradicional, mas um técnico de alto padrão, um especialista de nível médio ou tecnólogo, destinado a trabalhar nas operações de transformação da indústria.[4]

Os professores da Faculdade de Engenharia Industrial entraram em contato com os membros da comissão e foram informados de que a nova universidade seria mantida por uma fundação e com a participação de 30% do Serviço Social da Indústria — SESI. A Faculdade de Engenharia Industrial, nessa época, era subvencionada por meio de convênios com a Confederação das Indústrias do Estado de São Paulo — CIESP, que participava com cerca de 50%; o Serviço Social da Indústria — SESI; e o Serviço Nacional de Aprendizagem Industrial — SENAI e, por esse motivo, a comissão solicitou a colaboração da faculdade. A proposta apresentada era de formar técnicos de nível médio, em um curso de duração de quatro anos.[5]

Naquela reunião de 23 de junho de 1961, houve manifestações contrárias e favoráveis à proposta governamental. Os professores Paulo Ribeiro de Arruda e Fernando Furquim de Almeida argumentavam que não havia definição dos perfis dos engenheiros que se pretendia formar nem legislação específica a respeito da formação desses profissionais, mas o professor Joaquim Ferreira Filho fez uma explanação sobre os cursos de engenheiros médios que estavam sendo propostos, afirmando que fatalmente eles seriam reconhecidos pelas autoridades competentes, uma vez que existia um comprovado interesse das indústrias e do governo federal na formação desses profissionais.

Após muitos debates, a colaboração da Faculdade de Engenharia Industrial com a comissão foi aprovada, com a ressalva de que o currículo dos engenheiros tradicionais não seria modificado. A faculdade continuaria a formar os seus engenheiros tradicionais, com os currículos já estabelecidos, e seria criado um outro currículo específico, independente, para a formação dos engenheiros médios.[6]

A renúncia do presidente Jânio da Silva Quadros, no dia 25 de agosto de 1961, parece ter interrompido o empenho do governo federal na criação da Universi-

---

[4] S. S. Telles, "Um Projeto Populista para o Ensino: A Universidade do Trabalho", p. 103.

[5] Atas da Congregação dos Professores, Livro III, p. 53.

[6] Atas da Congregação dos Professores, Livro III, p. 53.

dade Nacional do Trabalho, porém foi a semente para a criação, na Faculdade de Engenharia Industrial, do curso de Engenharia Operacional. A implantação definitiva desse curso foi realizada cuidadosamente e com muitos estudos preliminares. As escolas de engenharia procuravam oferecer às indústrias profissionais que se adequassem às suas crescentes necessidades, provocadas pelo surto de desenvolvimento industrial deflagrado após a Segunda Guerra Mundial.

A Faculdade de Engenharia Industrial da Fundação de Ciências Aplicadas nomeou internamente uma comissão, no ano de 1962, composta por professores e abalizados técnicos representantes da indústria de São Paulo, preferencialmente ligados ao ensino industrial, cuja missão era a de estudar e analisar a estrutura do ensino existente em outros países industrializados, como Estados Unidos, Alemanha, França e Bélgica.

Após dezoito meses de estudos, essa comissão constatou que nas indústrias brasileiras um grande número de "engenheiros universitários" ou "engenheiros plenos", com formação acadêmica de cinco anos de curso, eram utilizados para realizar apenas trabalhos de nível intermediário. Esse fato representava um aproveitamento inadequado do potencial daqueles profissionais, além de configurar um desperdício do tempo e do dinheiro que haviam sido gastos na sua formação.

Considerando esses fatos, a comissão sugeriu a criação, no Brasil, de um profissional de engenharia cujo perfil ainda não existia na época, que preencheria a lacuna existente entre o "engenheiro universitário" e o técnico de nível médio. Esses profissionais, denominados "engenheiros operacionais" ou "engenheiros tecnológicos", seriam formados em cursos com duração reduzida para três anos. A proposta garantia também ao engenheiro de operação o acesso à formação de engenheiro industrial, após o término do curso, por meio de uma complementação curricular de mais dois anos.[7]

CURRÍCULOS DOS CURSOS DE ENGENHARIA INDUSTRIAL E DE ENGENHARIA OPERACIONAL

As disciplinas gerais que formavam o currículo dos cursos de Engenharia Industrial e Operacional, apresentando muitas disciplinas comuns, eram as seguintes[8]:

---

[7] Atas do Conselho Técnico Administrativo, Livro V, p. 7.

[8] 3º Regimento F.E.I. Aprovado pelo Conselho Federal de Educação. Parecer nº. 274/66. Documenta 50. Abril de 1966. Página 29.

ENGENHARIA INDUSTRIAL

Cálculo Diferencial e Integral I e II

Cálculo Vetorial e Geometria Analítica

Cálculo Numérico e Gráfico

Física Geral I e II

Química Geral e Inorgânica e Noções de Química Analítica

Mecânica Geral

Mecânica dos Fluidos

Materiais de Construção

Termodinâmica

Elementos de Máquinas e Máquinas Hidráulicas

Máquinas Térmicas

Grafoestática e Resistência dos Materiais

Eletrotécnica Geral e Noções de Eletrônica

Economia Política, Finanças, Direito, Administração e Legislação

Organização das Indústrias, Contabilidade Pública e Industrial

Estatística

Desenho Técnico

Oficina Mecânica

Religião

ENGENHARIA OPERACIONAL

Cálculo Diferencial e Integral I e II

Cálculo Vetorial e Geometria Analítica

Cálculo Numérico e Gráfico

Física Geral I e II

Química Geral e Inorgânica e Noções de Química Analítica

Mecânica Geral (Estática e Dinâmica)

(continua)

(continuação)

Mecânica dos Fluidos
Materiais e Processos
Termodinâmica
Grafoestática e Resistência dos Materiais
Teoria da Eletricidade: Campos, Circuitos Eletrônicos
Economia Industrial
Organização Industrial da Produção
Estatística
Desenho Técnico
Oficina Mecânica
Religião
Noções de Psicologia Aplicada ao Trabalho

Além disso, a comissão sugeriu que houvesse uma melhor articulação entre a faculdade e a indústria e incentivou a implementação de cursos de doutoramento, a fim de preparar profissionais de nível elevado destinados à pesquisa e à docência. Essas sugestões foram registradas na ata do Conselho Técnico Administrativo com o nome "Ampliação e Reestruturação dos Cursos e Instalações da Faculdade de Engenharia Industrial da Fundação de Ciências Aplicadas".[9]

Nessa mesma ocasião existiu uma outra comissão, formada pelo então diretor de Ensino Superior, do Ministério da Educação e Cultura, que chegou a conclusões semelhantes àquelas apresentadas pela Comissão Interna da Faculdade de Engenharia Industrial. Tal fato permitiu que a Diretoria da Faculdade de Engenharia Industrial apresentasse um projeto ao Conselho Federal de Educação, propondo a criação desse profissional, que seria chamado de "engenheiro de operação".

A Câmara de Ensino Superior do Conselho Federal de Educação do Ministério da Educação e Cultura definiu os currículos mínimos dos cursos de Engenharia, pelo seu parecer 60/63, aprovado no dia 9 de fevereiro de 1963:

> Ao formularmos os currículos mínimos dos cursos de Engenharia, o deficit com que luta o país para atender o grande desenvolvimen-

---

[9] 3º Regimento F.E.I. Aprovado pelo Conselho Federal de Educação. Parecer nº. 274/66. Documenta 50. Abril de 1966. Página 29.

to industrial constituía uma das nossas preocupações imediatas, mas infelizmente não nos foi possível, então, sugerir medidas que pudessem, ao lado da fixação dos currículos mínimos e da duração dos cursos, contribuir de alguma forma para encaminhar uma solução de um problema que, sob certos pontos de vista, está comprometendo a luta contra o subdesenvolvimento. Parece-nos, pois, apropriado repetir aqui o que, à guisa de introdução, precedeu o relacionamento dos materiais que iriam constituir os currículos mínimos dos cursos de engenharia nas suas várias modalidades. Em relação à duração dos cursos de Engenharia, julga a comissão conveniente que estudos mais demorados sejam procedidos por este conselho. Enquanto estes não se ultimam, propõe a comissão que seja mantida a duração vigente de 5 anos, até pronunciamento deste órgão. Tem-se observado no país o vezo de estruturar o currículo das novas escolas de engenharia baseando-se nas escolas situadas em regiões mais exigentes e que dispõem de maiores recursos para a manutenção. Não estamos convencidos de que o sistema seguido tenha beneficiado a nossa tecnologia ou mesmo os próprios profissionais egressos dessas escolas. Com a demanda excepcional de engenheiros, o estudante de Engenharia vem sendo seduzido, já na segunda metade do curso, pelas indústrias que, sob a forma de estágio de aprendizado e mediante bolsas não desprezíveis, procuram assegurar-se dos seus serviços uma vez formado, afastando-o da sua verdadeira obrigação, que é o estudo sério. Os currículos longos e sobrecarregados, aliados à certeza de que o diploma lhes assegura emprego altamente remunerador, têm levado os estudantes ao desinteresse pelo estudo e pouca assiduidade. A formação de engenheiros de alto nível ou mesmo de cientistas deve resultar da vontade individual de cada estudante, e não lhe ser forçada à custa da regulamentação; por outro lado, o nosso desenvolvimento industrial tanto reclama o engenheiro de alto nível para o seu progresso como exige o engenheiro comum para a rotina das operações industriais. O prolongamento dos estudos, para o aperfeiçoamento do profissional bem como para especialização mais profunda, terá, sem dúvida, solução mais adequada para cursos de pós-graduação. A ampliação do contingente de engenheiros que, anualmente, são postos à disposição de nossa indústria pela escola de engenharia tem sido uma preocupação constante do ilustre diretor do ensino superior. Promovendo vários estudos sobre o assunto, procurando firmar as bases materiais para a ampliação das escolas de Engenharia, elaborou a diretoria do ensino superior um plano que repousaria sobre recursos a serem fornecidos pela "Aliança para o Progresso", além de recursos próprios. Transmitido este plano ao senhor ministro da Educação e Cultura, acaba de ser ele encaminhado a este conselho para pronunciamento. O plano prevê duas categorias de engenheiros diferenciados pela duração dos cursos. Um deles, de cinco anos, obedecendo à duração e currículo já fixados por este conselho, continuaria a formar o engenheiro com as atribuições criadoras de pesquisa, de desenvolvimento e da elaboração dos projetos. O segundo curso, com duração de três anos, destinar-se-ia à formação de engenheiros de operação. Esta categoria de engenheiros — altamente solicitada pela indústria — seria a que, em demanda maior por parte da indústria, tem a seu cargo a gerência, a manutenção, a superintendência, enfim, a operação propriamente dita dos estabelecimentos ou entidades de produção. Se um levantamento fosse feito em nossos parques industriais indicaria seguramente que, dos engenheiros que ingressam nas nossas indústrias ou em nossas organizações de engenharia, mais da metade vai dedicar-se a esse ramo de atividade. Se essa é a realidade, então por que sobrecarregar os currículos, retardar a formação desses profissionais de longa duração e sobrecarregar desnecessariamente o custo de formação de um profissional? Na exposição encaminhada ao senhor ministro, o senhor diretor do ensino superior assim resume, e de forma precisa, a nova direção: dessa forma, as técnicas de manutenção e operação seriam transferidas a profissionais devidamente habilitados em período mais curto que o exigido para outras tarefas, que devem ser atribuídas privativamente a técnicos de alta qualificação. Pronunciamentos favoráveis à instituição dessas duas categorias de engenheiros, como consta da exposição do senhor diretor do ensino superior, foram emitidos por várias entidades diretamente interessadas na formação de um maior número de profissionais do que a organização universitária atual permite. Parece-nos, assim, amplamente justificável uma manifestação favorável deste conselho à proposição do senhor diretor do ensino superior, no sentido de instituírem-se cursos de Engenharia com a duração de três anos, fixando-se oportunamente os respectivos currículos. Esses currículos deveriam obedecer a certas normas gerais, tais como restringir as matérias de formação profissional àquelas necessárias e suficientes para caracterizar o especialista; dar ao currículo uma estrutura que não dificultasse ao profissional a complementação do seu curso; manter as matérias de formação básica, tanto quanto possível equivalentes com as do curso de cinco anos; e manter um tronco comum de disciplinas básicas para todas as modalidades do curso. (a) F. J. Maffei, relator; Faria Góes. Nota: ficou esclarecido, segundo proposição do conselheiro Faria Góes, que caberá ao Conselho Federal de Engenharia e Arquitetura regulamentar os efeitos dos diplomas de engenheiros de operação, ora admitidos.[10]

A Comissão da Faculdade de Engenharia Industrial realizou diversas reuniões com os representantes dos Sindicatos das Indústrias Automobilísticas, das Máquinas Operatrizes, das Autopeças e do setor Têxtil, no decorrer do ano de 1963, os quais aprovaram totalmente a criação do curso e suas diversas modalidades para formar os engenheiros operacionais.

O Instituto de Engenharia de São Paulo e o Conselho Regional de Engenharia e Arquitetura de São Paulo, no entanto, manifestaram-se contrários à criação desse tipo de curso de Engenharia de curta duração, apesar de o Conselho Regional de Engenharia e Arquitetura de São Paulo fornecer, a título precário, atribuições de engenheiro a esse tipo de profissional formado no estrangeiro e que trabalhava no Brasil.[11]

O primeiro concurso de habilitação para o curso de engenheiros de operação (tecnológicos) teve seu anúncio e edital publicados no mês de junho de 1963, pelo secretário Américo de Vita. Esse edital apresentava as diversas modalidades, que seriam preenchidas atendendo às necessidades da indústria e a demanda de candidatos. Estavam previstos os seguintes cursos: Mecânica Automobilística, Máquinas Operatrizes e Ferramentas, Refrigeração e Ar-condicionado, Eletrotécnica, Eletrônica, Têxtil, Metalurgia e Petroquímica.

---

[10] Cópia da Documenta Número 12, publicada em março de 1963, pp. 51–53.

[11] Extraído da carta do professor Joaquim Ferreira Filho ao professor Deolindo Couto, presidente do Conselho Federal de Educação. São Paulo, 20 de agosto de 1964.

PONTIFÍCIA UNIVERSIDADE CATÓLICA DE SÃO PAULO

Faculdade de Engenharia Industrial

RUA SÃO JOAQUIM, 163 — SÃO PAULO
TELEFONE: 36-4581

CONCURSO DE HABILITAÇÃO AO CURSO DE ENGENHEIROS DE OPERAÇÃO (TECNOLÓGICOS)

De ordem do Sr. Diretor, Prof. Joaquim Ferreira Filho, torno publico para conhecimento dos interessados que se acham abertas na Secretaria da Faculdade, à rua São Joaquim, 163, nesta Capital, até o dia 25 do corrente mês, de 8 às 11 e das 14 às 16,30 horas, diariamente, exceto aos sabados, as inscrições para o Concurso de Habilitação à primeira serie dos cursos de Engenheiros de Operação (Tecnologicos), cuja duração será de 3 anos, com possibilidade de acesso ao curso de Engenheiros Industriais (5 anos), mediante seleção e complementação de disciplinas.

As provas do concurso, que serão apenas escritas, versarão sobre as seguintes disciplinas: Matematica, Fisica, Quimica e Desenho, de acordo com edital publicado no D. O. de 7 de junho, proximo passado.

O numero de vagas é de 480 para as diversas modalidades, estando já aprovados os candidatos excedentes classificados entre os ns. 522 a 744 no Concurso de Habilitação, realizado em fevereiro proximo passado.

Secretaria da Faculdade de Engenharia Industrial, em 8 de junho de 1963.

a) **AMERICO DE VITA**
Secretario

VISTO
a) **JOAQUIM FERREIRA FILHO**
Diretor

PONTIFÍCIA UNIVERSIDADE CATÓLICA DE SÃO PAULO

FACULDADE DE ENGENHARIA INDUSTRIAL

Concurso de Habilitação

Curso de Engenheiros de Operação (Tecnológicos)

EDITAL DE INSCRIÇÃO

De ordem do Sr. Diretor, Prof. Joaquim Ferreira Filho, torno público para conhecimento dos interessados que se acham abertas na Secretaria da Faculdade, à Rua São Joaquim, 163, nesta Capital, até dia 25 do corrente mês, de 8 às 11 e das 14 às 17 horas, diàriamente, exceto aos sábados, as inscrições para o concurso de habilitação à primeira série dos cursos de Engenheiros de Operação (Tecnológicos), cuja duração será de 3 anos, com possibilidade de acesso ao curso de Engenheiros Industriais (5 anos), mediante seleção e complementação de disciplinas.

As provas do concurso, que serão apenas escritas versarão sôbre as seguintes disciplinas: Matemática, Física, Química e Desenho, de acôrdo com edital publicado no D.O. de 7 de Junho do corrente p. passado.

O número de vagas é de 480 para as diversas modalidades, estando já aprovados os candidatos excedentes classificados entre os ns. 522 a 744 no concurso de habilitação, realizado em Fevereiro p. passado.

Secretaria da Faculdade de Engenharia Industrial, em 5 de Junho de 1963.

a) AMÉRICO DE VITA
Secretário

VISTO
a) JOAQUIM FERREIRA FILHO
Diretor

O curso de Petroquímica, apesar de programado, não chegou a ser concretizado e foi transformado em curso de Química.[12] A Faculdade de Engenharia Industrial oferecia 480 vagas para o curso operacional, e no concurso vestibular inscreveram-se 527 candidatos. Este curso teria uma duração de seis semestres letivos, em regime semestral, com um critério de aprovação rígido, pois somente o aluno aprovado em todas as disciplinas de um semestre é que poderia se matricular no semestre seguinte. O aluno reprovado em uma ou

---

[12] *FEI — Documentação de 1946 a 1981*, p. 10.

mais disciplinas deveria repetir o semestre, mas seria dispensado das disciplinas nas quais tinha sido aprovado.

A inauguração do curso de Engenharia Operacional foi prestigiada com a presença do presidente da República, senhor João Goulart, no dia 20 de agosto de 1963, conforme foi noticiado no jornal *O Diário Popular*:

> A Faculdade de Engenharia Industrial, cujas novas instalações foram, ontem, inauguradas em São Bernardo do Campo pelo senhor João Goulart, foi instituída em 1946 pela Fundação de Ciências Aplicadas, sob a orientação do padre Sabóia de Medeiros, S. J., responsável igualmente pela fundação da Escola Superior de Administração e Negócios e pela Escola Técnica de Desenho São Francisco de Borja. A Faculdade constituiu a Pontifícia Universidade Católica de São Paulo como instituto agregado. Saindo dos moldes tradicionais, a nova Faculdade de Engenharia teve como objetivo formar os engenheiros necessários ao desenvolvimento de nossa indústria. Dedica-se, portanto, à formação de engenheiros industriais mecânicos e químicos, passando ultimamente para o campo da Engenharia Elétrica. Podendo desde o início oferecer apenas 60 vagas anualmente, teve nos últimos anos um número crescente de candidatos, passando estes de 224, em 1959, a 1.354 neste ano de 1963. Diante disso, admitiu a FEI uma parte dos candidatos qualificados excedentes em 1962, num total de 210, e em 1963, num total de 200 alunos para o primeiro ano. O presente curso que agora se inaugura, de Engenheiros de Operação (Tecnológicos), é inteiramente novo pelos seus objetivos e estruturação. Vinha sendo estudado há mais de dois anos, mas somente agora, com a nova legislação educacional, e impulsionada pelas exigências das indústrias e seu esperado apoio, oferece aos jovens técnicos uma possibilidade concreta de desenvolvimento e aperfeiçoamento, tirando aos cursos de Engenharia certos fatores mais acadêmicos, ou com objetivos outros que os das indústrias, acrescentando uma notável dose de praticidade, de objetividade e de contato direto com o meio fabril, sua organização e suas operações. Trata-se de formar em três anos um engenheiro especializado com aproveitamento mais objetivo dos recursos didáticos, inteiramente no modo de proceder dos países altamente industrializados, como Alemanha, França, Estados Unidos, União Soviética etc. Assim não pretende a FEI formar simplesmente engenheiros mecânicos, genéricos, mas concretizando suas aspirações formará enge-

nheiros especializados nas modalidades da Mecânica Automobilística, Máquinas Operatrizes e Ferramentas, Refrigeração e Ar-condicionado, Eletrotécnica e Eletrônica, Têxtil, Metalurgia, Petroquímica e outras de interesse da indústria. A formação dos novos "engenheiros de operação" se fará em contato vital com a indústria, principalmente a concentrada no ABC, sem já falarmos na petroquímica, metalurgia e eletricidade, localizadas na base da serra, em Cubatão. A Faculdade de Engenharia Industrial já está construindo sua sede definitiva, com capacidade para 2.500 alunos, em São Bernardo, no Recanto Santa Olímpia, nas proximidades da Volkswagen. Em face do número extraordinário de candidatos, estudou a possibilidade, ora concretizada, de seu início imediato em São Bernardo nas dependências da Escola Técnica Industrial, com a colaboração de sua Comissão Coordenadora pela cessão a título precário de parte dos seus edifícios. Os novos cursos, com 480 alunos no primeiro ano, iniciaram-se no dia 1 de agosto, depois das provas de habilitação."[13]

O PRESIDENTE JOÃO GOULART PRESIDE A SOLENIDADE DE INAUGURAÇÃO DA FEI

---

[13] "Goulart Esteve em S. Paulo". São Paulo, *O Diário Popular,* (21 ago. 1963), [p. 1.].

O Presidente da República esteve ontem em São Paulo, tendo desembarcado na base de Cumbica. Em São Bernardo do Campo, presidiu a solenidade da inauguração da Faculdade de Engenharia Industrial. O chefe do governo assistiu à cerimônia da inauguração da 14ª Escola SENAI e recebeu, na Câmara Municipal, o título de cidadão São-Bernardense. Na Capital, Goulart inaugurou a agência do BNDE, na Praça da Sé. Foi o presidente da República homenageado pelos sargentos na sede da *Maison Suisse*. João Goulart e comitiva jantaram na residência do ministro Carvalho Pinto, no Morumbi, e por volta das 23 horas rumaram para Congonhas, de onde regressaram a Brasília. Em todos os pronunciamentos que fez, o presidente da República insistiu nas reformas de base. Na gravura, flagrante colhido em São Bernardo do Campo quando da inauguração da Faculdade de Engenharia Industrial.[14]

As instalações foram preparadas em um pavilhão da Escola Técnica Industrial — ETI, na cidade de São Bernardo do Campo, cedido a título precário pelo prefeito daquela cidade, senhor Lauro Gomes, que foi um grande benfeitor da Faculdade de Engenharia Industrial. No biênio de 1963/1964 a Faculdade de Engenharia Industrial investiu, por meio de doações e subvenções, a importância de Cr$834.000.000,00 (oitocentos e oitenta e quatro milhões de cruzeiros), sendo Cr$302.000.000,00 (trezentos e dois milhões de cruzeiros) nas novas instalações (terreno e construção) no Recanto Santa Olímpia, em São Bernardo do Campo, e Cr$582.000.000,00 (quinhentos e oitenta e dois milhões de cruzeiros) na aquisição de equipamentos importados da Alemanha. O corpo discente da FEI estava aumentando de forma significativa, em função da criação do curso operacional, como mostra o quadro seguinte:[15]

ANOS	INDUSTRIAIS	OPERACIONAIS
1961	250	0
1962	410	0
1963	560	480
1964	700	1060

---

[14] "Goulart Esteve em S. Paulo". São Paulo, O Diário Popular, (21 ago. 1963), [p. 1.].

[15] Extraído da carta do professor Joaquim Ferreira Filho ao professor Deolindo Couto, presidente do Conselho Federal de Educação. São Paulo, 20 de agosto de 1964.

Houve, no entanto, grande oposição à proposta de se criar os cursos de Engenharia de Operação, por parte dos órgãos ligados aos cursos de Engenharia tradicional, o que obrigou o diretor do ensino superior, no mês de agosto de 1964, a nomear a primeira "Comissão de Especialistas de Ensino de Engenharia" para estudar o problema. Essa comissão, que era formada por "engenheiros plenos", concluiu por unanimidade que deveria ser imediata a implantação dos cursos de Engenharia de Operação, destinando para esse fim, praticamente, toda a verba dos exercícios de 1964 a 1966 da Diretoria do Ensino Superior. Foram tomadas providências adicionais para a legalização desse curso, o que foi garantido pelos decretos nº 5.7075, de 15/10/1965[16], decreto-lei nº 241, de 28/02/1967, e decreto-lei nº 60.925, de 28/02/1967. O decreto-lei nº 241, de 28/02/1967, estabelecia:

> O presidente da República, usando da atribuição que lhe confere o artigo 9º, parágrafo 2º do Ato Institucional nº 4, de 7 de dezembro de 1966, decreta: Artigo 1º: Os engenheiros de operação, diplomados em cursos superiores legalmente instituídos, com duração mínima de três anos, ficam, para todos os efeitos, incluídos entre os profissionais que têm o exercício das suas atividades regulado pela lei número 5.194, de 24 de dezembro de 1966. Artigo 2º: Este decreto-lei entrará em vigor na data da sua publicação, revogadas as disposições em contrário. Brasília, 28 de fevereiro de 1967: 146º da Independência e 79º da República. H. Castelo Branco. Raymundo Moniz de Aragão.[17]

A Fundação Ford, atendendo a um pedido do Ministério da Educação e Cultura, no mês de agosto de 1964, patrocinou uma pesquisa, incumbindo três educadores técnicos norte-americanos de levantarem as necessidades de mão de obra na indústria brasileira. Essa equipe visitou diversas indústrias, escolas de engenharia, escolas técnicas e centros de treinamento, como o SENAI, nas áreas industriais, entrevistou e manteve contato com líderes dos ensinos industrial, técnico e de engenharia. O relatório apresentado pelos pesquisadores norte-americanos recomendava que houvesse uma elevação do nível de ensino dos cursos técnicos e que fossem criados cursos de formação de engenheiros de operação.

---

[16] Publicado no Diário Oficial da União de 20 de outubro de 1965.

[17] Extraído do Diário Oficial da União de 28 de fevereiro de 1967.

Ao tomar conhecimento desse relatório, a Fundação Ford prontificou-se a criar um curso de Engenharia de Operação na Escola Nacional de Engenharia da Universidade do Brasil, na cidade do Rio de Janeiro, utilizando as instalações da Escola Técnica Federal Celso Suckow da Fonseca, mediante o fornecimento de equipamento e orientação técnica, no valor de US$800.000,00. O projeto da Fundação Ford somente foi concretizado no ano de 1966, quando foram implantados nessa escola técnica os cursos de Engenharia de Operação. Dessa maneira, a formação de profissionais para a indústria em cursos de nível superior de curta duração também fora implantada na cidade do Rio de Janeiro. Conforme previsto, os cursos foram realizados em convênio com a Universidade Federal do Rio de Janeiro para efeito de colaboração do corpo docente e expedição de diplomas.[18]

A Fundação Ford também patrocinou em 1968 uma outra pesquisa sobre os cursos de Engenharia de Operação que haviam sido criados. Após terem sido analisados os quatorze cursos oferecidos pelas nove instituições de ensino, os técnicos chegaram à conclusão de que havia ainda necessidade de se criar mais cursos de Engenharia de Operação, com a finalidade de se atingir uma proporção mínima desejável entre "engenheiros operacionais" e "engenheiros tradicionais".

Considerando esse fato, a Fundação Ford propôs a criação de cursos de Engenharia de Operação em escolas técnicas federais, o que foi aprovado pelo decreto nº 547, de 18/04/1969. Para essa implantação, essa Fundação destinou uma verba de US$74.000,00 e conseguiu do Banco Mundial e de outras entidades financeiras uma verba no valor de US$5.691.466,00, destinada à construção das instalações. Esses cursos foram instalados nas escolas técnicas federais localizadas nas cidades de Belo Horizonte, Curitiba e na Guanabara. A Escola Técnica Federal de São Paulo, apesar de ter recebido todo o equipamento necessário para esse curso e com o prédio já em fase final de acabamento, ainda aguardava nessa época a autorização do Conselho Federal de Educação.

A implantação dos cursos de Engenharia de Operação tinha exigido grandes investimentos em instalações e material didático, e tais cursos funcionavam satisfatoriamente. A aceitação pela indústria era a melhor possível, segundo a

---

[18] Centro Federal de Educação Tecnológica Celso Suckow da Fonseca. Veja o site: http://www.cefet-rj.br/instituicao/instituicao2.htm, 9 de fev. 2006.

Comissão de Especialistas do Ensino da Engenharia. No caso da Faculdade de Engenharia Industrial, a aceitação dos seus formandos em Engenharia de Operação tinha um resultado acima da expectativa. Havia um deficit desses profissionais, em face da grande demanda da indústria, e comumente se encontravam anúncios em jornais solicitando esse tipo de engenheiro.

Os cursos de Engenharia de Operação, no entanto, foram muito combatidos, por meio de campanhas promovidas por instituições que ministravam apenas os cursos de Engenharia tradicional e que se sentiam incomodadas por ter que concorrer com cursos de menor duração e que poderiam ser mais atrativos. A própria criação dos cursos de tecnologia, na área da Engenharia, parece não ter sido cercada dos mesmos cuidados que foram exigidos para a abertura dos cursos de Engenharia de operação. Uma primeira tentativa de combate ocorreu já no ano de 1964, quando se tentou eliminar o título de "engenheiro" do engenheiro de operação. Outra tentativa, agora formal, aconteceu no ano de 1965, quando foi publicado o parecer do decreto-lei nº 862/65, do Conselho Federal de Educação, que sugeria a mudança do nome "Engenharia de Operação" para "técnico em Engenharia de Operação". Esse parecer, apesar de ter sido aprovado, não foi homologado pelo Ministro da Educação.

Essas campanhas contra a Engenharia de Operação não se limitaram apenas às tentativas descritas, pois encontramos um relatório do professor Joaquim Ferreira Filho, datado de 29 de abril de 1976, em que ele declarava textualmente que essa campanha tendia a aumentar, uma vez que naquela época não existia praticamente mercado de trabalho para o engenheiro tradicional, a não ser em casos de docência e outros casos ligados mais à Engenharia Civil. Na área industrial, a função de engenheiro tradicional ficava limitada à aplicação do know-how, sem possibilidade de criar ou efetuar novas pesquisas. Dessa forma, o engenheiro tradicional continuava trabalhando em nível intermediário, com rendimento até inferior ao engenheiro operacional, que tinha uma formação mais direcionada para a prática. Havia, segundo o professor Ferreira Filho, muitos exemplos de situações em que, em um mesmo departamento, engenheiros tradicionais estavam subordinados a engenheiros de operação.[19] Na verdade, apesar de todas as controvérsias, defendido por uns e criticado por outros, infelizmente o curso de Engenharia de Operação já estava com os seus dias contados.

---

[19] Relatório do professor Joaquim Ferreira Filho, datado de 29 de abril de 1976.

A EXTINÇÃO DO CURSO DE ENGENHARIA OPERACIONAL

O Conselho Federal de Educação publicou duas resoluções relativas ao curso de Engenharia de Operação, no ano de 1977: a primeira, de número 5/77, foi aprovada no dia 25 de fevereiro e revogava o currículo mínimo do curso de Engenharia de Operação, e a segunda, de número 5-A/77, foi aprovada no dia 2 de maio de 1977 e extinguia o curso de Engenharia Operacional.[20]

O curso de Engenharia de Operação foi extinto em virtude da reformulação feita pelo Conselho Federal de Educação no ensino da Engenharia. A comissão de especialistas do Ministério da Educação e Cultura, após estudos e consultas às escolas e indústrias, resolveu considerar apenas dois tipos de engenheiros: o engenheiro pleno e o engenheiro industrial, cujos cursos deviam atender aos novos currículos mínimos de Engenharia previstos na resolução 48/76. A Engenharia Industrial deveria ter maior ênfase na parte prática especializada, fixada pela resolução 04/77, com maior carga horária nos laboratórios de disciplinas específicas de especialização e com estágio industrial supervisionado.

Dentro do meio acadêmico da Faculdade de Engenharia Industrial, houve uma série de manifestações dos corpos docente e discente em relação à extinção do curso de Engenharia de Operação. O professor Luiz Mauro Rocha, chefe do Departamento de Matemática, enviou uma carta ao professor Paulo Mathias, diretor da Faculdade de Engenharia Industrial, no dia 3 de maio de 1977, em que expunha, em uma série de razões e sugestões, toda a sua indignação:

> A criação dos cursos de Engenharia Operacional em 1963 pretendia ser a melhor solução para o preenchimento do vazio existente entre o nível técnico secundário e o engenheiro tradicional. Após uma década, já se sentia a "derrota" desse sistema, pelos seguintes motivos: a) desprestígio social do título de engenheiro operacional; b) pressão dos engenheiros tradicionais, em defesa de privilégios "usurpados por esses subengenheiros", impossibilitando o seu ingresso em grandes firmas industriais; c) esvaziamento de atribuições pelo CONFEA[21]; d) atitudes do CREA[22], no registro dos profissionais; e) criação dos cursos de tecnólogos, sem o título de engenheiros e as mesmas atribuições

---

[20] FEI — Documentação de 1946 a 1981, p. 16.

[21] Conselho Federal de Engenharia e Arquitetura.

[22] Conselho Regional de Engenharia e Arquitetura.

dos engenheiros operacionais. [...] A comissão nomeada pelo MEC e constituída de engenheiros de várias regiões do país, após um trabalho de mais de dois anos, levou o Conselho Federal de Educação à promulgação da portaria 48, com a seguinte diretriz básica: a) manter os cursos de tecnologia, em nível superior, para a formação de técnicos no citado nível intermediário; b) fixar o número mínimo de 3.600 horas para a formação do engenheiro; c) qualificar como engenheiro industrial o graduado em modalidades amplas, tais como o químico, o mecânico, o eletricista, metalúrgico, civil etc., mas dirigidos para determinados setores dessas modalidades, de acordo com as necessidades regionais ou do mercado de trabalho; d) a primitiva ideia da separação entre engenheiro industrial e engenheiro de operação parece ter sido omitida ou mesmo abandonada em definitivo. [...]

O padre Aldemar Moreira, S. J, presidente da Fundação de Ciências Aplicadas, enviou ao padre José Vieira de Vasconcelos, presidente do Conselho Federal de Educação, no dia 17 de agosto de 1977, o ofício P-646/77, com os seguintes dizeres:

Senhor presidente: A Fundação de Ciências Aplicadas, mantenedora da Faculdade de Engenharia Industrial de São Bernardo do Campo — São Paulo, tendo em vista o disposto no artigo 3º da resolução nº-5-A/77, de 02 de maio de 1977, do egrégio Conselho Federal de Educação, submete à aprovação desse conselho a decisão de extinguir o atual curso de Engenharia de Operação, remanejando as vagas correspondentes para o curso de Engenharia em suas diversas habilitações. Esta decisão foi aprovada por unanimidade na sessão de Congregação dos Professores da Faculdade de Engenharia Industrial realizada em 22 de junho de 1977. Pede vênia para informar que os documentos que deverão acompanhar esta comunicação serão enviados oportunamente, pois que seu atual curso de Engenharia está sendo revisto para atender o disposto nas resoluções nº 48/76, 50/76, 9/77 e 10/77 e parecer nº 1.590/77 desse egrégio Conselho. Atenciosamente. Padre Aldemar Moreira.

Após a extinção do curso, os alunos remanescentes passaram por uma fase de transição acadêmica, pois tinham adquirido o direito de completá-lo. A faculdade foi obrigada a oferecer turmas de disciplinas que não mais existiam, caso houvesse alunos reprovados. Além disso, esses alunos podem ter sido submetidos a constrangimentos, seja pela desvalorização do seu diploma ou pela eventual discriminação que poderiam sofrer dos seus colegas do curso de Engenharia Industrial.

Desde a sua criação até o término do curso pelo seu último aluno, no ano de 1982, a Faculdade de Engenharia Industrial entregou para a sociedade um total de 4.489 (quatro mil, quatrocentos e oitenta e nove) engenheiros operacionais.[23]

REFERÊNCIAS

CENTRO UNIVERSITÁRIO FEI — FUNDAÇÃO EDUCACIONAL INACIANA PADRE SABÓIA DE MEDEIROS. *Mecânica Automobilística 40 Anos*. São Paulo, PCE — Projetos, Comunicação e Editora Ltda, 2003.

FACULDADE DE ENGENHARIA INDUSTRIAL. *Atas da Congregação dos Professores*, 1946–1999.

_____. *Atas do Conselho Técnico Administrativo e do Conselho Departamental*. 1946–1978.

_____. *FEI — Documentação de 1946 a 1981*. São Paulo, Assessoria Técnica e Editorial da Diretoria da FEI, agosto de 1982.

FERREIRA FILHO, J. *FEI — 50 Anos (1946-1996) — Uma Cronologia*. São Paulo, MHW Gráfica e Editora, 1999.

LORETO JR, A. P. A Faculdade de Engenharia Industrial: Fundação, Desenvolvimento e Contribuições para a Sociedade na Formação de Recursos Humanos e Tecnologia — 1944 — 1985. Tese de Doutoramento. PUC-SP. 2008.

TELLES, S. S. "Um Projeto Populista para o Ensino: A Universidade do Trabalho", *Revista Educação & Sociedade*, I (3, 1979): pp. 95–110.

---

[23] Dados fornecidos pela Secretaria Escolar do Centro Universitário FEI.

Parte IV

Conexão Entre o Aprendizado de Matemática e as Demais Áreas do Conhecimento na Educação Superior de Matemática

Fábio Gerab

Júlio César Dutra

Tiago Estrela de Oliveira

Antonio Carlos Gracias

Capítulo 9

Utilização de Métricas Acadêmicas no Aprimoramento de Cursos de Graduação

Fábio Gerab

INTRODUÇÃO

Entender os processos de ensino e de aprendizagem característicos de cursos específicos ou mesmo da própria instituição é fundamental para o aprimoramento das metodologias de ensino empregadas, da articulação entre distintos conteúdos abordados ou até mesmo para o aprimoramento dos Planos Pedagógicos dos Cursos.

São muitas as possibilidades de análise desses processos. Essas análises podem ser realizadas em avaliações externas ou em avaliações internas, realizadas pelos próprios professores do curso, pelos coordenadores, chefes de departamento, Comissão Própria de Avaliação, Reitoria etc.

Neste capítulo buscou-se destacar a importância e a utilidade de se incorporar a essas avaliações uma análise sistemática das informações acadêmicas disponíveis nas instituições de ensino. Essas informações, caracterizadas tanto pela estruturação específica de um curso ou de sua área de conhecimento quanto por métricas de desempenho acadêmico, quando tratadas de forma adequada, evidenciam comportamentos e indicam caminhos para a contínua melhora do processo pedagógico. Como exemplos dessas análises e dos caminhos de melhora dos cursos por elas indicados, exploraremos a seguir quatro abordagens distintas.

Primeiro discutiremos os resultados de um trabalho (GERAB et al., 2014) que discute as inter-relações entre as distintas componentes curriculares do curso de Ciência da Computação e como esse conhecimento auxiliou na elaboração de um novo Plano Pedagógico do curso.

Na sequência, discutiremos como interdependências entre as componentes curriculares se manifestam no início de cursos de Engenharia e como o seu conhecimento permite o estabelecimento de estratégias que busquem explorar as sinergias existentes no aprendizado simultâneo de conteúdos físicos e matemáticos (GERAB; VALÉRIO, 2014).

Como se verifica nos trabalhos anteriores, o inter-relacionamento entre distintos conteúdos, quando não considerado, agrava as situações de insucesso acadêmico. Tal insucesso muitas vezes leva à evasão escolar. Monitorar as taxas de evasão e de titulação institucionais e em diferentes cursos mostra-se de vital importância. Em geral esse monitoramento exige o acompanhamento dos estudantes por longos períodos, e as instituições de ensino têm dificuldades em fazê-lo. Assim, apresentamos uma nova metodologia de cálculo da titulação e das taxas de evasão, de maneira a torná-las mais acessíveis às instituições de ensino (GERAB, 2016).

Quando da estruturação do Plano Pedagógico de um curso, a definição apropriada dos conteúdos matemáticos a serem abordados passa pela análise das competências e habilidades, tanto hoje quanto no futuro, necessárias para o adequado desempenho profissional. Visando avaliar tendências no uso de estatística discutiremos um levantamento sobre as principais técnicas estatísticas utilizadas em pesquisas publicadas no Brasil, na área de administração, ao longo de dez anos (GEYER; GERAB, 2012).

Dessa forma, se pretende destacar como o monitoramento e a análise adequada de informações institucionais permitem diagnosticar as principais características de um curso, bem como identificar necessidades de adequação tanto pedagógicas como curriculares.

Análise das Interações Curriculares em um Curso de Ciência da Computação: Buscando Subsídios para Aprimoramento Curricular (GERAB et al., 2014)

O curso de Bacharelado em Ciência da Computação na IES de vinculação deste autor é ministrado no período noturno desde 1999, com a duração de quatro anos, distribuídos em oito ciclos, tendo carga semanal variando entre 20 e 24 aulas de 50 minutos. Como em qualquer curso, é sabido que o desenvolvimento científico e tecnológico tem provocado mudanças nas necessidades de formação profissional. A crescente complexidade tecnológica exige o desenvolvimento de competências, como capacidade de análise e síntese, habilidade de resolução de problemas, rapidez na atuação, comunicação, habilidade de trabalhar em grupo, versatilidade no uso da linguagem, habilidade para enfrentar desafios, flexibilidade frente a mudanças e capacidade de autoaprendizagem (KUENZER, 2001). A proposta curricular no ensino superior deve mudar de uma formação especializada para uma formação generalista. Assim, é importante considerar que o modelo de currículo a ser implementado em uma instituição reflete, de certa forma, o profissional que se pretende formar (LÜCK, 2002).

Como muitos cursos de graduação, este apresenta uma organização curricular de base disciplinar. Essa estrutura parece, em muitos casos, mostrar-se cômoda e útil ao conceder uma ordem lógica e linear aos conteúdos curriculares. Entretanto tem sido descrita como facilitadora da fragmentação do conhecimento e estimuladora da especialização de funções (MORGADO, 2009). A superação desse modelo que resulte em um processo de mudança deve estar alicerçada por evidências sistemáticas identificadas no cenário institucional. Nesse sentido, identificam-se as seguintes questões quanto ao curso de Ciência da Computação:

- O desempenho do aluno em uma disciplina interfere no seu resultado em outras?

- Existe correlação entre a nota obtida em determinadas disciplinas e o tempo necessário para a conclusão do curso?

- A classificação do estudante no exame vestibular interfere no seu desempenho no curso?

Na busca de repostas, o presente trabalho tem por objetivo caracterizar e discutir as interações curriculares em um curso de Ciência da Computação a partir do desempenho dos estudantes egressos, pois, embora exista a influência das competências específicas de cada aluno e do real conhecimento por ele adquirido em uma dada disciplina nos resultados em etapas posteriores do curso, ainda é possível buscar padrões de dependência no desempenho em grupos de disciplinas por meio de uma análise estatística apropriada. Para tanto, desenvolveu-se uma metodologia de análise que possibilita aplicar análises multivariadas aos dados de desenho acadêmico dos alunos.

Analisou-se o banco de dados referente ao desempenho nas diferentes disciplinas para os egressos das dez primeiras turmas do curso. Foram excluídos da análise os estudantes que cursaram apenas parte do curso na instituição ou que pediram equivalência em disciplinas, totalizando dados de 335 alunos que cursaram todas as 45 disciplinas do curso de Ciência da Computação. Estas se encontram codificadas como mostrado no Quadro 1, onde estão as distintas disciplinas do curso ministradas em cada um de seus oito ciclos, bem como sigla doravante utilizada para representá-las nas próximas etapas deste capítulo.

Na análise foram utilizadas as notas efetivas de aprovação, isto é, a nota de aprovação obtida na disciplina dividida pelo número de vezes em que ela foi cursada. Esse procedimento permite considerar a real dificuldade do aluno em obter a sua aprovação em cada uma das disciplinas cursadas, e não somente a sua nota. A análise incluiu também a colocação obtida pelo estudante no exame de ingresso e a duração total, em semestres, até a conclusão do curso pelo aluno. O fato de estarmos trabalhando com graduados dispensou o tratamento dos valores faltantes, uma vez que existem notas de aprovação para todas as disciplinas consideradas.

Como ferramenta de análise, foi utilizada a Análise de Componentes Principais (ACP) conjuntamente à Análise de Agrupamento Hierárquico (AAH) (HAIR JUNIOR et al., 2005). Esses métodos têm se mostrado eficazes na identificação de relações entre grupos de variáveis com alto grau de complexidade e vêm sendo aplicados em distintas áreas do conhecimento.

As análises foram executadas de maneira cumulativa, ciclo a ciclo, ou seja, primeiramente estudou-se a interação entre todas as disciplinas do primeiro ciclo, em seguida foram adicionadas as disciplinas do segundo ciclo na análise e novamente verificaram-se as correlações entre elas, e assim sucessivamente. Tal procedimento permite visualizar a interação entre as disciplinas do curso na mesma ordem que a cursada pelo aluno. A primeira análise utilizou as disciplinas do primeiro ciclo do curso. Somente uma componente principal, capaz de explicar 57% da variabilidade das notas, foi retida.

Quadro 1: Disciplinas do curso de Ciência da Computação e suas abreviações

Disciplinas do curso de Ciência da Computação					
	Sigla	Nome		Sigla	Nome
1° Ciclo	Calc1	Cálculo Diferencial e Integral I	**2° Ciclo**	Calc2	Cálculo Diferencial e Integral II
	GA1	Geometria Analítica I		GA2	Geometria Analítica II
	Fis1	Física I		Fis2	Física II
	Alg1	Computação e Desenvolvimento de Algoritmos I		Alg2	Computação e Desenvolvimento de Algoritmos II
	CExp1	Comunicação e Expressão I		CExp2	Comunicação e Expressão II
3° Ciclo	Calc3	Cálculo Diferencial e Integral III	**4° Ciclo**	Calc4	Cálculo Diferencial e Integral IV
	AlCn1	Álgebra Linear e Cálculo Numérico I		AlCn2	Álgebra Linear e Cálculo Numérico II
	Tdig1	Técnicas Digitais I		Tdig2	Técnicas Digitais II
	Tprg1	Linguagens e Técnicas de Programação I		Tprg2	Linguagens e Técnicas de Programação II
	SoAd1	Sociologia Aplicada à Administração I		SoAd2	Sociologia Aplicada à Administração II
				Filos	Filosofia da Ciência e Tecnologia

(continua)

(continuação)

Disciplinas do curso de Ciência da Computação					
	Sigla	Nome		Sigla	Nome
5° Ciclo	ProEst	Probabilidade e Estatística	**6° Ciclo**	Compil	Compiladores
	AlgCom	Algoritmos Computacionais		PesqOp	Pesquisa Operacional
	SisOp1	Sistemas Operacionais I		SisOp2	Sistemas Operacionais II
	EngSoft1	Engenharia de Software I		EngSoft2	Engenharia de Software II
	Redes1	Redes de Computadores I		Redes2	Redes de Computadores II
	ArqCom1	Arquitetura de Computadores I		ArqCom2	Arquitetura de Computadores II
7° Ciclo	SimSi1	Simulação de Sistemas I	**8° Ciclo**	SimSi2	Simulação de Sistemas II
	Bdados1	Banco de Dados I		Bdados2	Banco de Dados II
	Cgraf	Computação Gráfica		HiMid	Hipermídia
	IntArt	Inteligência Artificial		AdInf	Administração da Tecnologia da Informação
	AnaSis	Análise de Sistemas		AdSist	Administração para Analistas de Sistemas
	Pform1	Projeto de Formatura I		Pform2	Projeto de Formatura II

A retenção de uma única componente, quando da análise das disciplinas do primeiro semestre, evidencia certa consistência no desempenho do aluno no início do curso, isto é, os alunos apresentaram melhor (ou pior) desempenho no conjunto das disciplinas do ciclo.

Dando continuidade à análise acrescentaram-se as disciplinas do segundo ciclo. Dessa maneira foi possível averiguar as eventuais alterações na correlação do desempenho nas disciplinas do primeiro ciclo concomitantemente ao desempenho nas disciplinas do segundo ciclo. Nessa nova condição a ACP reteve duas componentes que, conjuntamente, explicaram 63% da variabilidade do conjunto das notas. A primeira componente retida manteve cargas fatoriais elevadas para as disciplinas ligadas à Matemática, à Física e à Programação. Esses resultados apontam para uma forte dependência no desempenho dessas disciplinas iniciais do curso com denso conteúdo lógico e matemático. Já a segunda componente retida associou-se às disciplinas Comunicação e Expressão I e II, disciplinas estas que atuam tanto na estruturação da língua portuguesa como na elaboração e interpretação de textos. Percebe-se que já no segundo ciclo inicia-se um processo de diferenciação entre desempenhos em conjuntos distintos de disciplinas, cada um definido por suas afinidades de conteúdos e abordagens. Analogamente, foram realizadas ACP agregando novas disciplinas a cada ciclo. Ao final do último ciclo o modelo reteve nove componentes. Para esse modelo, a medida de adequação da amostra KMO (HAIR JUNIOR et al., 2005) de 0.937 indicou uma excelente adequação dos dados à ACP. Esse modelo explicou mais de 63% da variabilidade do conjunto total dos dados originais.

Pela análise das cargas fatoriais das variáveis sobre as componentes retidas, após a rotação Varimax, percebe-se que, por exemplo, as disciplinas relacionadas à Matemática e à Física têm cargas altas na primeira componente. Da mesma maneira, as disciplinas Computação e Desenvolvimento de Algoritmos I e II, Linguagens e Técnicas de Programação I e II e Banco de Dados I e II apresentam cargas fatoriais elevadas na segunda componente. Outras relações podem ser observadas para as demais componentes. A primeira componente relacionada com as nove disciplinas de Matemática, duas de Física e três disciplinas de Computação, com forte raciocínio lógico, foi denominada de Básicas. Seguindo o mesmo raciocínio, as demais componentes foram denominadas por: Lógica de Programação; Ciências Computacionais; Sistemas e Informação; Hipermídia e Compiladores; Sistemas e Redes; Humanidades; Banco de Dados; Comunicação. O agrupamento das disciplinas seguiu, com boa aproximação as suas semelhanças de conteúdo, mostrando a estrutura do curso segundo a percepção do aluno, a partir do seu real desempenho.

Quando as variáveis *colocação* (classificação do aluno no exame de ingresso) e *duração* (tempo em semestres necessários ao aluno até a conclusão do curso) foram introduzidas na análise, o novo modelo de ACP reteve 10 componentes. As comunalidades associadas às variáveis *duração* e *classificação* foram, respectivamente, 70 e 53%. Para evitar correlações negativas, as variáveis *duração* e *colocação* sofreram uma inversão de sinal, pois, quanto maior a duração do curso e maior a colocação no exame de ingresso, espera-se um pior desempenho do aluno no conjunto das disciplinas. A variável *duração* associou-se fortemente à primeira componente, formada pelas disciplinas básicas.

Esse resultado indica que são essas as disciplinas básicas que impõem ao aluno as maiores dificuldades, muitas vezes resultando em reprovações sucessivas. Após obter a aprovação nessas disciplinas associadas à componente principal denominada de Básicas, o aluno passa a enfrentar dificuldades menores para a conclusão bem-sucedida de seu curso. Já a variável *colocação*, que no início do curso estava correlacionada com o desempenho nas disciplinas básicas, vai gradativamente se diferenciando do desempenho nas disciplinas. Ao final do curso, quando todas as disciplinas foram cursadas, a variável *colocação*, embora ainda fracamente correlacionada com as disciplinas básicas do primeiro ciclo, apresenta-se com um comportamento bastante independente. Esse comportamento acaba por definir a décima componente principal, indicando que a colocação obtida no exame de ingresso tem sua importância para o desempenho acadêmico diminuída ao longo do curso. Os resultados obtidos corroboram a ideia de que, ao final do curso, os alunos egressos realmente têm um grau de conhecimento muito mais homogêneo quando comparado a seu momento de ingresso no curso.

Os resultados ora apresentados forneceram subsídios para uma adequação do Plano Pedagógico. A título de exemplo, constatou-se que as disciplinas Técnicas Digitais I e II apareceram fortemente relacionadas às disciplinas básicas, enquanto se esperava uma associação com as disciplinas de Arquitetura de Computadores. Além disso, as disciplinas de Arquitetura de Computadores I e II posicionaram-se em componentes distintos (componentes Ciências Computacionais e Banco de Dados, respectivamente). Diante disso os conteúdos programáticos das disciplinas Técnicas Digitais I e II foram reorganizados em duas novas disciplinas. Um segundo exemplo envolveu as disciplinas de Banco de Dados I e II. Esperava-se observar essas disciplinas articuladas com disciplinas de ciclos mais adiantados do curso, entretanto essas disciplinas não só apareceram associadas à componentes distintos como também Banco de Dados I apareceu associada às disciplinas iniciais de algoritmos. Essa discrepância pode ser atribuída ao fato de as disciplinas Banco de Dados I e II estarem alocadas nos ciclos finais do curso. Assim, outras disciplinas que poderiam explorar, de forma articulada, os conteúdos pertinentes a Bancos de Dados não o faziam, pois estavam alocadas em ciclos anteriores. Dessa forma, na nova ordenação do Plano Pedagógico ambas as disciplinas Banco de Dados I e II foram realocadas em ciclos intermediários.

Por meio do estudo aqui relatado foi possível, baseando-se nos reais desempenhos acadêmicos dos alunos egressos, evidenciar a estruturação do curso sob a percepção desses alunos. Desses grupos destaca-se o grupo denominado Básicas, contendo as disciplinas de Matemática e Física, além de disciplinas de Computação com forte raciocínio lógico. A forte associação entre as disciplinas de Matemática e de Física indica seu alto grau de articulação interdisciplinar. O fato de o tempo necessário para a conclusão do curso se associar a estas disciplinas demonstra como são estas as disciplinas que, em geral, impõem ao aluno as maiores dificuldades. Depois de obtidas as aprovações nas disciplinas básicas, o curso tende a seguir seu ritmo natural, sem reprovações sistemáticas nas disciplinas específicas da área de Computação. Tal fato contribui para o entendimento de que estas disciplinas básicas fornecem subsídios importantes para a compreensão e a intervenção na prática do profissional de computação. Esse embasamento teórico confere ao profissional a fundamentação científica para as suas ações, instrumentalizando-o para compreender os crescentes avanços do campo de conhecimento onde atua.

Quanto à classificação no vestibular, observou-se uma correlação com o desempenho das disciplinas do curso apenas no seu início. Tal fato corrobora a percepção de que, mesmo um aluno não tão bem classificado no exame de ingresso, quando é capaz de superar as dificuldades impostas pelo curso, muitas vezes à custa de algumas reprovações, ao final do curso tem um perfil de desempenho semelhante ao dos demais alunos egressos.

Relação Entre o Desempenho em Física e o Desempenho em Outras Disciplinas da Etapa Inicial de um Curso de Engenharia (Gerab; Valério, 2014)

É conhecido que muitos dos alunos têm dificuldade na compreensão dos fenômenos físicos. Apesar de este problema adquirir maiores contornos nos níveis mais básicos de instrução, ele também se verifica no ensino superior. O elevado número de reprovações em Física e em Matemática nos vários níveis de ensino e em vários países, comprova a grande dificuldade que os alunos têm na aprendizagem dessa ciência.

Os ciclos iniciais de um curso em ciências exatas são os que impõem ao aluno os maiores desafios. Esses desafios, relacionados às dificuldades inerentes ao ingresso no ensino superior (CUNHA; CARRILHO, 2005), contribuem para a ocorrência de elevados índices de reprovação, principalmente nas disciplinas com conteúdos matemáticos, físicos e computacionais.

Não bastassem as dificuldades adaptativas inerentes ao ingresso no ensino superior, os estudantes de cursos de Engenharia muitas vezes se defrontam com dificuldades decorrentes das lacunas do seu conhecimento em Matemática e em Física deixadas por um ensino médio deficitário. Barbeta e Yamamoto (2002) aplicaram um teste adaptado do "Mechanics Baseline Test" (MTB) entre alunos ingressantes no ciclo básico de um curso de Engenharia, visando levantar as principais dificuldades conceituais em Física no tópico de mecânica clássica. Embora exista uma forte interdependência entre Física e Matemática e que se observe, ao longo dos anos, uma gradual diminuição na capacidade de uso de ferramental matemático por parte dos alunos que ingressam no curso superior, os autores concluíram que não é somente a falta desse ferramental o grande obstáculo para um bom desenvolvimento desses alunos. Os resultados da aplicação do MBT confirmaram a grande deficiência em relação aos conceitos básicos de Física. Diversos trabalhos têm buscado propostas direcionadas à mitigação dessas dificuldades. Segundo Sobrinho et al. (2005), ingressantes em cursos de engenharia com sérias deficiências em Matemática sofrem influência no rendimento em disciplinas como Cálculo Diferencial e Integral, além de outras disciplinas, como Física e Química. Essa dificuldade contribui para o aumento da evasão e na retenção de alunos nos cursos de Engenharia (OLIVEIRA et al., 2012).

A introdução de componentes curriculares que permitam abordar os temas de Matemática e de Física por meio do imbricamento desses conteúdos em atividades práticas foi proposto por Quartieri et al. (2012). Segundo Pietrocola (2002), a ciência vale-se da Matemática para expressar seu pensamento. Na Física, o emprego da Matemática torna-se um critério de cientificidade, pois a incapacidade de expressar propriedades de sistemas em linguagem matemática inviabiliza o próprio debate científico. A Matemática está hoje alojada de forma definitiva no seio da Física, servindo de linguagem para esta. Ao colocar a relação entre Física e Matemática neste patamar, a Matemática deixa de ser uma mera ferramenta descritiva para a Física e assume a própria expressão do pensamento físico. A Matemática, enquanto linguagem, empresta sua própria estruturação ao pensamento científico para compor modelos físicos sobre o mundo. Essas são, em última instância, estruturas conceituais que se relacionam ao mundo, mediadas pela experimentação (BUNGE, 1974).

Percebe-se que as discussões sobre o aprendizado de Física e sua relação com o aprendizado de Matemática apresentam elevada complexidade conceitual, não havendo ainda uma corrente hegemônica na área. Entretanto torna-se clara a ideia que, embora exista uma relação muito próxima entre conteúdos de Matemática e Física, o conhecimento do primeiro não é condição suficiente para o entendimento do segundo.

Buscando uma maior reflexão sobre as questões acima expostas, o presente trabalho tem por objetivo caracterizar as interações curriculares entre as disciplinas do primeiro ciclo de um curso de Engenharia, mensurando o relacionamento entre as disciplinas por meio de um modelo matemático para o desempenho acadêmico dos alunos ingressantes na disciplina de Física I e o desempenho acadêmico nas demais disciplinas do primeiro ciclo do curso.

Assim, estudar a relação entre os conteúdos tipicamente abordados no primeiro ciclo de um curso de Engenharia, por meio do desempenho dos estudantes, tendo o foco principal na disciplina inicial de Física, permite uma melhor compreensão das dificuldades do ingressante quando confrontado com este novo conteúdo.

Os cursos de Engenharia estudados, assim como muitos outros cursos de graduação, apresentam uma organização curricular de base disciplinar. Identificar e mensurar as interdependências entre os conteúdos apresentados em diferentes disciplinas do curso, por meio da análise conjunta dos indicadores de desempenho acadêmico, permite também investigar o grau de integração ou de fragmentação desses conteúdos percebido pelo aluno durante seu processo de aprendizagem.

Os cursos de Engenharia na instituição estudada são ministrados tanto no período diurno como no noturno, com duração de 10 e 12 semestres respectivamente. Nesse recorte apresentaremos apenas os resultados referentes aos cursos ministrados no período diurno. Estes cursos são compostos por um bloco comum de disciplinas, constituído pelos dois primeiros semestres. Estes cursos têm seu primeiro semestre constituído por sete disciplinas descritas abaixo, a saber: Cálculo Diferencial e Integral I (MA1110), Cálculo Vetorial e Geometria

Analítica (MA1210), Introdução à Computação (CC1410), Desenho Técnico (ME1110), Sociologia (CS1210), Física I (FS1110) e Educação Física (CS1510).

Buscou-se na base de dados da instituição o conjunto das notas dos alunos ingressantes nos cursos de Engenharia, durante o ano de 2011, tanto por meio do processo seletivo de janeiro como no de julho. Tomando um modelo em que se busca descrever o desempenho na disciplina Física I a partir do desempenho nas demais disciplinas do primeiro ciclo, utilizou-se a Regressão Linear Múltipla (RLM). A princípio, todas as disciplinas do primeiro semestre podem apresentar uma contribuição relevante para o desempenho em Física I, pois o ferramental matemático básico é revisitado e expandido em Cálculo Diferencial e Integral I, a noção de vetores é desenvolvida em Cálculo Vetorial e Geometria Analítica, o raciocínio lógico é trabalhado em Introdução à Computação, a visão espacial é desenvolvida em Desenho Técnico e a interpretação correta de enunciados poderia, a princípio, ser facilitada pela disciplina de Sociologia, que exige leitura e compreensão de textos. Educação Física não foi incluída na análise.

Na RLM busca-se descrever o comportamento de uma única variável métrica predita (desempenho em Física I) por uma combinação linear, estatisticamente significativa, de várias variáveis preditoras (desempenho nas demais disciplinas do primeiro ciclo). O grau de associação e a qualidade do ajuste linear da variável predita por um conjunto de outras variáveis são avaliados pelo coeficiente de determinação múltiplo ajustado R^2_{ajust}. A importância relativa de cada disciplina na explicação do desempenho em Física I é fornecida pelos coeficientes lineares reduzidos (β's reduzidos). Para todos os modelos utilizou-se um nível de significância de 0,05.

As análises estatísticas foram realizadas em separado para os ingressantes no início do ano e no meio do ano. Esse cuidado deveu-se à suposição de existência de diferenças sistemáticas entre os desempenhos dos alunos ingressantes nos processos seletivos de janeiro e julho. A partir do modelo de RLM foi possível determinar a importância relativa do desempenho nas distintas disciplinas do primeiro ciclo do curso para o desempenho em Física I.

Para os ingressantes no curso diurno em janeiro foram analisados os desempenhos de 759 estudantes. Os modelos de regressão RLM foram capazes de obter boas previsões das aprovações ou reprovações em Física I. Para o Modelo de RLM a estimativa de uma nota igual ou superior a 5,0 foi tomada como uma previsão de aprovação. A Tabela 1 apresenta a síntese dos resultados obtidos para os ingressantes em janeiro. Observa-se que o modelo final de regressão não inclui a disciplina Sociologia (CS1210), pois seu coeficiente, oriundo dos cálculos de regressão, não foi estatisticamente significativo. O modelo de Regressão Linear Múltipla alcançou 83,8% de acertos totais nas aprovações. Esse modelo mostrou que a disciplina Cálculo Vetorial e Geometria Analítica (MA1210) foi a que apresentou o maior impacto para o desempenho em Física I. Já o menor impacto, ainda que significativo, foi o da disciplina Desenho Técnico. Em relação à multicolinearidade, o Fator de Inflação da Variância (VIF) foi inferior a dez, corroborando para a consistência do modelo de Regressão Linear Múltipla encontrado (HAIR JUNIOR et al., 2005).

Tabela 1: Previsão de aprovação em Física I: alunos do diurno ingressantes no processo seletivo de janeiro de 2011 ($\alpha = 0,05$, modelo Backward Stepwise)

Modelo	% de acertos para alunos reprovados	% de acertos para alunos aprovados	% acertos totais	Qualidade do ajuste
RLM	89,5	81,9	83,8	R^2 ajustado= 0,773
Modelo	FS1110= 1,766 + 0,156 MA1110 + 0,306 MA1210 + 0,177 CC1410 + 0,113 ME1110 Betas reduzidos: $\beta 1$(MA1110)= 0,204; $\beta 2$(MA1210)= 0,409; $\beta 3$(CC1410)= 0,173; $\beta 4$(ME1110)= 0,120			Multicolinearidade: Máximo VIF= 3,280

A Tabela 2 mostra os resultados de regressão para os ingressantes no curso diurno em julho. Foram analisados os desempenhos de 245 estudantes. Para esse grupo de alunos a contribuição da disciplina Sociologia na explicação do desempenho em Física I foi estatisticamente significativa. O modelo obteve para as aprovações 89,1% de acertos totais. O modelo mostrou que a disciplina MA1210 permaneceu sendo a disciplina mais importante para explicar o desempenho de Física I.

De acordo com os resultados obtidos, a metodologia adotada para a modelagem de desempenho em Física I mostrou-se viável e consistente. Os resultados apontam que, mesmo em um curso de natureza disciplinar como o estudado, sobrevive uma forte relação entre os distintos conteúdos abordados na etapa inicial de um curso de Engenharia. Os modelos de RLM explicaram uma fração considerável da variabilidade das notas de Física I. Essa explicação variou de 62%, para os alunos do noturno ingressantes em julho, a 77%, para os alunos do diurno ingressantes em janeiro.

Embora várias disciplinas tenham se mostrado significativas para a explicação do desempenho em Física I, percebe-se que as disciplinas com maior relação com o desempenho em Física I foram Cálculo Diferencial e Integral I e Cálculo Vetorial e Geometria Analítica, esta última sempre tendo a maior importância para esse desempenho. Tal fato reforça a forte conexão entre os conceitos matemáticos de vetor e suas propriedades e a sua correta aplicação para o entendimento dos conceitos físicos envolvidos no estudo da cinemática e da dinâmica, abordados em Física I.

Tabela 2: Previsão de aprovação em Física I: alunos do diurno ingressantes no processo seletivo de julho de 2011 (α= 0,05, modelo Backward Stepwise)

Modelo	% de acertos para alunos reprovados	% de acertos para alunos aprovados	% acertos totais	Qualidade do ajuste
RLM	93,9	84,3	89,1	R^2 ajustado= 0,618
Modelo	FS1110= 0,398 + 0,318 MA1110 + 0,366 MA1210 + 0,148 CC1410 + 0,088 ME1110 + 0,170 CS1210 Betas reduzidos: $\beta1$(MA1110)= 0,331; $\beta2$(MA1210)= 0,402; $\beta3$(CC1410)= 0,121; $\beta4$(ME1110)= 0,094 ; $\beta5$(CS1210)= 0,079			Multicolinearidade: Máximo VIF= 3,924

O conjunto dos resultados obtidos corrobora a ideia da existência de uma relação complexa entre os conteúdos de Física e de Matemática. A relação significativa encontrada entre os desempenhos nesses conteúdos pode indicar possíveis ganhos para os estudantes quando da apresentação de forma mais integrada dos conteúdos de Física e de Matemática.

Cálculo da Evasão e do Índice de Titulação em Cursos Usando uma Abordagem Probabilística (Gerab, 2016)

A análise da evasão e da retenção no ensino superior tem sido um tema fundamental para o aprimoramento do sistema educacional. O Instituto Lobo (Instituto Lobo, 2011) desenvolveu um estudo abrangente sobre evasão compreendendo o período de 2000 a 2005. Posteriormente esse estudo foi atualizado com os dados de 2006 a 2008. Esse estudo compreendeu a totalidade das instituições de ensino superior do país e possibilitou análises e comparações com resultados recentes da evasão no Brasil e no mundo, estratificado por cursos e/ou áreas do conhecimento.

Em seu trabalho, o Instituto Lobo realizou um estudo macroscópico da evasão utilizando a base de dados disponibilizada pelo Instituto Nacional de Estudos e Pesquisas Educacionais Anísio Teixeira (INEP) em suas Sinopses do Ensino Superior. Sendo os dados do INEP agregados, não é possível acompanhar a evasão por uma coorte representada pelo acompanhamento individual dos alunos. Entretanto, ainda segundo o Instituto Lobo, "A evasão pode ser medida numa Instituição de Ensino Superior (IES), num curso, numa área de conhecimento, num período de oferta de cursos e em qualquer outro universo, desde que tenhamos acesso a dados e informações pertinentes. Estudos estatísticos sobre o fluxo de alunos permitem projetar tamanhos de turmas futuras, eficiência de conclusão (titulação) e a otimização de vagas/créditos".

Assim, estudos de evasão realizados por uma Instituição de Ensino a partir de seus dados primários tendem a ser mais detalhados e permitem institucionalizar mecanismos de acompanhamento da evasão.

Embora existam muitos estudos sobre evasão, sua metodologia de cálculo não está pacificada. No trabalho do Instituto Lobo (Instituto Lobo, 2011) quatro distintas metodologias de cálculo da evasão e cinco metodologias de cálculo do índice de titulação são apresentadas. Cada uma delas apresenta suas vantagens e desvantagens. Certas simplificações adotadas nessas metodologias podem, ao mesmo tempo, apresentar-se como desvantagens, pois só permitem estimativas aproximadas da evasão, ou como vantagens, pois permitem o seu cálculo, o que, de outra forma, seria impossível.

Alguns desses métodos permitem o cálculo da evasão a partir de dados agregados, outros necessitam de um acompanhamento individual dos estudantes (acompanhamento da coorte). Os dados agregados permitem a determinação da taxa média de evasão, mas não permitem a correta correção deste índice considerando-se eventos, como transferência interna entre cursos. Já o acompanhamento individual, que permite à instituição medidas mais apuradas, possibilitando a identificação de períodos mais críticos de cada curso sob a ótica da evasão, é dificultado pela necessidade do manuseio e da consolidação, por longos anos, de grandes bases de dados.

O Índice de Titulação (T) mede o percentual dos alunos que se formam. Portanto, ele é sempre o complemento da Taxa Total de Evasão (ET). Segundo o Instituto Lobo, "Quando se tem apenas os dados agregados, nenhuma metodologia chega com precisão ao índice de titulação, principalmente quando a taxa de evasão de ano para ano varia".

Neste capítulo propomos um método híbrido de cálculo da Evasão e do Índice de Titulação, capaz de fazer uso de dados individuais sem, entretanto, necessitar do acompanhamento do conjunto de estudantes por longos períodos. O método busca estimar a evasão efetiva a partir das probabilidades de evasão em cada etapa do curso (ano ou semestre), assumindo que essas probabilidades são características intrínsecas do curso, e não um comportamento individual de seus estudantes. Tal abordagem pode ser bastante adequada aos cálculos de evasão, pois, embora utilize dados individuais dos estudantes, dispensa o seu acompanhamento ao longo de toda a sua permanência na instituição.

Dessa forma, torna-se possível estimar a Probabilidade de Evasão em cada etapa do curso, sua Evasão Total e seu respectivo Índice de Titulação. Para isso, acompanha-se o conjunto de todos os estudantes do curso, em todas as suas etapas, em uma única transição temporal (mudança de ano ou de semestre para cursos anuais ou semestrais respectivamente), identificando o status do estudante junto à instituição (matriculado, trancado, formado, cancelado, jubilado, transferido, transferência interna etc.) antes e depois dessa transição. Em linhas gerais a metodologia de cálculo envolve as seguintes etapas:

- Realizar um corte temporal identificando, para todas as etapas do curso (todos os anos ou todos os semestres), os alunos nelas efetivamente matriculados e seu respectivo status junto à instituição. O corte deve ser realizado logo após o término do período final de matrículas, incorporando todos os estudantes efetivamente matriculados em cada etapa.

- Após o tempo correspondente a uma etapa (após um ano ou após seis meses) identificar, a partir do status do aluno, quais desses alunos evadiram-se da instituição.

- Estimar, a partir da proporção de alunos evadidos, as probabilidades de evasão referentes a cada etapa do curso.

- Utilizando o cálculo de probabilidades, estimar as respectivas "curvas de evasão", a Probabilidade de Evasão total e a Probabilidade de Titulação do curso.

Cada instituição pode adotar seu próprio critério para a caracterização do estudante evadido. A título de exemplo, nos cálculos ilustrativos do método (apresentado adiante) se utilizou a seguinte caracterização:

- Aluno não evadido: Matriculado em alguma etapa do curso; Trancado; Falecido, Transferência interna; Matrícula cancelada devido à mudança de turno no mesmo curso.

- Aluno evadido: Não fez Matrícula; Não Renovou Trancamento; Transferido; Jubilado; Expulso; Matrícula Cancelada (exceto por mudança de turno).

O procedimento de cálculo dos indicadores de evasão e de titulação estão sistematizados no Quadro 2.

Como premissas esses cálculos assumem que, quando um grande número de alunos é verificado, a proporção de alunos evadidos é uma boa estimativa para a Probabilidade de Evasão. Assim, esse método não é recomendado para a avaliação da evasão em cursos com poucos alunos.

Essa metodologia permite, por meio da observação do status da matrícula do conjunto de estudantes em duas etapas subsequentes do curso, estimar tanto as curvas de Evasão ao longo do curso como o seu Índice de Titulação sem a necessidade do acompanhamento individual dos estudantes ao longo de vários anos. Devido ao fato de a Probabilidade de Evasão estar associada à etapa do curso, e não ao estudante, não se faz necessária nenhuma conjectura sobre os estudantes retidos, reprovados ou que ainda não terminaram o curso, mesmo que ultrapassando o tempo mínimo para a sua integralização. Isso porque em todos esses casos o estudante aparece como aluno matriculado (ou em outra condição que o caracterize como não evadido) em alguma etapa do curso.

Quadro 2: Cálculo das Probabilidades de Evasão e de Titulação

Sendo:	
N_i	Número de alunos matriculados em um dado curso, no momento da observação, na etapa de referência i.
n_i	Subconjunto de N_i considerado evadido após o tempo correspondente a uma etapa (um ano ou seis meses para cursos anuais ou semestrais) no momento da nova observação.
Então:	
PE_i	Probabilidade de Evasão no curso na etapa i, estimada por: $PE_i = n_i/N_i$
PP_i	Probabilidade de Permanência no curso na etapa i, dada por: $PP_i = 1 - PE_i$

(continua)

(continuação)

PP_{1-j}	Probabilidade de Permanência no curso de seu início até uma etapa j, dada por: $PP_{1-j}= PP_1 \times PP_2 \times \ldots\ldots \times PP_j= \Pi_1{}^j (PP_i)$
PE_{1-j}	Probabilidade de Evasão no curso de seu início até uma etapa j, dada por: $PE_{1-j}= 1- PP_{1-j}$
PT	Probabilidade de Titulação em um curso com k etapas (k anos ou k semestres), dada por: $PT= PP_1 \times PP_2 \times \ldots\ldots \times PP_k= \Pi_1{}^k (PP_i)$
PET	Probabilidade de Evasão Total, dada por: PET= 1- PT

Para exemplificar a aplicação da metodologia proposta escolheu-se, para um determinado ano, o conjunto dos cursos de Engenharia da instituição a qual o autor se vincula. Essa instituição tem cursos de Engenharia tanto no período diurno como no período noturno, sendo o primeiro integralizado após 10 etapas semestrais e o segundo após 12 etapas semestrais. Os ingressos nesses cursos ocorrem duas vezes ao ano, com processos seletivos em janeiro e julho.

Tendo em vista que o objetivo é investigar a evasão escolar nos cursos de Engenharia da instituição e considerando a existência de diferenças entre o perfil dos ingressantes de início e meio de ano, duas verificações do número de alunos matriculados e do número de alunos evadidos (N_i e n_i) foram realizadas. Uma teve como base o primeiro semestre do ano e outra o segundo semestre do ano. Ao término dessas observações os números de alunos matriculados e de evadidos, para cada etapa do curso, em cada uma das verificações, foram somados. Tal procedimento permitiu a determinação da evasão média característica de cada etapa dos cursos, independentemente das diferenças entre os perfis de ingressantes dos dois processos seletivos.

A Figura 1 apresenta a Probabilidade de Evasão (PE_i) nos cursos de Engenharia, em cada uma de suas etapas, tanto para o curso diurno como para o curso noturno. As probabilidades de evasão são maiores no início do curso, reduzindo-se rapidamente na medida em que o curso avança. Entretanto, além de a evasão na primeira etapa do curso ser maior para os cursos noturnos, quando comparada à evasão dos cursos diurnos, esta cai mais lentamente. Isso, conjugado ao fato de os cursos de Engenharia noturnos serem mais longos que os cursos diurnos, faz com que a Evasão Total dos cursos noturnos seja bastante superior à evasão total dos cursos diurnos.

Figura 1: Probabilidade de Evasão para os cursos de Engenharia diurnos e noturnos associados a cada uma de suas etapas

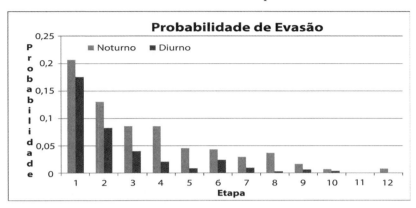

Tal fato pode ser verificado na Figura 2, que apresenta a evolução da Probabilidade de Evasão no curso de seu início até seu término. A Probabilidade de Evasão Total é a própria Probabilidade Acumulada de Evasão para a última etapa do curso. Assim, a Evasão Total associada aos cursos diurnos foi de 33%, enquanto para os cursos noturnos ela sobe para 52%. Já a Probabilidade de Titulação (complementar à Probabilidade de Evasão Total) dos estudantes de Engenharia nos cursos diurnos foi de 67%, probabilidade muito superior àquela associada aos cursos noturnos, para os quais foi estimada em apenas 48%.

Figura 2: Probabilidade de Evasão no curso de seu início até uma dada etapa j (PE_{1-j}) para os cursos de Engenharia diurnos e noturnos

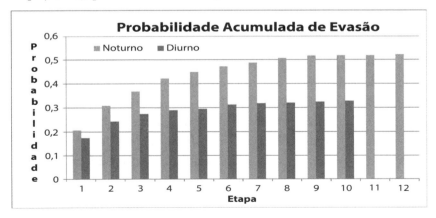

O método ora apresentado mostrou-se capaz de estimar o perfil da evasão efetiva nos cursos de uma instituição. Esse método apresenta várias características positivas, tais como: capacidade de estimar a evasão em situações de mudança no número de ingressantes; permitir um diagnóstico da evasão em todo o curso em um único momento; considerar todos os alunos do curso na análise sem fazer suposições sobre a probabilidade da titulação dos alunos retidos; permitir uma avaliação da evolução da evasão ao longo do curso, evidenciando as etapas mais problemáticas; ser aplicável a uma base de dados recente, dispensando a consolidação de dados referentes a longos períodos; poder ser generalizado para a análise da evasão de um conjunto de cursos ou de toda uma instituição de ensino. Como principal limitação destaca-se a sua pouca precisão quando da análise de cursos com poucos alunos.

Avaliação da Utilização de Conceitos Estatísticos na Pesquisa em Administração (Geyer; Gerab, 2012)

Segundo Viana, a formação em estatística é fundamental para a formação de um profissional de Administração capaz de atender às novas demandas associadas ao desempenho da profissão. Entretanto, alunos enfrentam dificuldades na integração entre os conteúdos de estatística e as demais áreas do curso (VIANA; VIANA, 2012).

Tal importância é reconhecida pelo Conselho Nacional de Educação (CNE, 2005) e pela Câmara de Educação Superior, que, na sua resolução 4, de 13 de julho de 2005, inclui as diretrizes curriculares do curso de graduação em Administração e especifica o perfil desejado dos formandos, suas competências e habilidades, bem como os conteúdos necessários à sua formação (REHFELDT et al., 2009).

Dada à expansão do poder computacional e da capacidade de coleta e armazenamento de dados, verifica-se um enorme crescimento na demanda pela análise de grandes bases de dados. Nesse novo cenário os gestores precisam estar preparados para utilizar as ferramentas corretas de apoio na tomada de decisão. Os métodos estatísticos são muito utilizados, em todos os setores das organizações, para avaliar aspectos sejam relacionados à produção, à economia, às finanças, aos investimentos, enfim, eles são um dos mais importantes métodos de auxílio ao administrador moderno nos cenários, cada vez mais complexos, do ambiente organizacional.

A mensuração da importância das análises estatísticas para as estratégias administrativas pode suscitar adaptações no ensino da Estatística nos cursos de Administração, tendo em vista que os administradores precisam estar preparados para utilizar as ferramentas corretas e para atender às suas demandas profissionais. Para tanto os estudantes devem estar conectados com ensinos coerentes, que lhes qualifiquem para atender às necessidades atuais do mundo corporativo. Assim, tendo um olhar no futuro, torna-se importante avaliar o impacto da utilização das distintas abordagens estatísticas nas pesquisas em Administração realizadas no Brasil, de forma a fornecer subsídios aos gestores educacionais da área para uma correta avaliação e atualização dos respectivos programas curriculares.

Neste trabalho realizou-se uma análise documental de artigos acadêmicos da área de Administração, publicados nos anos de 2001 e de 2011, mais precisamente nas revistas RAC — Revista de Administração Contemporânea; RAE — Revista de Administração de Empresas; Revista de Administração FACES Journal; e READ — Revista Eletrônica de Administração. Ao todo, avaliou-se o uso da Estatística e o impacto da utilização de suas ferramentas em 112 artigos publicados nessas revistas no período acima citado. Essa pesquisa buscou observar quais técnicas estatísticas se destacaram nos estudos brasileiros na área de Administração, bem como qual a evolução do seu uso ao longo da última década. Para tanto se buscou estudar, a partir de informações dos artigos publicados em periódicos brasileiros conceituados da área de Administração, quais técnicas estatísticas foram utilizadas nas pesquisas científicas publicadas nessa área nos últimos anos, mensurando sua relevância com base no seu impacto nas conclusões dos trabalhos. Buscou-se também verificar a tendência de evolução do uso dessas técnicas e de seu impacto na elaboração de pesquisas em Administração ao longo da última década no Brasil.

Para a seleção dos periódicos a serem estudados buscou-se definir um conjunto de revistas científicas que mantêm publicações regulares na área de Administração, abordando amplamente as suas distintas subáreas, de maneira a representar a realidade brasileira quanto à produção de artigos científicos na área ao longo da última década. Foram selecionados os primeiros volumes de publicações do ano de 2001 e os primeiros volumes do ano de 2011 de cada uma das revistas selecionadas. Assim, além de permitir uma análise da importância do uso da estatística para os resultados das pesquisas dos artigos publicados atualmente, esta abordagem permite uma comparação à situação existente após um lapso de dez anos.

Todos os artigos foram cadastrados com suas principais informações, tais como: título do artigo, autor, subárea da administração etc. Esse cadastro foi complementado com informações acerca da utilização, ou não, de técnicas estatísticas, agrupadas em oito grandes famílias de técnicas utilizadas: Tabulações e Gráficos; Métodos Numéricos; Estimação de Parâmetros; Testes de Hipóteses; Testes Não Paramétricos; Comparação de Várias Médias; Correlação e Regressão Simples; e Estatística Multivariada.

Além da identificação das técnicas estatísticas empregadas nos artigos, a proposta englobou também avaliar a sua relevância no contexto do artigo estudado. Para tanto foi utilizada uma escala de mensuração da importância do uso das técnicas que foram empregadas, desenvolvida com base no modelo elaborado por Bueno e Gerab (2010) e descrita no Quadro 3 abaixo:

Quadro 3: Escala de mensuração utilizada (Baseada no modelo BUENO; GERAB, 2010)

Índice	Impacto
1	Não aplicado em nenhuma das etapas do trabalho
2	Utilizado apenas para a apresentação dos resultados do trabalho
3	Utilizado somente para embasar etapas posteriores do trabalho
4	Fornece resultados importantes para a conclusão do trabalho
5	Determinante para a conclusão do trabalho

Constatou-se que, no período referente a 2001, do total de 58 artigos analisados 23 deles utilizaram alguma técnica estatística, enquanto 35 não o fizeram. Já em 2011, dos 54 artigos analisados 33 utilizaram e apenas 21 não o fizeram. A aplicação do teste de Qui-quadrado aos resultados obtidos em cada um dos períodos pesquisados mostrou um aumento estatisticamente significativo, em um nível de significância de 0,05, do uso de estatística na pesquisa em administração nos anos recentes.

Para mensurar o impacto do uso de estatística no desenvolvimento de um dado trabalho, este foi classificado em dois níveis: Alto Impacto e Baixo Impacto. A classificação Alto Impacto para o uso de estatística em um dado artigo se dá pela presença de níveis 4 ou 5 da escala de mensuração utilizada em ao menos uma das famílias de técnicas avaliadas. Do contrário o uso de estatística foi considerado de Baixo Impacto para o referido artigo. Em 2001, dos 23 artigos que fizeram uso de estatística ocorreram 11 artigos com Alto Impacto. Já em 2011, dos 33 artigos que utilizaram estatística o número deles, considerado como Alto Impacto, foi de 28. Entre 2001 e 2011 o número de artigos com Baixo Impacto teve uma queda de 12 para 5 artigos. Tomando-se somente os artigos que utilizaram estatística, o teste de Qui-quadrado também apontou, com 0,05 de significância, o aumento do impacto do uso de estatística.

A Análise de Componentes Principais (ACP) (HAIR JUNIOR et al., 2005) foi aplicada ao conjunto das atribuições de uso das famílias de técnicas estatísticas. A ACP resultou em duas Componentes Principais, explicando 66,7% da variabilidade dos dados. Aplicou-se o método da Raiz Latente para a retenção das componentes e utilizou-se a rotação ortogonal Varimax para a sua melhor interpretação.

A primeira Componente Principal explicou 35,3% dessa variabilidade, apresentando elevadas cargas fatoriais para as técnicas: Tabulações e Gráficos; Métodos Numéricos; Estimação de Parâmetros; Comparação de Várias Médias; e Estatística Multivariada. A segunda Componente Principal, que explicou 31,4%, apresentou elevadas cargas fatoriais para as técnicas: Métodos Numéricos; Estimação de Parâmetros; Testes de Hipótese; Testes Não Paramétricos; e Correlação e Regressão. As famílias de Técnicas Estatísticas; Métodos Numéricos; e Estimação de Parâmetros distribuíram-se de forma bastante semelhante entre as duas componentes identificadas.

Buscando complementar a ACP utilizou-se a Análise de Agrupamento Hierárquico (AAH). A AAH é uma técnica estatística que busca identificar subgrupos semelhantes de indivíduos ou variáveis. Em geral utiliza-se de conceitos geométricos de distância para medir essa similaridade entre as referidas entidades. Duas variáveis são consideradas semelhantes quando a distância geométrica entre elas é pequena. Existem diversas maneiras de se calcular as distâncias nos espaços das variáveis ou das amostras. Utilizou-se a distância euclidiana quadrática. O Agrupamento Hierárquico obtido, utilizando o método de agrupamento de Ward, apresentou boa concordância com os resultados obtidos pela ACP. Essa concordância reforça a existência dos dois fatores acima descritos.

Os resultados apresentados demonstram que ocorreu um aumento estatisticamente significativo, tanto no uso de estatística como na importância deste uso em pesquisas em Administração realizadas no Brasil em anos recentes, tendo em vista o período de análise de 2001 para 2011.

Os resultados obtidos mostram também que as famílias de técnicas estatísticas geralmente não são empregadas de forma isolada. Pelo contrário, esses resultados indicam que diversas técnicas são empregadas muitas vezes de forma conjunta e complementar.

Essas informações indicam que o ensino de estatística, em seus diferentes níveis, tende a ganhar espaço na formação do administrador que, desde a sua graduação, deverá ter contato com análises estatísticas cada vez mais complexas e elaboradas.

A avaliação do uso corrente de distintas abordagens estatísticas na pesquisa em Administração pode induzir uma reflexão quanto à adequação do conteúdo de Estatística hoje abordado no ensino em Administração, pois pode revelar a necessidade de adequação da abordagem do ensino dessa ciência às necessidades do gestor moderno, tanto no ensino de graduação como no de pós-graduação.

CONSIDERAÇÕES FINAIS

Os desafios enfrentados pelos professores responsáveis por oferecer aos estudantes do ensino superior uma formação abrangente e atual, alicerçada hoje mais no desenvolvimento de capacidades analíticas e críticas e um pouco menos na detenção direta da informação, nos obriga a buscar o máximo de informações acerca desse complexo processo formativo. Informações essas capazes de subsidiar decisões estratégicas referentes à atualização de práticas de ensino, planos de aula e projetos pedagógicos de cursos.

Ao longo deste capítulo mostrou-se, por intermédio de exemplos reais, que uma análise mais profunda sobre distintas métricas acadêmicas, disponíveis em qualquer instituição de ensino, permite a obtenção de informações relevantes para o estabelecimento de políticas e de estratégias institucionais.

Dessa forma, defende-se aqui o incremento e o aprofundamento das análises sistemáticas das informações contidas nas métricas acadêmicas e institucionais como uma das formas de buscar alternativas inovadoras para o aprimoramento curricular no ensino superior.

REFERÊNCIAS

BARBETA, V.B.; YAMAMOTO, I. Dificuldades conceituais em física apresentadas por alunos ingressantes em um curso de engenharia. Revista Brasileira de Ensino de Física, Vol. 24, n°3, setembro de, 2002.

BUENO, Ivander A. Moraes; GERAB, Fábio. Avaliação da utilização de Conceitos Estatísticos na Pesquisa em Engenharia Química, XVIII Congresso Brasileiro de Engenharia Química — COBEQ 2010, Foz do Iguaçú, 19 a 22 de setembro de 2010.

BUNGE, Mario. **Teoria e realidade**. São Paulo: Perspectiva, 1974.

CNE — CONSELHO NACIONAL DE EDUCAÇÃO. Câmara de Educação Superior. Resolução nº 4 de 13 de julho de 2005. Institui as Diretrizes Curriculares Nacionais do Curso de Graduação em Administração, Bacharelado, e dá outras providências. 2005.

CUNHA, S. M.; CARRILHO, D.M. O processo de adaptação ao ensino superior e o rendimento acadêmico. Revista Psicologia Escolar e Educacional, vol. 9, n° 2, Campinas Dec. 2005.

GERAB, Fábio; BUENO, Ivander Augusto Morais; DA SILVA GERAB, Iraní Ferreira. Análise das Interações Curriculares em um Curso de Ciência da Computação: buscando subsídios para aprimoramento curricular. Revista Brasileira de Informática na Educação, v. 22, n. 01, p. 30, 2014.

GERAB, Fábio; VALÉRIO, Araceli Denise Antunez. Relação entre o desempenho em física e o desempenho em outras disciplinas da etapa inicial de um curso de engenharia. Revista Brasileira de Ensino de Fısica, v. 36, n. 2, p. 2401, 2014.

GERAB, Fábio. Cálculo da Evasão e do Índice de Titulação em cursos usando uma abordagem probabilística, XLIV Congresso Brasileiro de Educação em Engenharia — COBENGE 2016, Natal, 27 a 30 de setembro de 2016.

GEYER, Leila Correa; GERAB, Fábio. Avaliação da utilização de Conceitos Estatísticos na Pesquisa em Administração, 2° Simpósio de Pesquisa do Grande ABC — SPGABC 2012, São Bernardo do Campo, 29 de agosto de 2012.

HAIR JUNIOR, Joseph F. et al. **Análise multivariada de dados**. 5. ed. Porto Alegre: Bookman, 2005.

INSTITUTO LOBO. Estudos sobre a evasão no ensinor superior — 2000/2008. Mogi das Cruzes: Instituto Lobo, 2011. 1 CD-ROM.

KUENZER, A., Z. O que muda no cotidiano da sala universitária com as mudanças no mundo do trabalho? In Castanho, S.; Castanho, M.E. Temas e textos em metodologia do ensino superior. Papirus, Campinas. pp. 15–28, 2001.

LÜCK, Heloísa. **Planejamento em orientação educacional**. 14. ed. Petrópolis: Vozes, 2002.

MORGADO, J.C. Processo de Bolonha e ensino superior num mundo globalizado. Educ. Soc., Campinas, v. 30, n. 106, abr. 2009.

OLIVEIRA, V. F., CHAMBERLAIN, Z., PERES, A., BRANDT, P.R., SCHWERTL, S.L. (org.) Evasão e Retenção em Cursos de Engenharia — cap. V .in: Desafios da Educação em Engenharia: Vocação, Formação, Exercício Profissional, Experiências Metodológicas e Proposições /, Brasília/Blumenau, ABERGE/EdiFURB, 2012.

PIETROCOLA, M. A Matemática como estruturante do conhecimento físico. Caderno Brasileiro do Ensino de Física, São Paulo, v. 19, n. 1, 2002.

QUARTIERI, M. T., BORRAGINI E. F., DICK, A.P. Superação de dificuldades no início dos cursos de engenharia: introdução ao estudo de física e matemática. Anais: COBENGE–2012, 2012.

REHFELDT, M. J. H.; ZARO, M. A.; TIMM, M. I. Modelagem matemática e as necessidades profissionais dos alunos do curso de Administração. Revista ANGRAD, v. 10, nº 2, Abril/Maio/Junho, 2009.

SOBRINHO, J. C., DECHECHI, E.C., DETONI, M.M. Dificuldades conceituais em matemática básica de ingressantes no curso de engenharia de produção agroindustrial. Anais: COBENGE–2005, 2005.

VIANA, G. S., VIANA A. B. Atitude e motivação em relação ao desempenho acadêmico de alunos do curso de graduação em Administração em disciplinas de Estatística: formação de clusters Administração Ensino e Pesquisa v.13, nº 3, pp. 523–558, 2012.

Capítulo 10

Estudo de Caso com Abordagem Integrada
de Técnicas de Cálculo Numérico em Curvas
Tensão-Deformação de um Aço Inoxidável
Ferrítico e Subsequente Projeto de Conformação
Mecânica a Frio por Trefilação

Júlio César Dutra

Tiago Estrela de Oliveira

INTRODUÇÃO

Alunos de engenharia nos dias atuais têm sido desafiados de maneira mais frequente ao longo do seu curso, seja em conjunto de disciplinas ou em nível das unidades curriculares. Qualquer que seja a sua ocorrência, o projeto pedagógico deve nortear essas atividades, levando em conta as diretrizes curriculares nacionais dos cursos de engenharia (CONSELHO NACIONAL DE EDUCAÇÃO, 2002).

Na realidade, é até importante que existam diversos momentos para que isso ocorra, em consonância com o artigo 5º, parágrafo 1º da Resolução CNE/CES, de 11 de março de 2002. Entretanto, a estratégia para que isso ocorra deve ser discutida junto ao corpo docente para que esses possam propor modos de ocorrência que estimulem a ação dos alunos dentro do conjunto de competências, habilidades e atitudes esperadas no perfil profissiográfico do futuro engenheiro.

A Taxonomia de Bloom (1956) tem sido utilizada como pano de fundo para atividades em disciplinas dos cursos de graduação em engenharia (FERRAZ; BELHOT, 2010) assim como em cursos de pós-graduação em áreas tão distintas como economia e negócios (TYRAN, 2010) no Brasil e no mundo. Para Ferraz e Belhot (2010), essa taxonomia é um dos instrumentos que servem de apoio para o planejamento didático-pedagógico com vistas aos instrumentos de avaliação.

Bloom (1956), no entanto, propôs essa divisão com base em domínios cognitivos que podem ser objetivados pelos professores em relação a seus alunos, ou seja, trata-se de algo que pode ser muito mais abrangente do que apenas sua utilização em instrumentos de avaliação. Baseado nesse raciocínio, é possível determinar os objetivos a serem atingidos no presente estudo e consequentemente a melhor estratégia para que esses sejam alcançados.

O estudo é vislumbrado para alunos na etapa intermediária de sua formação, com conhecimentos adquiridos nas disciplinas de cálculo e programação, assim como com suas competências e habilidades desenvolvidas nessas disciplinas. Por envolver uma metodologia de caráter ativo, o constructo do aluno é supostamente aquele que tem iniciativa e razoável facilidade para trabalhar em grupo e no uso de mídias digitais.

ESTRATÉGIA PARA O ESTUDO INTEGRADO

A Taxonomia de Bloom (1956) foi originalmente composta para auxiliar o professor na classificação de objetivos educacionais. Todavia, já no seu prefácio nota-se a intenção de que o seu uso poderia auxiliar o professor a ganhar uma perspectiva para certos comportamentos por um conjunto particular de planos educacionais. É nessa linha de raciocínio que o presente trabalho toma lugar, ou seja, ao observar as categorias da taxonomia, ou simplesmente domínios cognitivos, é possível se verificar quais ênfases devem ser dadas na aplicação de um determinado problema e sua profundidade, seja na análise do problema propriamente dito e na criação de um processo que envolva a aplicação desses conhecimentos com suas habilidades e competências uma vez desenvolvidas.

De modo sucinto, a estratégia a ser desenvolvida com os alunos é mostrar o ensaio de tração e o modo como essas propriedades mecânicas são determinadas assim como essas propriedades afetam as escolhas nos projetos de sistemas mecânicos. Em seguida, os alunos serão instados a determiná-las usando métodos de cálculo numérico, tornando-os independentes de uma interface computacional para a obtenção dessas propriedades. Os benefícios conseguidos com essa abordagem integrada são inúmeros, entre eles: o apercebimento da precisão instrumental dos métodos numéricos utilizados para a determinação das propriedades, a sensibilidade no que diz respeito às unidades trabalhadas, as limitações dos modelos empíricos e analíticos, a dúvida quando da sua utilização em modelos de conformação mecânica e seus desdobramentos na tomada de decisão da melhor sequência de processamento.

De todo modo, o presente trabalho apresenta de modo preliminar o cenário no qual os alunos são instados a desenvolver suas competências, habilidades e atitudes quando submetidos a um trabalho que os remove da mera interpretação dos resultados para a construção desses e, então, interpretação, análise, avaliação e criação de projetos envolvendo a conformação mecânica no estado uniaxial de tensão.

Exemplo do Ensaio de Tração

Materiais metálicos, de modo geral, apresentam duas regiões de deformação: elástica e plástica, como pode ser visto na Figura 1. Na primeira região de deformação, há validade da lei de Hooke, dada por:

$$\sigma = E\varepsilon \tag{1}$$

onde σ é a tensão de engenharia, em MPa;

E é o módulo de elasticidade ou módulo de Young, em GPa;

ε é a deformação de engenharia, por sua vez definida por

$$\varepsilon = \frac{\ddot{A}\ell}{\ell_0} = \frac{\ell_f - \ell_0}{\ell_0} \tag{2}$$

onde $\ddot{A}\ell$ é a diferença entre os comprimentos final ℓ_f e inicial ℓ_0, em m. A deformação de engenharia pode ainda ser expressa em porcentagem, como pode ser visto na Figura 1, a seguir.

Figura 1: Curva típica tensão-deformação de engenharia em um aço inoxidável ferrítico UNS S 43932 (HUBBMANN; DUTRA, 2015a)

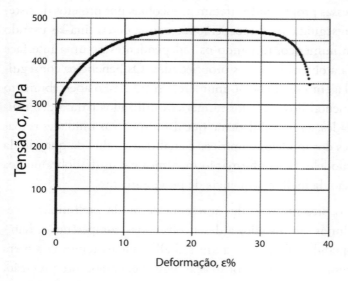

Fonte: Hubbmann e Dutra, 2015a

As propriedades mecânicas mais importantes para os materiais metálicos podem ser determinadas por intermédio da interpretação da curva mostrada na Figura 1, tais como o módulo de elasticidade, o limite de escoamento, o limite de resistência à tração, a ductilidade (alongamento), a resiliência e a tenacidade à tração, ressaltadas na Figura 2.

Contudo, essa análise é meramente qualitativa e não permite sua utilização imediata para aplicações típicas na área de conformação mecânica, como a trefilação, na qual se tem o estado uniaxial de tensão. Os valores dessas propriedades estão mostrados na Tabela 1, a seguir.

Figura 2: Curva típica tensão-deformação de engenharia em um aço inoxidável ferrítico UNS S 43932 com destaque para os limites de escoamento, de resistência e de ruptura (HUBBMANN; DUTRA, 2015a)

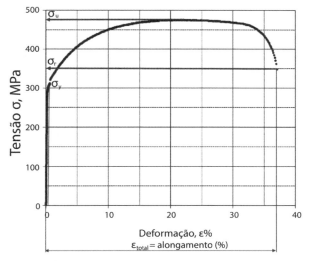

Fonte: Hubbmann e Dutra, 2015a

Tabela 1: Propriedades mecânicas de resistência (escoamento, resistência à tração e ruptura) e de ductilidade (alongamento) (HUBBMANN; DUTRA, 2015b). Obtenção de diferentes distribuições de tamanhos de grão por intermédio de deformação plástica e recristalização e/ou crescimento de grão em um aço inoxidável ferrítico UNS S43932

Propriedade	Valor obtido da leitura
E (GPa)	187
σ_y (MPa)	303
σ_u (MPa)	475
σ_r (MPa)	350
ε (%) - Alongamento	37

Fonte: Hubbmann e Dutra, 2015b

Outro ponto importante é a precisão das medidas obtidas em equipamentos nos quais há uma interface computacional que, se de um lado torna o ensaio mais rápido e, portanto, interessante para a condução de uma aula prática, pode fazer com que os alunos permaneçam passivos para a mera leitura já devidamente determinada ou calculada dos resultados. Nesse caso, o aluno deverá não somente interpretar a curva tensão-deformação de engenharia, mas sim desenvolver a competência de comparar os resultados obtidos nos diversos materiais ensaiados. É muito comum na experiência da docência em laboratório que os alunos desenvolvem rapidamente a competência de interpretação e de comparação dos resultados; porém, a análise desses resultados, ainda que qualitativos, parece estar em segundo plano, o que é relativamente desastroso quando do seu uso em situações com caráter imprevisível, como no modelamento de conformação mecânica (DAGGETT, 2014).

Segundo Daggett (2014), os profissionais nos dias atuais são instados a aplicar os conhecimentos nos seus diversos domínios cognitivos para situações do mundo real, que geralmente são de natureza imprevisível. Por essa razão, Daggett (2014) menciona no seu quadro de relevância e rigor a palavra "adaptação", o que significa a reunião dos domínios cognitivos análise, síntese e avaliação de Bloom (1956) e o modelo de aplicação de caráter imprevisível e mais próximo do mundo real.

Por fim, é possível ainda a determinação dos módulos de resiliência e de tenacidade do material. O módulo de resiliência é definido pela quantidade de energia absorvida pelo material na região elástica e pode ser determinado pela área abaixo da curva tensão-deformação de engenharia na região elástica, ou seja, simplificando-a na área de um triângulo cuja base corresponde à deformação para se atingir o limite de escoamento ε_y e a altura o próprio valor do limite de escoamento σ_y. Desse modo, é possível chegar ao cálculo do módulo de resiliência, U_r, em kJ m^{-3} (CALLISTER, 2005), dado por:

$$U_r = \frac{\sigma_y^2}{2E}$$

(3)

O módulo de tenacidade, por seu turno, é obtido pela área abaixo da curva tensão-deformação de engenharia nas duas regiões e é definido como a energia absorvida pelo material nessas regiões até a ruptura propriamente dita. Para materiais de considerável tenacidade e cujo limite de escoamento é muito próximo do limite de resistência, é possível o cálculo desse módulo por intermédio da área de um retângulo cuja altura é a média aritmética simples do limite de escoamento σ_y e o limite de resistência σ_u e comprimento igual à deformação total até a ruptura ε (DOWLING, 2013):

$$U_t = \frac{\left(\sigma_y + \sigma_u\right)}{2}\varepsilon \qquad (4)$$

A Tabela 2 apresenta os valores dos módulos de resiliência e de tenacidade do material ensaiado na Figura 1 e que foram obtidos a partir dos valores da Tabela 1. Todos esses valores serão comparados com aqueles obtidos por métodos do cálculo numérico após a programação em MATLAB®. Cumpre ressaltar que esses valores foram obtidos por meio do software dedicado à máquina de ensaio de tração, que possui uma precisão maior que a proposta na análise do aluno no MATLAB®, em futuro próximo.

Tabela 2: Propriedades mecânicas do módulo de resiliência e da tenacidade do aço UNS S 43932 (HUBBMANN; DUTRA, 2015b)

Propriedade	Valor obtido da leitura
U_r (kJ m^{-3})	245
U_t (MJ m^{-3})	144

Fonte: Hubbmann e Dutra, 2015b

A Curva Tensão-deformação Verdadeira

De posse da curva mostrada na Figura 1, é possível a determinação da curva tensão-deformação verdadeira. Para isso, a deformação verdadeira pode ser determinada pela seguinte equação:

$$\varepsilon_t = \ln\left(\frac{\ell_f}{\ell_0}\right) \qquad (5)$$

A tensão verdadeira, por seu turno, relaciona-se com a tensão de engenharia por meio da equação:

$$\sigma_t = \sigma\left(1+\varepsilon\right) \qquad (6)$$

Para a região de deformação plástica uniforme, há diversos modelos matemáticos que têm sido propostos para prever a tensão verdadeira em função da deformação verdadeira. Estudos anteriores (HUBBMANN; DUTRA, 2015a) mostraram que o modelo de Hollomon (CALLISTER, 2005) (HOLLOMON, 1945) é o mais citado na literatura, mas aquele que apresenta o melhor coeficiente de correlação é o de Tian e Zhang (HUBBMANN; DUTRA, 2015a), mostrados a seguir:

Modelo de Hollomon (1945):

$$\sigma_t = K\varepsilon_t^n \tag{7}$$

Modelo de Tian e Zhang (1994):

$$\sigma_t = K\varepsilon_t^{n_1 + n_2 ln\varepsilon_t} \tag{8}$$

onde K e n são constantes no modelo de Hollomon enquanto K, n_1 e n_2 são constantes no modelo de Tian e Zhang.

As Técnicas de Cálculo Numérico

Munido dos dados de deformação e tensão de engenharia (por exemplo, com um arquivo de extensão .dat ou .txt), o seguinte roteiro de caracterização das propriedades mecânicas do material de referência deve ser realizado:

- Construção da região elástica do material quando submetido ao esforço de natureza trativa por meio da caracterização da parte proporcionalmente linear entre tensão e deformação de engenharia.

- Determinação das regiões de validade das famílias que caracterizam a curva tensão-deformação verdadeira; escolha das famílias de curvas para a caracterização da curva tensão-deformação verdadeira com a menor soma dos erros quadráticos.

- Determinação do limite de escoamento por intermédio da análise do método de Newton-Raphson.

- Determinação dos módulos de resiliência e de tenacidade por meio de métodos de integração numérica.

Construção da Região Elástica

A partir dos pontos que descrevem a curva tensão-deformação de engenharia, os alunos devem julgar visualmente a região aproximadamente linear. Esse julgamento deve ser feito por meio de uma análise gráfica obtida pela importação dos dados do EXCEL® ou outro planilhador para o MATLAB®. Observa-se na Figura 3 que é necessário restringir os dados até a tensão de 300 MPa e então obtém-se a Figura 4, porém nota-se que tal gráfico não representa uma função linear. Uma solução possível para esse caso é os alunos perceberem que devem calcular uma média dos dados, isto é, agrupam-se os dados com a mesma deformação e representam-se esses dados por um ponto com mesma deformação e com uma tensão média. Feito isso, obtém-se o gráfico tensão-deformação mostrado na Figura 5. O pico anômalo da Figura 5 indica alguma flutuação do extensômetro, oriundo de algum erro na parte experimental.

Figura 3: Curva tensão-deformação de engenharia mostrada na Figura 1, mas dessa vez plotada por meio do MATLAB®

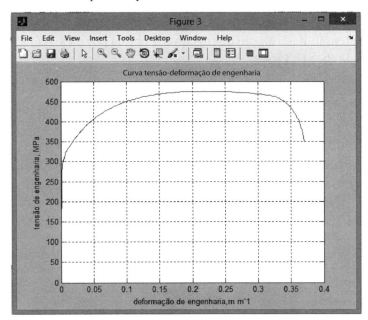

Fonte: Elaborado pelos autores

Figura 4: Curva tensão-deformação de engenharia restrita até 300 MPa, mas dessa vez plotada por meio do MATLAB®

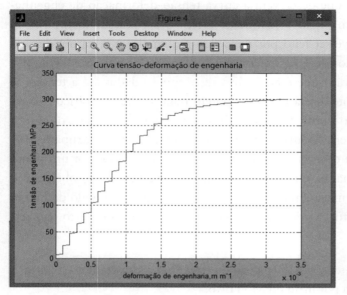

Fonte: Elaborado pelos autores

Figura 5: Curva tensão-deformação de engenharia obtida por meio da média, plotada por meio do MATLAB®

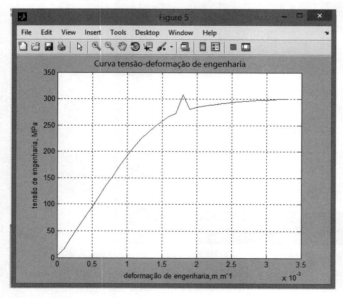

Fonte: Elaborado pelos autores

Uma vez mais torna-se necessária a restrição dos dados até uma deformação de 0,0015, já que a relação linear ainda não parece ter sido estabelecida. Isso é feito a seguir, na Figura 6. Os códigos em MATLAB® para esses procedimentos podem ser observados no Apêndice, mais especificamente na Figura A–1.

Figura 6: Curva tensão-deformação de engenharia obtida por meio da média restrita até a deformação de 0,0015, plotada por meio do MATLAB®

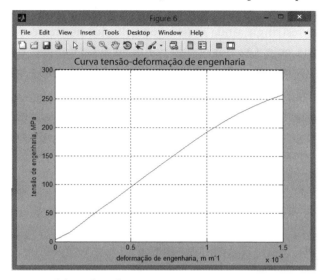

Fonte: Elaborado pelos autores

Por se tratar de uma região linear que contém a origem, como mostrado na Equação (1), é possível obter por meio do método dos mínimos quadrados (M.M.Q.) a constante k, do modelo y= kx. Posteriormente, deve-se plotar a reta obtida por meio desse método junto com a parte linear obtida na Figura 6 e calcular o erro quadrático de tal modelo com relação aos dados experimentais. Calcula-se o erro quadrático por meio da somatória das diferenças quadráticas descritas na equação y= kx e os resultados experimentais, ou seja,

$$\sum_{i=1}^{e}\left(y_{i,\,M.M.Q} - y_{i,\,medido}\right)^2 \tag{9}$$

onde e é o e-ésimo ponto julgado pelo aluno na validade da relação linear que ajudará na determinação do limite de escoamento. Obtém-se para esse caso k= 1,8368x10^5 MPa, ou seja, 183,68 GPa, para o coeficiente do modelo y= kx e para o resíduo o valor de 738,7518 MPa ou 0,734 GPa. O código em MATLAB® pode ser visto no Apêndice, na Figura A–2.

A Figura 7, por sua vez, apresenta os resultados obtidos pelo método dos mínimos quadrados quando confrontados com os resultados experimentais. Nota-se uma boa aproximação entre o modelo e esses resultados. Esse julgamento por parte do aluno é bastante importante porquanto ele se apercebe das restrições ou limitações do modelo teórico. Uma possibilidade que o aluno pode adotar é tentar restringir ainda mais a zona elástica por meio da redução no valor de deformação ε. O valor obtido por meio desse modelo, de todo modo, está muito próximo daquele apresentado na Tabela 1, que é de 187 GPa, o que significa que a diferença é de cerca de 2%.

Figura 7: Gráfico da parte linear da curva tensão-deformação (linha contínua) (resultados experimentais) e do modelo y= kx (linha pontilhada), obtido pelo método dos mínimos quadrados

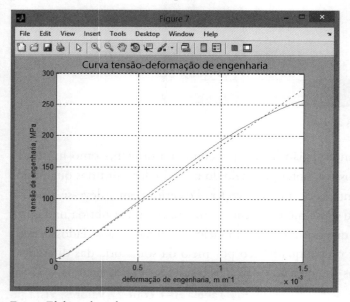

Fonte: Elaborado pelos autores

Determinação das Regiões de Validade das Famílias que Caracterizam a Parte Não Linear

A determinação da região de validade dos modelos de Hollomon (1945) e Tian e Zhang (1994) tem de ser investigada pelo aluno na região de deformação plástica uniforme, o que significa que ele tem de saber qual é o limite de resistência a tração, σ_u, que é o ponto mais alto da curva tensão-deformação de engenharia. Isso pode ser feito pela razão das diferenças de tensão por, pelo menos, dez pontos, ou seja:

$$\frac{\Delta\sigma}{\ddot{A}\varepsilon}\left(n\right) = \frac{\sigma_{pn} - \sigma_{p(n-1)+1}}{\varepsilon_{pn} - \varepsilon_{p(n-1)+1}} \tag{10}$$

onde p é um valor inteiro que corresponde a um número de pontos nos quais a razão descrita não apresenta oscilações abruptas. O resultado crítico é aquele no qual há mudança de sinal dessa razão, o que significa que se determinou o limite de resistência à tração.

O arquivo original tem 991 pontos e a partir dele pode-se retirar os dados referentes à parte linear, isto é, consideram-se os dados da tabela original com deformação maior ou igual a 0,0016; isto resultou numa tabela com 831 pontos. A ideia é dividir esses 831 dados em blocos de 30 pontos, o que resulta em 27 blocos, e posteriormente calculam-se os valores da razão definida pela equação (10). Com isso, reescreve-se a equação (10) da seguinte maneira: Para n= 1, 2, ..., 27 faça:

$$\frac{\Delta\sigma}{\ddot{A}\varepsilon}\left(n\right) = \frac{\sigma_{30n} - \sigma_{30(n-1)+1}}{\varepsilon_{30n} - \varepsilon_{30(n-1)+1}} \tag{11}$$

Com isso, obtém-se no MATLAB® a Tabela A–1 com 27 valores, vista no Apêndice.

Ao observar a Tabela A–1, no Apêndice, nota-se que nas linhas 21, 22, 23 e 24 há mudança de sinal. A linha 23 representa o elemento *23x30= 690* da tabela de dados não linear, ou seja, o ponto cuja deformação e tensão são, respectivamente, 0,0024 e 475 MPa. Deve-se então restringir a tabela de dados não linear até este ponto para a determinação dos parâmetros da família de Hollomon e Tian e Zhang. Quando se confronta esse resultado com aquele mostrado no Apêndice, Tabela A–1, nota-se que eles são iguais. O código em MATLAB® para essa determinação está mostrado igualmente no Apêndice, Figura A–3.

Escolha da Melhor Família de Curvas

Para essa escolha, primeiro devem ser coletados os dados restantes da curva tensão-deformação de engenharia como mencionado anteriormente. Os resultados devem ser plotados novamente para a visualização da região plástica. As transformações de tensão de engenharia e deformação de engenharia em tensão verdadeira e deformação verdadeira, respectivamente, de acordo com as equações (5) e (6), devem ser realizadas para esses pontos na região plástica até a ruptura propriamente dita.

A melhor família de curvas que representa a relação entre tensão-deformação verdadeiras foi testada por intermédio da linearização preliminar das equações (7) e (8), advindas de Hollomon (1945) e Tian e Zhang (1994), ou seja:

$$ln\sigma_t = \ln k + nln\varepsilon_t \tag{12}$$

$$ln\sigma_t = \ln k + n_1 ln\varepsilon_t + n_2 \left(ln\varepsilon_t\right)^2 \tag{13}$$

De modo análogo, deve-se determinar a somatória dos erros quadráticos por meio da equação (9).

Primeiro, faz-se as conversões da deformação e tensão de engenharia para a deformação e tensão verdadeiras e em seguida plotam-se os dois gráficos juntos, sendo o de engenharia (linha contínua) e o verdadeiro (linha pontilhada), como podem ser observados na Figura 8.

Figura 8: Curva tensão-deformação de engenharia (linha contínua) e verdadeira (linha pontilhada) — parte não linear até o limite de validade

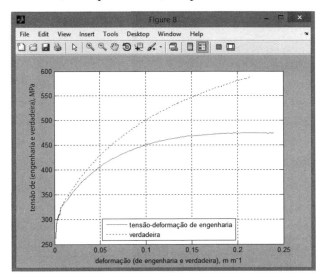

Fonte: Elaborado pelos autores

O código em MATLAB® para esse caso pode ser visto no Apêndice, Figura A–4.

Os parâmetros do modelo de Hollomon podem ser determinados em seguida e então plotar este modelo junto com a curva tensão-deformação verdadeira e, por fim, determinar o resíduo. O código em MATLAB® pode ser visto no Apêndice, Figura A–5, enquanto as curvas que se referem ao modelo e aos resultados experimentais podem ser observadas na Figura 10.

Figura 9: Modelo de Hollomon e a curva tensão-deformação (resultados experimentais) da região não linear

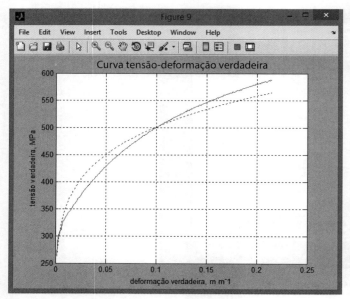

Fonte: Elaborado pelos autores

Através do código em MATLAB®, visto no Apêndice, Figura A–5, obtêm-se os valores K igual a 717,0301 MPa e n= 0,1550. Logo, o modelo de Hollomon resultou em

$$\sigma_t = 717,0301 \varepsilon_t^{0,1550} \tag{14}$$

com σ_t em MPa e resíduo de 318,5010 MPa.

Já em relação ao modelo de Tian e Zhang (1994), para a determinação de seus parâmetros, proceder-se-á do mesmo modo como foi feito para o modelo de Hollomon, ou seja, plotando este modelo junto com a curva tensão-deformação verdadeira e, por fim, determinando o resíduo. Por meio do código em MATLAB®, visto no Apêndice, Figura A–6, obtêm-se os valores K igual a 903,6219 MPa, n_1= 0,3027 e n_2= 0,0189. Assim, o modelo de Tian e Zhang resultou em:

$$\sigma_t = 903,6219 \ \varepsilon_t^{0,3027+0,0189 \ \ln(\varepsilon_t)} \tag{15}$$

com σt em MPa e resíduo de 23,0609 MPa.

É possível observar que o modelo de Tian e Zhang tem um resíduo bem menor que o de Hollomon, o que significa que o modelo de Tian e Zhang deve ser utilizado para tratar os dados não lineares.

As curvas que comparam o modelo de Tian e Zhang com os resultados experimentais podem ser vistas a seguir, na Figura 10. Nota-se que a aproximação com os resultados experimentais é notoriamente melhor que aquela proposta por Hollomon, como pode ser observado na Figura 10.

Figura 10: Modelo de Tian e Zhang e a curva tensão-deformação (resultados experimentais) da região não linear

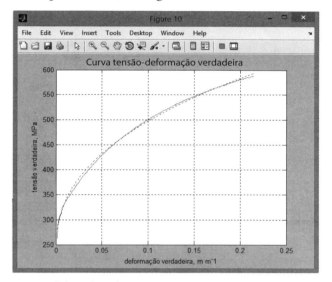

Fonte: Elaborado pelos autores

Determinação do Limite de Escoamento pelo Método de Newton-Raphson

O limite de escoamento é determinado em engenharia mecânica por intermédio da atribuição de uma deformação arbitrária de 0,002 para o caso em que o escoamento não é nítido (DOWLING, 2013). Há de se traçar, portanto, uma reta paralela à região linear da curva tensão-deformação de engenharia mostrada na Figura 1, ou seja:

$$y = 183680x + 0,002 \tag{16}$$

A interseção dessa reta com o modelo de Tian e Zhang permite a determinação do limite de escoamento, ou seja:

$$183680x + 0,002 = 903,6219\, x^{0,3027+0,0189\,\ln(x)} \tag{17}$$

Tal interseção não pode ser resolvida analiticamente. Para tal, utiliza-se o método de Newton-Raphson (PUGA; TÁRCIA; PAZ, 2012):

Sejam $f(x) = 183680x + 0,002 - 903,6219\, x^{0,3027+0,0189\,\ln(x)}$ e x_1 = condição inicial. A condição inicial será determinada por meio do método gráfico conforme Figura 11. Tal método iterativo consiste na criação de uma sequência, $\{x_k\}_{k\in R}$, convergindo para a solução da equação (17). Cada elemento dessa sequência é obtido da seguinte maneira:

$$x_{k+1} = x_k - \frac{f(x_k)}{f'(x_k)} \tag{18}$$

Utilizando o método de Newton-Raphson no MATLAB® conforme pode ser observado no Apêndice, Figura A–7, obtém-se a interseção das curvas dadas por x= 0,0015. Para se determinar o limite de escoamento, basta substituir o valor de x na função mostrada na equação (16) ou equação (17). Logo, o limite de escoamento vale 275,522 MPa. Ao comparar esse valor com aquele obtido na Tabela 1, que é de 303 MPa, a diferença é de cerca de 9%.

Figura 11: Interseção entre as curvas da equação (17), $183680x + 0,002$ e equação (18), $903,6219\, x^{0,3027+0,0189\,\ln(x)}$

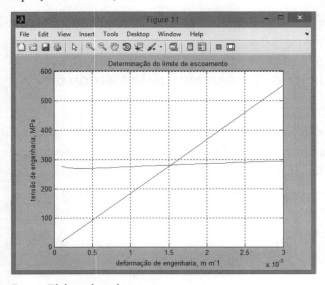

Fonte: Elaborado pelos autores

Determinação dos Módulos de Resiliência e de Tenacidade

O módulo de resiliência U_r, descrito na equação (3), pode ser determinado pela área do triângulo abaixo da reta $y = 183680x$. Como a região elástica foi considerada para deformações variando de 0 até 0,0015, obtém-se U_r de 0,206 MJ m^{-3}, aproximadamente, ou 206 kJ m^{-3}. Quando comparado com o valor mostrado na Tabela 2, que é de 245 kJ m^{-3}, nota-se que a diferença é de cerca de 16%.

Já na determinação do módulo de tenacidade, U_t, descrito na equação (4), o aluno deve dedicar seus esforços primeiramente à região não linear da curva tensão-deformação de engenharia por intermédio, por exemplo, do método de Simpson utilizando a equação a seguir:

$$U_{t,1} = \frac{h}{3}[f(x_1) + 4 \sum_{\substack{j=2 \\ pares}}^{n-1} f(x_j) + 2 \sum_{\substack{j=3 \\ ímpares}}^{n-2} f(x_j) + f(x_n) \tag{19}$$

onde $h = x_{j+1} - x_j$ para $j = 1, 2, 3 \ldots n-1$ e x_j uma deformação. A quantidade n de pontos x_j deve ser no mínimo 3 e deve ser ímpar para aplicar a Regra de Simpson.

Na região não linear da curva tensão-deformação de engenharia, contudo, há uma segunda porção que corresponde ao "empescoçamento" cujas equações de Hollomon (1945) e Tian e Zhang (1994) não são válidas. Por essa razão, utiliza-se a ideia da integração de Riemman (STEWART, 2013), na qual a área abaixo desta curva será aproximada pela soma de todas as áreas dos retângulos delimitadas pela deformação de engenharia entre o limite de resistência e o de ruptura. Como o intervalo de deformação lido na curva tensão-deformação é bastante pequeno, a aproximação é razoável, ou seja:

$$U_{t,2} = \sum_{j=1}^{k} (x_{j+1} - x_j) y_j \tag{20}$$

Os códigos em MATLAB®, vistos no Apêndice, Figura A–8, para o cálculo de $U_{t,1}$ e $U_{t,2}$, levam aos valores obtidos pelo software de 84,8735 MJ m^{-3} e 59,6143 MJ m^{-3}, respectivamente. Somando-se os valores de U_r, $U_{t,1}$ e $U_{t,2}$ obtém-se 144,6938 MJ m^{-3}. Quando comparado com o valor mostrado na Tabela 2, que é de 144 MJ m^{-3}, a diferença é de menos de 0,5%.

O Projeto de Conformação Mecânica por Trefilação

Na trefilação de um fio-máquina, pode-se usar as equações propostas por Hollomon (equação 7) e Tian e Zhang (equação 8) uma vez que o estado uniaxial de tensões está presente nesse processo de conformação (HOSFORD; CADDELL, 2007), posto que a deformação plástica é uniforme.

Assim, os alunos são instados a utilizar o melhor modelo em um projeto de conformação por trefilação com vistas a atingir determinadas propriedades e dimensões. Um exemplo disso é mostrado na Tabela 3, a seguir. Nesse exemplo, os alunos percebem que o material utilizado é aquele cujos modelos de Hollomon e Tian e Zhang foram testados. Além disso, as barras redondas devem ter um diâmetro final menor que o inicial, o que indica a necessidade do processo de conformação mecânica; a manutenção da secção transversal indica ainda que o processo de trefilação é o mais indicado. O atingimento das propriedades mecânicas faz com que os alunos percebam que o projeto pode ser mais complexo, já que essas representariam mais uma restrição no processo propriamente dito. De modo geral, pode-se perceber que os valores finais de limite de escoamento e de ductilidade podem resultar em valores opostos, já que o aumento na primeira propriedade indica uma redução na ductilidade (alongamento). Ao perceber essa possibilidade de conflito, os alunos deparam-se com uma situação na qual há necessidade de se prever o comportamento do material após a conformação e que isso pode ser conseguido por intermédio dos modelos avaliados anteriormente.

Tabela 3: Especificações da trefilação de barras do estudo de caso

Parâmetro	Inicial	Final
Material	Aço inoxidável ferrítico	
Diâmetro (mm)	15	12
σ_y (MPa)	303	> 400
σ_u (MPa)	475	-
σ_r (MPa)	350	-
ε (%) — Alongamento	37	> 20

Fonte: Elaborado pelos autores

A experiência docente tem mostrado que o modo de abordagem da solução do problema com diversas especificações e condições conflitantes é variado, mas pode ser resumido como mostrado na Figura 12. Dessas abordagens, a menos frequente é a de tentativa e erro, já que os alunos têm um arcabouço teórico e confiança nos modelos relativamente grande por conta de sua experiência anterior. Embora a abordagem com foco na solução seja a que toma menor período de tempo quando comparada às demais, não é a mais recorrente entre os alunos. Por essa razão, esse item dedica-se à abordagem do mais simples para o complexo, o que significa que o número de etapas de conformação mecânica e possível combinação com tratamentos intermediários de recozimento só é aumentado caso seja necessário, quando as propriedades requeridas e as restrições impostas impedem que o procedimento seja adotado.

Figura 12: Três diferentes abordagens possíveis de alunos do curso de Engenharia na solução de estudos de caso

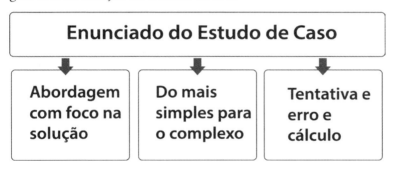

Fonte: Elaborado pelos autores

De acordo com os modelos já apresentados, o valor da tensão pode ser interpretado como o novo limite de escoamento após a redução a frio e que corresponde a uma deformação verdadeira dada pela seguinte equação:

$$\varepsilon_t = \ln\left(\frac{1}{1-r}\right) \quad (21)$$

Onde r é a redução em área, dada por:

$$r = \frac{A_0 - A_d}{A_0} \quad (22)$$

A_0 e A_D são as áreas antes e após a conformação mecânica a frio, respectivamente. Uma estimativa preliminar que os alunos podem fazer é a execução da conformação sem qualquer etapa intermediária de recozimento, já que essa etapa, além de envolver maiores custos, não é capaz de atender a prazos mais exíguos. Ao fazer isso, será possível chegar à conclusão que a redução em área será de

$$r = \frac{d_0^2 - d_d^2}{d_0^2} = 1 - \frac{d_d^2}{d_0^2} = 1 - \frac{12^2}{15^2} = 0,36$$

E, consequentemente, corresponde a uma deformação verdadeira de

$$\varepsilon_t = \ln\left(\frac{1}{1-r}\right) = \ln\left(\frac{1}{1-0,36}\right) = 0,446$$

Resultado esse que claramente ultrapassa os valores estipulados em ambos os modelos, assim como o alongamento desse material, que é de 37%, incluindo a estricção. Essa primeira estimativa faz com que os alunos se apercebam que há restrições nessa proposta de conformação mecânica; o esquema dessa primeira proposta pode ser visto na Figura 13.

Figura 13: Primeira possível proposta hipotética de projeto envolvendo uma única etapa de trefilação

Fonte: Elaborado pelos autores

Como a faixa de validade dos modelos varia entre 0,16 e 21,51% de deformação verdadeira, uma das possibilidades[1] é o uso desse valor máximo no cálculo da redução em área, assim dada por:

$$r = 1 - \frac{1}{e^{\varepsilon_t}} = 1 - \frac{1}{e^{0,22}} = 0,19354$$

E que conduz ao diâmetro inicial, em mm, de

$$d_0 = \sqrt{\frac{d_d^2}{1-r}} = \sqrt{\frac{12^2}{1-0,19354}} = 13,36$$

certamente menor que o valor do diâmetro inicial do enunciado. Os alunos podem então propor que o processo seja conduzido em mais de uma etapa. Ainda que se faça em duas etapas, com uma etapa intermediária de recozimento para recristalização e, portanto, restauração das propriedades mecânicas, o diâmetro inicial nas duas etapas propostas não coincidiria com o inicial do enunciado, como pode ser observado na Figura 14, a segunda proposta hipotética de projeto.

Figura 14: Segunda proposta hipotética de projeto envolvendo duas etapas de trefilação e o recozimento como etapa intermediária para restauro das propriedades mecânicas

Fonte: Elaborado pelos autores

---

[1] Como exposto anteriormente, a imprevisibilidade na proposta de projeto quer dizer que os alunos têm liberdade para atribuição de diferentes valores de deformação verdadeira que estejam nessa faixa, já que todos esses valores são plausíveis e, portanto, podem ser utilizados na solução correta do problema.

Os alunos seriam forçados, portanto, a projetar a conformação mecânica em três etapas, com duas etapas intermediárias de recozimento para recristalização e consequente restauração das propriedades mecânicas, como pode ser observado na Figura 15, a seguir. A diferença nos graus de redução, no entanto, pode fazer com que os alunos queiram propor uma maneira de equalizar esses valores, já que o número de passes é necessariamente superior a dois.

Figura 15: Terceira proposta hipotética de projeto envolvendo três etapas de trefilação e o recozimento como etapas intermediárias para restauro das propriedades mecânicas

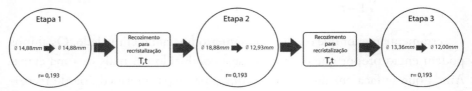

Fonte: Elaborado pelos autores

Uma das alternativas para essa equalização é a divisão simples da deformação verdadeira pelo número de etapas necessárias para a realização da trefilação. Ao denominar esse valor de n*, e usando a equação (9), é possível chegar-se à relação

$$\varepsilon_t^* = \frac{1}{n^*} \ln\left(\frac{1}{1-r}\right) \qquad (23)$$

Para um número de etapas igual a 3, pode-se chegar ao valor de deformação verdadeira de 0,1487 e ao grau de redução de 0,1382. A Figura 16 mostra esse projeto de conformação mecânica, que seria a quarta proposta hipotética com a devida equalização do grau de redução em área ou de deformação verdadeira.

Figura 16: Quarta proposta hipotética de projeto envolvendo três etapas de trefilação com mesmo grau de redução em área e o recozimento como etapas intermediárias para restauro das propriedades mecânicas

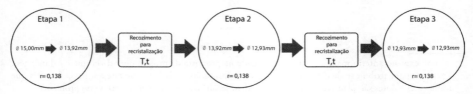

Fonte: Elaborado pelos autores

Outra restrição que está presente no projeto de conformação mecânica é o fato de que a tensão atuante em cada passe da trefilação não pode superar aquele da própria resistência do material. Isso pode ser feito a partir do cálculo do trabalho necessário por unidade de volume para a realização da trefilação. Hosford e Caddell (2007) propõem que isso seja feito a partir da relação com a curva tensão-deformação de engenharia, dada por:

$$w_i = \int_0^\varepsilon \sigma d\varepsilon \tag{25}$$

Ao usar o modelo de Hollomon (equação 7), essa equação é levada ao seguinte resultado:

$$w_i = \frac{K \varepsilon_t^{n+1}}{n+1} \tag{26}$$

Já a equação (8), proposta por Tian e Zhang (1994), leva ao seguinte resultado:

$$w_i = \frac{\sqrt{\pi} K e^{-\frac{(n_1+2)^2}{4n_2}} \operatorname{erf}\left(\frac{2n_2 \ln(\varepsilon_t) + n_1 + 1}{2\sqrt{n_2}}\right)}{2\sqrt{n_2}} \tag{27}$$

Em ambas as equações, esse trabalho é conhecido como o *trabalho ideal*, ou seja, aquele que não leva em conta os trabalhos devido ao atrito e aquele devido à redundância (HOSFORD; CADDELL, 2007). Ao comparar as duas equações, (26) e (27), nota-se que é mais simples usar a equação (26). Essa decisão deve passar pela comparação dos resultados propostos em ambos os casos para essa segunda etapa.[2] Adota-se o cálculo do valor do trabalho ideal para a proposta feita na Figura 16 por:

$$w_i = \frac{804,725 \varepsilon_t^{0,2058+1}}{0,2058+1} = \frac{804,725 \times 0,14876^{1,2058}}{0,2058+1} = 543,7 MJ \ m^{-3}$$

---

[2] O cálculo que compara os resultados previstos para o limite de escoamento em ambos os modelos é visto mais adiante. Esses valores estarão muito próximos, o que significa que a diferença nos coeficientes de correlação ou nos resíduos não é suficiente para que a previsão dos modelos leve a resultados muito distintos.

Como o volume de material que entra na fieira em uma trefiladora deve ser igual ao que sai dessa fieira, pode-se chegar ao valor do trabalho necessário real por unidade de volume para a trefilação, w_a, dado por:

$$w_a = \sigma_d = \frac{F_d Ä\ell}{A_d Ä\ell} = \frac{F_d}{A_d} \tag{28}$$

Ao substituir os valores para o último passe (que é o mesmo para os demais passes de acordo com a última proposta de projeto) e supondo que w_i seja igual a w_a, chega-se ao valor de:

$$w_a = w_i = \sigma_d = 543,7 \; MPa$$

Esse valor parece ser superior ao limite de resistência do material, como pode ser visto na Tabela 1, cujo limite de resistência à tração é de 475 MPa. Há, portanto, outro fator limitante denominado de *redução máxima por trefilação,* que corresponde à máxima redução por passe, já que a tensão atuante na deformação mecânica, σ_d, não deve exceder o valor do limite de resistência à tração do material, σ_u. A partir do modelo de Hollomon, equação (7), e a tensão devida à conformação mecânica a frio, equação (28), é possível estabelecer o valor da deformação máxima verdadeira, ε_t^*, dada por (HOSFORD; CADDELL, 2007) para o estado recozido:

$$\varepsilon_t^* = \left[\eta (n+1) n^n \right]^{\frac{1}{n+1}} \tag{29}$$

onde η é entendido como eficiência no processo de conformação mecânica, dada pela razão entre o trabalho ideal de conformação mecânica, w_i, e o trabalho real de conformação mecânica, w_a. Um valor razoável para essa eficiência, segundo Hosford e Caddell (2007), é de 0,65, que leva a um valor de deformação máxima verdadeira de:

$$\varepsilon_t^* = \left[0,65 (0,2058+1) 0,2058^{0,2058} \right]^{\frac{1}{0,2058+1}} = 0,6238$$

ou seja, um grau de redução em área r igual a 0,4641. Como os valores utilizados na Figura 16 são inferiores a esse valor limite, esse projeto parece, ao menos por hora, ser bem-sucedido.

Ocorre que durante a conformação mecânica a frio, o limite de escoamento e o limite de resistência à tração aumentam ao passo que o alongamento diminui. Há de se saber, portanto, o comportamento desse aço com o grau de deformação a frio no que diz respeito a essas propriedades. Se o alongamento depende da deformação verdadeira pela expressão:

$$Al\left(\%\right)=100\left(2,0165\varepsilon_t^2 - 1,7209\varepsilon_t + 0,3705\right)$$

Ao analisar o projeto descrito na Figura 16 e assumindo o valor de deformação verdadeira proposto de 0,1488, é possível chegar ao valor do alongamento final de:

$$Al=100\times\left(2.0165\times0,1488^2 - 1,7209\times0,1488 + 0,3705\right)=15,91\%$$

valor esse inferior ao proposto no enunciado do problema, como mostrado na Tabela 3, que é de no mínimo 20%. Assim, o projeto proposto deve passar por uma mudança no grau de redução do último passe para que atenda a essa exigência além do limite de escoamento, que parece já ter sido atendido nos projetos anteriores, qualquer que seja o modelo utilizado: Hollomon ou Tian e Zhang.

Pode-se então usar o valor superior a 20% nessa última expressão e assim determinar o valor de deformação verdadeira para o último passe e, consequentemente, o grau de redução em área. Assim, assumindo um valor de 21%, vem:

$$2,0165\varepsilon_t^2 - 1,7209\varepsilon_t + 0,1605 = 0$$

Ao resolver essa equação, duas raízes são possíveis: 0,7468 e 0,1066. Como a primeira raiz é superior aos valores propostos em projetos anteriores, é razoável supor que a segunda raiz deva ser utilizada no último passe do projeto proposto na Figura 16. Isso pode ser visto a seguir, na Figura 17. Note que as duas primeiras etapas já foram equalizadas, à semelhança do exposto anteriormente.

Figura 17: Quinta proposta hipotética de projeto envolvendo três etapas de trefilação com graus de redução em área diferenciados e o recozimento como etapas intermediárias para restauro das propriedades mecânicas, procurando atender a todas as especificações do projeto

Fonte: Elaborado pelos autores

Para mostrar que a especificação de limite de escoamento foi atendida, usa-se o modelo avaliado anteriormente e que atendia melhor a curva tensão-deformação verdadeira. Para o modelo de Hollomon, equação (7), ele é dado por:

$$\sigma_t = 717{,}0301\varepsilon_t^{0{,}1550}$$

Para $\varepsilon_t = 0{,}1066$, vem:

$$\sigma_t = 717{,}0301 \times 0{,}1066^{0{,}1550} \cong 507\ MPa$$

Se for adotado o modelo de Tian e Zhang, equação (8), vem:

$$\sigma_t = 903{,}6219\varepsilon_t^{0{,}3027+0{,}0189 ln\varepsilon_t}$$

Novamente, para $\varepsilon_t = 0{,}1066$:

$$\sigma_t = 903{,}6219 \times 0{,}1066^{0{,}3027+0{,}0189 \times ln 0{,}1066} \cong 504\ MPa$$

Nota-se, portanto, que apesar de o modelo de Hollomon não apresentar o menor resíduo, o valor do limite de escoamento previsto em ambos os casos é, em termos práticos, o mesmo ou no máximo apresenta uma diferença de apenas 0,6%. A simplicidade do modelo de Hollomon, os cálculos envolvendo o grau máximo de deformação por trefilação e o trabalho ideal e real para a conformação mecânica indicam que essa escolha é aparentemente mais inteligente se fosse adotado o modelo de Tian e Zhang.

CONSIDERAÇÕES FINAIS

O presente capítulo mostra o uso de um estudo de caso de razoável complexidade para alunos dos cursos de engenharia com abordagens variadas e resultados diversos, visto que há muitos momentos cujas decisões permitem diferentes possibilidades, mas igualmente razoáveis, visto que estão dentro do intervalo de soluções.

Em uma primeira etapa, os alunos são instados a usar técnicas de cálculo numérico para a obtenção das propriedades mecânicas de maneira acurada e precisa assim como a determinação do melhor modelo que retrata a curva tensão-deformação verdadeira com vistas a seu uso no projeto de conformação mecânica.

Em uma segunda e última etapa, os alunos devem trabalhar em grupo com o intuito de atender às especificações em determinado projeto de conformação mecânica cujo modelo anteriormente estudado pode ser utilizado de maneira imediata.

Os obstáculos que os alunos têm de suplantar não são apenas de natureza conceitual, mas também fruto do diálogo entre os pares para a tomada de decisões e a abordagem para a solução do problema. O tempo pode ser outro ponto de restrição entre os grupos dos alunos, bem como os custos do projeto, os quais não foram apresentados neste estudo, mas que podem tornar o estudo de caso ainda mais interessante e desafiante.

REFERÊNCIAS

CALLISTER, W. D. (2005). *Fundamentals of Materials Science and Engineering: An Integrated Approach.* New York: John Wiley & Sons, Inc.

CONSELHO NACIONAL DE EDUCAÇÃO. (11 de março de 2002). *Ministério da Educação.* Disponível em Conselho Nacional de Educação: http://portal.mec.gov.br/cne/arquivos/pdf/CES112002.pdf. Acesso em: 24 de maio de 2016

DAGGETT, W. R. (2014). *Achieving Academic Excellence through Rigor and Relevance.* International Center for Leadership in Education.

DOWLING, N. E. (2013). *Mechanical Behavior of Materials* (4 ed.). Essex: Pearson Education.

ENGELHART, M. D., FURST, E. J., HILL, W. H., & KRATHWOHL, D. R. (1956). *Taxonomy of Educational Objectives — Cognitive Domain.* (B. S. Bloom, Ed.) New York: Longmans, Green.

FERRAZ, A. P., & BELHOT, R. V. (2010). Taxonomia de Bloom: revisão teórica e apresentação das adequações do instrumento para definição de objetivos instrucionais. *Gestão e Produção, 17*(2), pp. 421–431.

HOLLOMON, J. H. (Junho de 1945). Tensile Deformation. *Transactions of the American Institute of Mining, Metallurgical and Petroleum Engineers, 162*, pp. 268–290.

HOSFORD, W. F., & CADDELL, R. M. (2007). *Metal Forming Mechanics and Metallurgy.* Cambridge: Cambridge University Press.

HUBBMANN, T. B., & DUTRA, J. C. (15 de outubro de 2015a). Análise da curva tensão-deformação verdadeiras do aço UNS S 43932. *V Simpósio de Iniciação Científica, Didática e de Ações Sociais de Extensão da FEI.* São Bernardo do Campo, São Paulo.

HUBBMANN, T. B., & DUTRA, J. C. (2015b). *Obtenção de diferentes distribuições de tamanhos de grão por intermédio de deformação plástica e recristalização e/ou crescimento de grão em um aço inoxidável ferrítico UNS S43932.* Relatório de Projeto de Iniciação Científica, São Bernardo do Campo.

PUGA, Leila Zardo; TÁRCIA, José Henrique Mendes; PAZ, Álvaro Puga. *Cálculo numérico.* 2. ed. São Paulo: Lcte, 2012.

STEWART, James. *Cálculo.* 3. ed. São Paulo: Cengage Learning, 2013. 1 v. Tradução: E. Translate.

TIAN, X., & ZHANG, Y. (1994). Mathematical Description for Flow Curves of some Stable Austenitic Steels. *Materials Science and Engineering, A174*, L1–L3.

TYRAN, C. K. (2010). Designing the spreadsheet-based decision support systems course: An application of Bloom's taxonomy. *Journal of Business Research, 63*, pp. 207–216.

APÊNDICE

Esse item apresenta os códigos em MATLAB® usados no texto. Optou-se por esse formato para que o texto possuísse maior fluência.

Figura A–1: Código em MATLAB® para a determinação do coeficiente angular na região de validade da Lei de Hooke

```
%Parte 1: Construção da região elástica
deformacao=VarName1; tensao=VarName2;
```

Estudo de Caso com Abordagem Integrada de Técnicas de Cálculo Numérico em Curvas   257

```matlab
%Curva típica de tensão-deformação da engenharia
figure(3)
plot(deformacao,tensão)
title('curva tensão-deformação de engenharia')
xlabel('deformação de engenharia,m m^-1')
ylabel('tensão de engenharia, MPa')
grid
%Escolha dos pontos necessários para construção da parte linear.
%Até a tensão de 300MPa
deformacao_l=VarName3; tensao_l=VarName4;
%parte linear
figure(4)
plot(deformacao_l,tensao_l)
title('curva tensão-deformação de engenharia')
xlabel('deformação de engenharia,m m^-1')
ylabel('tensão de engenharia MPa')
grid
%tiramos a média da tensão para pontos com mesma deformação.
deformacao_lc=VarName5; tensao_lc=VarName6;
%parte linear corrigida
figure(5)
plot(deformacao_lc,tensao_lc)
title('curva tensão-deformação de engenharia')
xlabel('deformação de engenharia,m m^-1')
ylabel('tensão de engenharia, MPa')
grid
%restringimos ainda mais os pontos para deformação de 0.15
epsilon_linear=VarName7; sigma_linear=VarName8;
%parte linear corrigida
figure(6)
plot(epsilon_linear,sigma_linear)
title('curva tensão-deformação de engenharia')
xlabel('deformação de engenharia, m m^-1')
ylabel('tensão de engenharia, MPa')
grid
```

Fonte: Elaborado pelos autores

Figura A–2: Código em MATLAB® para a determinação do coeficiente angular da reta, ou seja, na validade da lei de Hooke

```
% Método dos Mínimos Quadrados
x=epsilon_linear;
y=sigma_linear;
n=length(x);
g=ones(n,1);
g(:,1)=x;
g;
G=g'*g;
b=y'*g;
k=b/G %coeficiente k do modelo y=kx%
% Gráfico com a parte linear da curva tensão-deformação
% e o modelo y=kx.
t=0:0.0001:0.0015;
reta=k*t;
figure(7)
plot(epsilon_linear,sigma_linear,'r',t,reta,':b')
title('curva tensão-deformação de engenharia')
xlabel('deformação de engenharia, m m^-1')
ylabel('tensão de engenharia, MPa')
grid
 %Cálculo do Resíduo
modelo=k*epsilon_linear;
residuo=sum((modelo-sigma_linear).^2)
```

Fonte: Elaborado pelos autores.=

Tabela A–1: Tabela gerada em MATLAB® com o código mostrado na Figura A–2, por sua vez baseada na equação (11)

tabela =	0.0988
1.0e+04	0.0788
63333	0.0585
22500	0.0471
12500	0.0347
0.8000	0.0279

0.7500	0.0162
0.2500	0.0104
0.5000	0
0.5000	0
0.4000	-0.0045
0.3158	-0.0125
0.1964	-0.0151
0.1411	-0.0850

Fonte: Elaborado pelos autores

Figura A–3: Código em MATLAB® para a determinação do intervalo de deformação não linear

```
%Parte 2: Determinação da região de Validade da deformação plástica
deformacao_nao_linear=VarName9;
tensao_nao_linear=VarName10;
for n=1:27
        R(n)=(tensao_nao_linear(30*n)-tensao_nao_linear(30*(n-1)+1))/
(deformacao_nao_linear(30*n)-deformacao_nao_linear(30*(n-1)+1));
end
tabela=R'
%%%%%%%%%%%%%%%%%%%%%%%%%%%%%%%%%%%%%%%%%%
%%%%%%%%%%%%%%%%%%%%%%%%%%%%%%%%%%%%%%%%%%
%%%%%%%%%%%%%%
```

Fonte: Elaborado pelos autores

Figura A–4: Código em MATLAB® para a conversão da tensão e deformação de engenharia em tensão e deformação verdadeira

```
%Parte 3: Escolha da melhor família
% Conversão das deformações e tensões de engenharia para as verda-
deiras da
% parte não linear.
deformacao_nao_linear_p=VarName11;
tensao_nao_linear_p=VarName12;
deformacao_verdadeira=log(deformacao_nao_linear_p+1);
tensao_verdadeira=tensao_nao_linear_p.*(1+deformacao_nao_linear_p);
figure (8)
```

(continua)

(continuação)
```
plot(deformacao_nao_linear_p,tensao_nao_linear_p,'r',deformacao_
verdadeira,tensao_verdadeira,':b')
xlabel('deformação (de engenharia e verdadeira), m m^-1')
ylabel('tensão de (engenharia e verdadeira),MPa')
legend('tensão-deformação de engenharia','verdadeira',0)
grid
```
Fonte: Elaborado pelos autores

Figura A–5: Código em MATLAB® para a determinação dos parâmetros do modelo de Hollomon (1945)
```
% Modelo de Hollomon: tensao_verdadeira=k*(deformacao_verda-
deira).^n
% Linearizando obtemos log(tensao_verdadeira)=log(k)+n*log(defor-
macao_verdadeira)
Y_H=log(tensao_verdadeira);
X_H=log(deformacao_verdadeira);
coef_reta_H=polyfit(X_H,Y_H,1)
n=coef_reta_H(1)
k=exp(coef_reta_H(2))
modelo_H=k*(deformacao_verdadeira).^n;
% Modelo Hollomon VS Dados
figure(9)
plot(deformacao_verdadeira,tensao_verdadeira,'r',deformacao_verda-
deira,modelo_H,':b' )
title('curva tensão-deformação verdadeira')
xlabel('deformação verdadeira, m m^-1')
ylabel('tensão verdadeira, MPa')
grid
%Cálculo de resíduo
residuo=sum((tensao_verdadeira-k*(deformacao_verdadeira).^n))
```
Fonte: Elaborado pelos autores

Figura A–6: Código em MATLAB® utilizado para a determinação dos parâmetros do modelo de Tian e Zhang (1994)
```
% Modelo de Tian e Zhang:
%tensao_verdadeira=k*tensao_verdadeira.^(n_1+n_2*log(deforma-
```

```
cao_verdadeira))
%linearização do modelo
%log(tensao_verdadeira)=log(k)+n_1*log(deformacao_verdadei-
ra)+n_2*(log(deformacao_verdadeira)).^2
Y_T=log(tensao_verdadeira);
X_T=log(deformacao_verdadeira);
coef_parabola_T=polyfit(X_T,Y_T,2)
n_2=coef_parabola_T(1)
n_1=coef_parabola_T(2)
k=exp(coef_parabola_T(3))
modelo_T=k*deformacao_verdadeira.^(n_1+n_2*log(deformacao_
verdadeira));
% Modelo Tian e Zhang VS Dados
figure(10)
plot(deformacao_verdadeira,tensao_verdadeira,'r',deformacao_verda-
deira,modelo_T,':b' )
title('curva tensão-deformação verdadeira')
xlabel('deformação verdadeira, m m^-1')
ylabel('tensão verdadeira, MPa')
grid
%Cálculo de resíduo
residuo=sum((tensao_verdadeira-k*(deformacao_verdadei-
ra).^(n_1+n_2*log(deformacao_verdadeira))))
```

Fonte: Elaborado pelos autores

Figura A–7: Código em MATLAB® para determinação do limite de escoamento

```
%Parte 4: Determinação do limite de escoamento
%Localização da Raiz- aparecem duas raízes
clear t
t=0.0001:0.0001:0.003;
curva_1=183680*t+0.001;
curva_2=(903.6219)*t.^(0.3027+0.0189*log(t));
figure(11)
plot(t,curva_1,t,curva_2)
grid
title('Determinação do limite de escoamento')
```

(continua)

(continuação)

```
xlabel('deformação de engenharia, m m^-1')
ylabel('tensão de engenharia, MPa')
%Método de Newton-Rapshon
clear t
syms t
f=(183680*t+0.002)-(903.6219)*t.^(0.3027+0.0189*log(t));
df=diff(f);
x(1)=0.025;
for i=1:20
    x(i+1)=x(i)-(subs(f,x(i))/subs(df,x(i)));
end
raiz_1=x(21)
```

Fonte: Elaborado pelos autores

Figura A–8: Código em MATLAB® para o cálculo do módulo tenacidade

```
%Módulo de Tenacidade
%modelo de Tian e Zhang
clear x
clear y
clear i
clear j
x=deformacao_nao_linear_p;
y=(903.6219)*x.^(0.3027+0.0189*log(x));
h=0.0003;
i=2:2:688
j=3:2:687;
U_t1=(h/3)*(y(1)+y(689)+4*sum(y(i))+2*sum(y(j)))
% não vale modelo de Tian e Zhang
clear k
clear x
clear y
x=deformacao_nao_linear;
y=tensao_nao_linear;
k=690:830;
U_t2=sum((x(k+1)-x(k)).*y(k))
```

Fonte: Elaborado pelos autores

Capítulo 11

Modelagem Matemática Aplicada ao Estudo de Caso

Antonio Carlos Gracias

INTRODUÇÃO

A base do setor energético brasileiro é composta pelo tripé formado por petróleo e derivados, gás natural e eletricidade, que compõem mais de 60% da matriz energética brasileira. O governo brasileiro tinha a projeção de crescimento da economia brasileira de 4% ano a partir de 2010, com isso a demanda por combustíveis para os setores energético, industrial, comercial e de transportes iria aumentar. Energia é o principal insumo capaz de sustentar o crescimento econômico e populacional brasileiro, e sem investimentos em geração de energia não existe crescimento econômico.

O grande problema é equacionar desenvolvimento com sustentabilidade. Mesmo o Brasil tendo contribuído com 1,16% das emissões mundiais de CO_2 (gás carbônico) (IEA, 2011), em 2009, e tendo uma matriz energética com significativa participação de fontes renováveis, como energia elétrica de fonte hídrica, etanol e bagaço de cana, existe a necessidade de manter o crescimento econômico com o aumento da utilização de fontes renováveis e gás natural. Mas existem dois fatos importantes dificultando esse crescimento. Primeiro é a crise pela qual está passando o setor de cana-de-açúcar brasileiro (RODRIGUES, 2012), através da diminuição da produção de etanol, que proporcionou um aumento de 315% na importação de gasolina, principal derivado do petróleo, até maio de 2012 (PEREIRA, 2012), principalmente para o setor de transportes. O segundo fato é a não retomada dos investimentos para a construção de centrais termelétricas, pequenas centrais hidrelétricas (PCHs) e do programa de cogeração de energia, que diminuiria a utilização de óleo combustível na geração de eletricidade pela utilização de gás natural (WRIGHT; CARVALHO; GIOVINAZZO, 2009).

Os derivados de petróleo (óleo diesel, gasolina e querosene) têm participação média de 50% no setor de transportes rodoviários desde 1990 (MME, 2011). A participação do petróleo e derivados na matriz energética brasileira, em 2000, era de 49% e caiu para 46% em 2010 (BP, 2011) e, em 2030, existe uma tendência de redução da participação do petróleo e derivados na matriz energética para 30% (TOLMASQUIM, 2007), devido ao aumento da participação das fontes renováveis na matriz energética brasileira. Nesse cenário, a avaliação das perspectivas de produção e importação de petróleo e seus derivados em longo prazo é essencial para o planejamento da política energética do país. Ao analisar as perspectivas de produção e importação de petróleo com projeções de demanda, pode-se modificar o nível de dependência externa e de vulnerabilidade de abastecimento e a necessidade de realizar ou não investimentos em refinarias e em infraestrutura.

O governo brasileiro utiliza, como base para projeções de investimento no setor, o Plano Decenal de Expansão de Energia (PDE) (EPE, 2011), no qual previsões de produção, importação, consumo e abastecimento de energia no Brasil são feitas.

OBJETIVOS

Este capítulo é resultado de um projeto de iniciação científica do Centro Universitário da FEI, que teve como objetivo a utilização do modelo logístico de Verhulst para descrever a importação e a produção de gasolina no Brasil como estudo de caso, utilizando uma variação automática da produção e importação inicial P_0 e da constante de saturação da produção (K) para determinar o menor erro quadrático médio normalizado encontrado (NRMSE). E utiliza os dados do Balanço Energético Nacional (MME, 2012) para modelar a importação e produção de gasolina.

O PETRÓLEO NA MATRIZ ENERGÉTICA BRASILEIRA

Uma característica importante da matriz energética brasileira, o que a diferencia da matriz energética mundial, é a significativa participação das fontes renováveis, como energia elétrica proveniente de fontes hídricas, etanol e bagaço de cana. Entretanto, petróleo e derivados e gás natural representam aproximadamente 50% da oferta interna de energia (MME, 2010). Segundo o Ministério de Minas e Energia (EPE, 2010), foi previsto um aumento de 126% na produção de petróleo no período de 2010 até 2019. A produção em 2019 atingirá 5,1 milhões de barris por dia, considerando os recursos contingentes do pré-sal.

A oferta interna de energia teve um aumento de 33% no período entre 2000 e 2008, passando de 190.615 tep (tonelada equivalente de petróleo) para 252.638 tep, e diminuindo 3% no período de 2008–2009 (MME, 2010), no auge da crise mundial econômica que afetou a produção industrial no Brasil em 2009. Esse aumento da oferta de energia interna entre 2000 e 2008 não ocorreu pela maior participação do petróleo e derivados na matriz energética, visto que a participação do petróleo passou de 45,5% em 2000 para 38% em 2009, mas sim pela maior participação dos derivados da cana e do gás natural. A participação dos derivados da cana passou de 10,9% em 2000 para 17% em 2008, e a participação do gás natural passou de 5,4% em 2000 para 10,3% em 2008.

O consumo de petróleo e derivados por setor da economia nacional cresce desde 1999, atingindo 92.292 tep em 2009 (MME, 2010). O setor de transportes é o maior consumidor nacional de petróleo e derivados, com 53% da matriz de consumo; e o setor industrial tem uma participação de 14% na matriz de consumo de petróleo e derivados. A participação do petróleo e derivados (óleo diesel e gasolina) diminuiu desde 2000 no setor industrial, passando de 16% em 2000 para 14% em 2005 e mantendo 14% em 2009. Esse fato deve-se ao aumento do consumo de gás natural no setor industrial.

O Brasil é o segundo colocado em reservas provadas de petróleo na região centrosulamericana (BP, 2011). Uma característica das reservas brasileiras é que 93% delas, em 2009, estavam localizadas no mar, sendo o estado do Rio de Janeiro, por meio da Bacia de Campos, responsável por 80% das reservas de petróleo do Brasil (ANP, 2011).

MODELOS MATEMÁTICOS

Os modelos matemáticos já são aplicados na previsão da produção de reservas de petróleo, como o modelo logístico de Hubbert, o modelo Gaussiano, os modelos exponenciais e o modelo de ciclomúltiplos (BRANDT, 2010). Soldo (2012) apresenta um estudo de vários modelos matemáticos aplicados ao consumo de gás natural no mundo desde 1940 até 2010, sem citar o modelo de von Bertalanffy (GRACIAS; LOURENÇO; RAFIKOV, 2012) e Lógica Fuzzy (GRACIAS, 2013). Forouzanfar et al. (2010) usou o modelo logístico para modelar o consumo anual e sazonal de gás natural para os setores comercial e residencial no Irã. Os parâmetros logísticos foram estimados usando técnicas de otimização como programação não linear (PNL) e algoritmo genético (AG). Mohr et al. (2011) comparou quatro modelos matemáticos: logístico, Gompertz e modelos estático e dinâmico de fornecimento e demanda para projetar a produção de carvão na Austrália.

O modelo matemático adotado para previsão da produção de petróleo no Plano Decenal de Expansão de Energia 2013–2022 (PDE, 2013) foi desenvolvido pela Coordenação de Projetos, Pesquisa e Estudos Tecnológicos (Coppetec) (FILHO, 2007). Pela dificuldade de obtenção de dados necessários para uma simulação de fluxo de reservatórios, tais como dados petrofísicos, características de fluidos e parâmetros de fluxo (pressões e vazões), o modelo desenvolvido por Ferreira Filho (FILHO, 2007) utiliza três etapas: crescimento, produção estabilizada e produção em declínio. As fases de crescimento e patamar são modeladas por uma função linear, enquanto a fase de declínio é modelada por uma função exponencial ou hiperbólica. Esse modelo matemático desenvolvido pela Coppetec permite, por meio de um programa computacional, registrar o ritmo de produção de petróleo, quando ocorrem eventos de incremento ou decremento de produção, tais como entrada de novas plataformas em funcionamento ou fechamento de poços.

Os modelos populacionais não se restringem somente à compreensão da variação do número de indivíduos de uma determinada população, mas também ao estudo do controle biológico de pragas (RAFIKOV; BALTHAZAR; BREMEN, 2008), às estratégias no crescimento de animais (SCARPIM, 2008), ao planejamento da produção e importação de gás natural (GRACIAS; LOURENÇO, 2010), às estratégias no crescimento de cidades (BENENSON, 1999) e aos modelos de competição de mercado (KAMIMURA;

GUERRA;SAUER, 2006). Os modelos que tratam do crescimento populacional são os modelos de Malthus, Verhulst, von Bertalanffy, Richards e outros (TSOULARIS; WALLACE, 2002). O modelo de Verhulst é apresentado a seguir.

Modelo de Verhulst ou Modelo Logístico

Pierre-François Verhulst nasceu em 1804, em Bruxelas. Em 1837 ele desenvolveu o modelo de Verhulst, ou modelo logístico, em que ele propõe que uma população deverá crescer até um limite máximo, isto é, o tamanho da população tende a se estabilizar. Essa estabilidade da população no modelo de Verhulst está relacionada com a capacidade de suporte do meio em que esta população vive.

A equação diferencial para esse modelo é representada pela equação (1), já adaptada para a produção e importação de gasolina.

$$\frac{dP}{dt} = rP\left(1 - \frac{P}{K}\right) \tag{1}$$

onde:

r é a taxa de crescimento da produção de gasolina.

P é a produção ou importação de gasolina.

K é o nível de saturação (ou nível máximo) de produção.

A solução dessa equação diferencial é dada por meio de integração. Reorganizando a equação (1), tem-se:

$$\frac{dP}{P\left(1 - \frac{P}{K}\right)} = r\,dt \tag{2}$$

Integrando ambos os lados da equação (2), tem-se:

$$\int \frac{dP}{P\left(1 - \frac{P}{K}\right)} = \int r\,dt$$

Sendo a solução das integrais a equação a seguir:

$$\ln|P| - \ln|K - P| = rt + c$$

onde:c é a constante resultante da integração.

Utilizando as propriedades do logaritmo e considerando $P > 0$ e $(K - P) > 0$, tem-se:

$$\ln \frac{P}{K - P} = rt + c \tag{3}$$

Aplicando a condição inicial, $P(0) = P_0$ na equação (3), tem-se:

$$c = \ln\left|\frac{P_0}{K - P_0}\right| \tag{4}$$

Reescrevendo a equação (4), tem-se:

$$\frac{P}{K - P} = c_1 e^{rt}$$

onde: $c_1 = e^c$.

$$P = c_1 K e^{rt} - c_1 P e^{rt} \tag{5}$$

Substituindo c_1 na equação (5), tem-se:

$$P = \frac{K}{1 + \left(\dfrac{K - P_0}{P_0}\right) e^{rt}} \tag{6}$$

Reorganizando a equação (6), temos P em função do tempo:

$$P(t) = \frac{K P_0}{P_0 + (K - P_0) e^{-rt}} \tag{7}$$

onde:P_0 é a produção ou importação inicial.

Para demonstrar o comportamento da equação de Verhulst ao longo do tempo, foi plotado um gráfico.

Figura 1: Gráfico da Equação de Verhulst ao longo do tempo

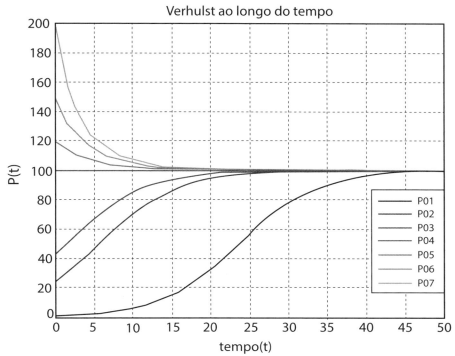

onde: K= 100 e r= 0,2; $P_{(0)1}$= 1, $P_{(0)2}$= 25, $P_{(0)3}$= 75, $P_{(0)4}$= 100, $P_{(0)5}$= 120, $P_{(0)6}$= 150 e $P_{(0)7}$= 200.

Observando as curvas da Figura 1 é possível verificar que o tamanho da população tende a se estabilizar no valor da constante de saturação K ao longo do tempo. Na curva $P_{(0)1}$ nota-se que a população tem uma taxa de crescimento ascendente mais longa, mas depois começa a diminuir até que a população se estabilize em K, que representa o nível de carga do meio em que vivem. Na curva $P_{(0)4}$ não há variação da população ao longo do tempo, pois foi atingido o nível de equilíbrio entre a população e a capacidade do meio em que vivem. Na curva $P_{(0)7}$ há uma rápida diminuição da população, pois está excedendo a capacidade de carga do ambiente.

REGRESSÃO LINEAR UTILIZANDO O MÉTODO DOS MÍNIMOS QUADRADOS

O Método dos Mínimos Quadrados (MMQ) é uma técnica de otimização matemática que procura encontrar o melhor ajuste para um conjunto de dados (x_i, y_i). O melhor ajuste segundo este método é aquele que minimiza a soma dos quadrados dos resíduos, conforme mostra a equação (8).

$$S = \sum_{i=1}^{n} (Y_{dados} - Y_{ajuste})^2 \tag{8}$$

onde:n representa o número de elementos utilizados no ajuste.

O parâmetro r do modelo logístico pode ser obtido por meio de um ajuste linear, pois seria muito complicado utilizar a equação (7) para determinação do mesmo. Com um valor para K preestabelecido, que representa o nível de saturação da produção, obtém-se a linearização da equação de Verhulst por meio da equação (3):

$$\ln \frac{P}{K-P} = rt + c$$

Comparando os termos da equação (3) com a equação $y = ax + b$, tem-se que:

$$y = ln\left(\frac{P}{K-P}\right), a = r \text{ e } b = c$$

Reescrevendo a equação (8) substituindo os termos envolvidos, obtém-se:

$$S = \sum_{i=1}^{n} \left[yi - (ax_i + b) \right]^2 \tag{9}$$

Para que aconteça o menor valor para a soma (S), temos que achar os pontos de mínimo da função, necessitando fazer as derivadas parciais da equação (9) e igualá-las a zero, resultando nas equações (10) e (11).

$$0 = \frac{\partial S}{\partial a} \sum_{i=1}^{n} [yi - (ax_i + b)]^2 = 2 \sum_{i=1}^{n} (yi - ax_i - b)(-x_i)$$

$$0 = \frac{\partial S}{\partial b} \sum_{i=1}^{n} [yi - (a.x_i + b)]^2 = 2\sum_{i=1}^{n} (yi - ax_i - b)(-1)$$

Estas equações são conhecidas como equações normais:

$$b.n + a\sum_{i=1}^{n} x_i = \sum_{i=1}^{n} y_i \tag{10}$$

$$b\sum_{i=1}^{n} x_i + a\sum_{i=1}^{n} x_i^2 = \sum_{i=1}^{n} x_i.y_i \tag{11}$$

Estas duas equações normais formam um sistema linear simples com duas equações e duas incógnitas. Resolvendo esse sistema linear obtém-se os valores dos parâmetros a e b:

$$a = \frac{n\sum x_i.y_i - \sum x_i \sum y_i}{n\sum x_i^2 - (\sum x_i)^2} \tag{12}$$

$$b = \frac{\sum x_i^2 \sum y_i - \sum x_i.y_i \sum x_i}{n\sum x_i^2 - (\sum x_i)^2} \tag{13}$$

Apesar de a regressão linear fornecer tanto o parâmetro a quanto o parâmetro b, que são respectivamente r e c, somente utilizamos r, mesmo sabendo que através de c é possível encontrar P_0 utilizando a equação (4). Isolando P_0 tem-se a equação (14):

$$P_0 = \frac{Ke^c}{(1 + e^c)} \tag{14}$$

Nesse trabalho não foi utilizado o valor de P_0 obtido a partir da equação (14). O valor de P_0 foi deixado com uma variável manipulável, em que adotamos o valor para P_0 como o primeiro valor do conjunto de dados utilizados ou variamos o valor de P_0 até encontrar o melhor ajuste.

Nota-se que para determinar o parâmetro r primeiramente é necessário ter um valor para K e *a*. Para determinar a melhor curva também é necessário o parâmetro P_0, ou seja, K e P_0 podem assumir uma infinidade de valores, então para determinar qual é o melhor conjunto de valores para K e P_0 foi adotado o cálculo do método da raiz do erro quadrático médio normalizado (NRMSE) e o erro quadrático médio (RMSE), equações (15) a (17).

$$E = \sum_{i=1}^{n}(Y_{dados} - Y_{curva})^2 \tag{15}$$

$$RMSE = \sqrt{\frac{E}{n}} \tag{16}$$

$$NRMSE = \frac{RMSE}{Y_{dados,max.} - Y_{dados,min.}} \tag{17}$$

onde: $Y_{dados.max}$ é o maior valor encontrado no conjunto dos dados fornecidos;

$Y_{dados.min}$ é o menor valor encontrado no conjunto dos dados fornecidos.

MATERIAIS E MÉTODOS

Para este trabalho foram utilizados dados do Balanço Energético Nacional (BEN) (MME, 2012) para modelar a importação e produção de gasolina. Para o desenvolvimento e cálculos foi utilizada a linguagem de programação C++ e o programa Dev–C++ 4.6.0. O EXCEL 2013 e o Matlab 2013 foram utilizados para as simulações gráficas dos resultados obtidos.

Para o desenvolvimento dos programas em C++, inicialmente foram montados dois vetores, um contendo os dados da produção de gasolina e o outro com o ano. Utilizando o método dos mínimos quadrados, foi determinado o parâmetro r através de uma regressão linear com base no valor de K. Após determinar o valor de K, foi estipulada uma faixa de valores para K e P_0. Com todos os parâmetros da curva já obtidos, pode-se calcular os valores da projeção da produção de gasolina para o modelo logístico. Utilizando as equações (15), (16) e (17), foram determinados os resíduos, armazenando-os em uma lista com os valores de K, P_0, r, RMSE e NRMSE. A partir dessa lista foi feita uma comparação em busca dos menores resíduos, ou seja, os melhores parâmetros para a construção da curva.

RESULTADOS OBTIDOS

Produção de Gasolina

A Tabela 1 apresenta os dados da produção de gasolina no Brasil.

Tabela 1: Produção de gasolina no Brasil de 1970 a 2012

Ano	Produção (10^3 m^3)	Ano	Produção (10^3 m^3)
1970	9.555	1992	12.453
1971	10.214	1993	14.859
1972	11.702	1994	15.202
1973	13.280	1995	15.007
1974	13.630	1996	16.405
1975	14.759	1997	18.241
1976	14.955	1998	20.203
1977	13.700	1999	19.121
1978	14.860	2000	19.416
1979	14.115	2001	19.657
1980	11.583	2002	19.478
1981	11.990	2003	19.576
1982	12.158	2004	19.656
1983	10.768	2005	20.428
1984	12.139	2006	21.390
1985	12.036	2007	22.204
1986	12.309	2008	21.617
1987	12.798	2009	21.685
1988	12.658	2010	23.157
1989	12.361	2011	24.678
1990	11.971	2012	26.864
1991	11.899		

Plotando-se o gráfico com os dados da Tabela 1, tem-se:

Figura 2: Gráfico da Tabela 1

Fixamos o valor da produção do ano de 1970 como P_0, sendo este o primeiro valor da Tabela 1, e variamos o valor de K. O programa em C++ fornece a Tabela 2 com o K variando entre 20.000 até 50.000, com um incremento de 200 (10^3 m^3).

Tabela 2: Variação de K e o NRMSE de 1970 a 2012

K (10^3 m^3)	NRMSE	K (10^3 m^3)	NRMSE	K (10^3 m^3)	NRMSE	K (10^3 m^3)	NRMSE
20.000	0.163559	27.600	0.148673	35.200	0.120797	42.800	0.121722
20.200	0.163849	27.800	0.145239	35.400	0.120738	43.000	0.12178
20.400	0.163224	28.000	0.142461	35.600	0.12069	43.200	0.121842
20.600	0.160457	28.200	0.140139	35.800	0.120649	43.400	0.121897
20.800	0.159613	28.400	0.138151	36.000	0.120613	43.600	0.121987
21.000	0.160317	28.600	0.136422	36.200	0.120587	43.800	0.122052
21.200	0.163702	28.800	0.1349	36.400	0.120566	44.000	0.122105

21.400	0.178052	29.000	0.133548	36.600	0.120549	44.200	0.122184
21.600	0.18556	29.200	0.132342	36.800	0.120544	44.400	0.122244
21.800	0.175773	29.400	0.131255	37.000	0.120537	44.600	0.122312
22.000	0.171612	29.600	0.130274	37.200	0.120537	44.800	0.122379
22.200	0.186269	29.800	0.129382	37.400	0.120541	45.000	0.122454
22.400	0.168196	30.000	0.128574	37.600	0.120559	45.200	0.1225
22.600	0.165501	30.200	0.127837	37.800	0.12057	45.400	0.122579
22.800	0.165503	30.400	0.127165	38.000	0.120582	45.600	0.122657
23.000	0.168994	30.600	0.12655	38.200	0.12061	45.800	0.122726
23.200	0.176954	30.800	0.125988	38.400	0.120629	46.000	0.122789
23.400	0.16575	31.000	0.12547	38.600	0.12066	46.200	0.122866
23.600	0.162357	31.200	0.124998	38.800	0.120692	46.400	0.122936
23.800	0.160914	31.400	0.124564	39.000	0.12072	46.600	0.122985
24.000	0.160773	31.600	0.124165	39.200	0.120758	46.800	0.12307
24.200	0.162014	31.800	0.123801	39.400	0.120805	47.000	0.123133
24.400	0.165515	32.000	0.123465	39.600	0.12085	47.200	0.123203
24.600	0.176475	32.200	0.123159	39.800	0.120884	47.400	0.123276
24.800	0.172547	32.400	0.122877	40.000	0.12093	47.600	0.123333
25.000	0.16386	32.600	0.122618	40.200	0.120983	47.800	0.1234
25.200	0.159873	32.800	0.122383	40.400	0.121029	48.000	0.123467
25.400	0.157546	33.000	0.122168	40.600	0.121082	48.200	0.123535
25.600	0.156201	33.200	0.121971	40.800	0.121133	48.400	0.12362
25.800	0.155641	33.400	0.121791	41.000	0.121184	48.600	0.123674
26.000	0.155856	33.600	0.121629	41.200	0.121241	48.800	0.12375
26.200	0.157024	33.800	0.121481	41.400	0.121289	49.000	0.1238
26.400	0.159649	34.000	0.121348	41.600	0.121348	49.200	0.123892
26.600	0.165259	34.200	0.121227	41.800	0.121409	49.400	0.12396
26.800	0.183091	34.400	0.12112	42.000	0.12148	49.600	0.124015
27.000	0.172314	34.600	0.121023	42.200	0.121532	49.800	0.124098
27.200	0.159724	34.800	0.120938	42.400	0.121592	50.000	0.12413
27.400	0.153171	35.000	0.120862	42.600	0.121653		

Na Tabela 2 encontramos dois valores principais, o valor de K= 37.000 (10^3 m³) e o valor de NRMSE= 0.120537, sendo este o menor erro encontrado para esta simulação no programa em C++. O valor de r obtido para K= 37.000 e P_0= 9.555 foi de r= 0,0345506. Plotando o gráfico, tem-se:

Figura 3: Gráfico da produção de gasolina no Brasil entre 1970 a 2012 com k= 37.000

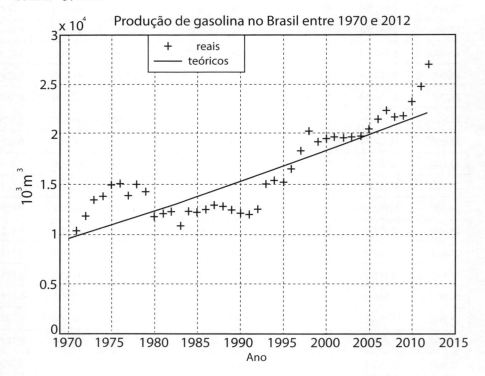

onde: P_0= 9.555 (10^3 m³), K= 37.000 (10^3 m³) e r= 0,0345506.

Com K e r fixos, ou seja, K= 37.000 (10^3 m³) e r= 0,0345506, sendo estes os melhores valores do ajuste anterior, variamos P_0 na equação 7 com o intuito de diminuir cada vez mais o erro em relação aos dados do Balanço Energético Nacional. O programa em C++ fornece a Tabela 3, onde variou P_0 entre 8.000 até 12.000, com um incremento de 50 (10^3 m³).

Tabela 3: Variação de P_0 e o NRMSE de 1970 a 2012

$P_0 (10^3 \, m^3)$	NRMSE	$P_0 (10^3 \, m^3)$	NRMSE	$P_0 (10^3 \, m^3)$	NRMSE
8.000	0.178252	9.350	0.123558	10.700	0.133781
8.050	0.17542	9.400	0.122665	10.750	0.135332
8.100	0.172635	9.450	0.121872	10.800	0.136943
8.150	0.169898	9.500	0.12118	10.850	0.138611
8.200	0.16721	9.550	0.12059	10.900	0.140335
8.250	0.164573	9.600	0.120103	10.950	0.14211
8.300	0.161989	9.650	0.119719	11.000	0.143936
8.350	0.15946	9.700	0.119439	11.050	0.14581
8.400	0.156987	9.750	0.119262	11.100	0.147728
8.450	0.154572	9.800	0.119188	11.150	0.14969
8.500	0.152217	9.850	0.119216	11.200	0.151693
8.550	0.149926	9.900	0.119346	11.250	0.153735
8.600	0.147698	9.950	0.119577	11.300	0.155813
8.650	0.145537	10.000	0.119906	11.350	0.157927
8.700	0.143445	10.050	0.120334	11.400	0.160074
8.750	0.141425	10.100	0.120857	11.450	0.162252
8.800	0.139478	10.150	0.121475	11.500	0.164461
8.850	0.137606	10.200	0.122184	11.550	0.166697
8.900	0.135813	10.250	0.122983	11.600	0.16896
8.950	0.1341	10.300	0.123869	11.650	0.171249
9.000	0.13247	10.350	0.12484	11.700	0.173561
9.050	0.130925	10.400	0.125893	11.750	0.175896
9.100	0.129467	10.450	0.127025	11.800	0.178252
9.150	0.128098	10.500	0.128234	11.850	0.180629
9.200	0.126821	10.550	0.129517	11.900	0.183025
9.250	0.125637	10.600	0.130871	11.950	0.185438
9.300	0.124549	10.650	0.132293	12.000	0.187869

Na Tabela 3 encontramos P_0 com o menor erro, sendo P_0= 9.800 (10^3 m^3) e NRMSE= 0,119188, plotando o gráfico, tem-se:

Figura 4: Gráfico da produção de gasolina no Brasil entre 1970 a 2012 com P_0= 9.800

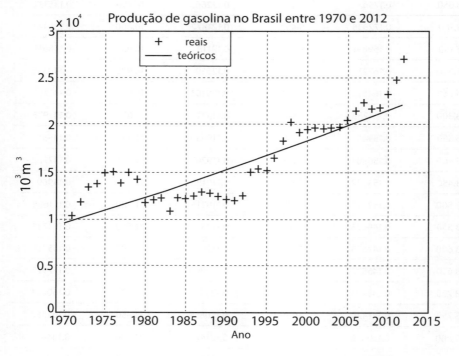

onde: P_0= 9.800 (10^3 m^3), K= 37.000 (10^3 m^3) e r= 0,0345506.

Por último variamos K e P_0, simultaneamente, para encontrar uma combinação que ajuste da melhor forma possível os pontos dados, onde K varia entre 10.000 até 300.000, com incremento de 100 (10^3 m^3), e P_0 varia entre 5.000 até 15.000, com incremento de 50 (10^3 m^3). A Tabela 4 apresenta os valores de K, P_0, r e NRMSE para os 10 melhores ajustes de curva, em ordem crescente do erro.

Tabela 4: Melhores ajustes da produção de gasolina de 1970 a 2012

Ordem	P_0 (10^3 m^3)	K (10^3 m^3)	r	NRMSE
1	12.150	11.100	-0.0461707	0.0971923
2	12.200	11.200	-0.0471052	0.0974116
3	12.250	11.300	-0.0484808	0.097943

4	12.050	11.000	-0.0456278	0.0980768
5	11.950	10.900	-0.0455806	0.0989998
6	12.100	11.000	-0.0456278	0.0990903
7	12.000	10.900	-0.0455806	0.0993548
8	12.250	11.400	-0.0504667	0.09979
9	11.750	10.600	-0.0444449	0.100594
10	11.650	10.500	-0.0441626	0.100718

Para o primeiro valor da Tabela 4, o melhor ajuste foi plotado no gráfico a seguir.

Figura 5: Gráfico da produção de gasolina no Brasil entre 1970 a 2012 com P₀= 12.150 e K= 11.100

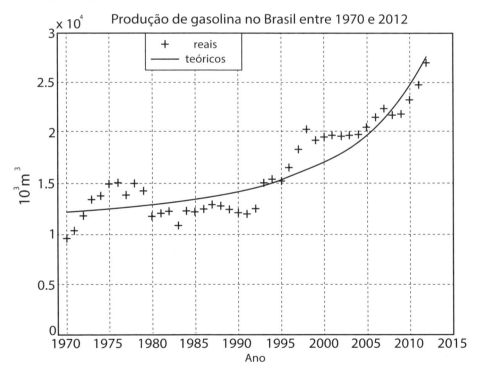

onde: P_0= 12.150 (10^3 m³), K= 11.100 (10^3 m³) e r= - 0,0461707.

Tendo como base o melhor ajuste encontrado, foi possível fazer uma projeção da produção de gasolina até 2020, conforme apresentado na Figura 6.

Figura 6: Gráfico da projeção de produção de gasolina no Brasil até 2020

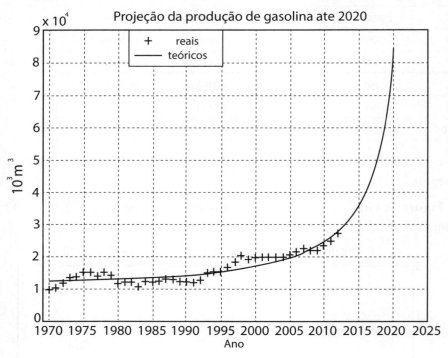

O resultado apresentado na Figura 6, a partir do modelo logístico, apresentou uma produção de 85.000 (10^3 m^3) em 2020. Esse valor é diferente da estimativa do governo para 2020, que para o mesmo período foi de 22.199 (10^3 m^3).

A grande variação dos dados de 1970 a 1990 poderia estar interferindo na obtenção dos melhores parâmetros da curva. Dessa forma, optou-se em adotar uma nova tabela (Tabela 5) que utiliza somente os dados de 1990 até 2012, pois os dados apresentam uma variação menor para se ajustar à curva. Esta nova tabela é apresentada a seguir:

Tabela 5: Produção de gasolina no Brasil de 1990 a 2012

Ano	Produção (10^3 m^3)	Ano	Produção (10^3 m^3)
1990	11.971	2002	19.478
1991	11.899	2003	19.576
1992	12.453	2004	19.656
1993	14.859	2005	20.428

1994	15.202	2006	21.390
1995	15.007	2007	22.204
1996	16.405	2008	21.617
1997	18.241	2009	21.685
1998	20.203	2010	23.157
1999	19.121	2011	24.678
2000	19.416	2012	26.864
2001	19.657		

Mantendo o mesmo procedimento, utilizamos o primeiro valor da Tabela 5 como P(0), sendo P_0= 11.971 (10^3 m^3) no ano de 1990, e variamos o valor de K. O programa em C++ fornece a Tabela 6 com o K variando entre 20.000 até 50.000, com um incremento de 200 (10^3 m^3).

Tabela 6: Variação de K e o NRMSE de 1990 a 2012

K (10^3 m^3)	NRMSE	K (10^3 m^3)	NRMSE	K (10^3 m^3)	NRMSE
20.000	0.283279	27.600	0.0834504	35.200	0.0932408
20.200	0.289633	27.800	0.0806223	35.400	0.093735
20.400	0.228455	28.000	0.0787993	35.600	0.0942161
20.600	0.218879	28.200	0.0776347	35.800	0.0946892
20.800	0.201768	28.400	0.0769365	36.000	0.095154
21.000	0.181069	28.600	0.0765611	36.200	0.0956095
21.200	0.157291	28.800	0.0764301	36.400	0.0960599
21.400	0.124924	29.000	0.0764824	36.600	0.0965012
21.600	0.110856	29.200	0.0766742	36.800	0.0969382
21.800	0.112735	29.400	0.0769726	37.000	0.0973695
22.000	0.111874	29.600	0.0773553	37.200	0.0977904
22.200	0.09859	29.800	0.0778019	37.400	0.0982004
22.400	0.105011	30.000	0.0782977	37.600	0.0986065
22.600	0.102594	30.200	0.078828	37.800	0.0990056
22.800	0.0975355	30.400	0.0793924	38.000	0.0993968
23.000	0.0906383	30.600	0.0799768	38.200	0.0997872

(continua)

(continuação)

23.200	0.0863442	30.800	0.0805744	38.400	0.100164
23.400	0.0864676	31.000	0.0811832	38.600	0.100539
23.600	0.0857511	31.200	0.0818004	38.800	0.100903
23.800	0.0840506	31.400	0.0824208	39.000	0.10127
24.000	0.0818983	31.600	0.0830395	39.200	0.101623
24.200	0.0799391	31.800	0.0836625	39.400	0.101973
24.400	0.0796065	32.000	0.0842815	39.600	0.10232
24.600	0.0877031	32.200	0.0848996	39.800	0.102659
24.800	0.085563	32.400	0.0855032	40.000	0.102986
25.000	0.0798127	32.600	0.0861097	40.200	0.103303
25.200	0.0781469	32.800	0.0867063	40.400	0.103639
25.400	0.0775126	33.000	0.0872961	40.600	0.10396
25.600	0.0774116	33.200	0.0878841	40.800	0.104259
25.800	0.077863	33.400	0.0884502	41.000	0.104586
26.000	0.0790979	33.600	0.0890203	41.200	0.104872
26.200	0.0816374	33.800	0.0895789	41.400	0.105169
26.400	0.0865898	34.000	0.0901283	41.600	0.10546
26.600	0.0967934	34.200	0.0906675	41.800	0.10576
26.800	0.127271	34.400	0.0911968	42.000	0.106046
27.000	0.113339	34.600	0.0917214	42.200	0.106325
27.200	0.0958024	34.800	0.0922371	42.400	0.106596
27.400	0.0879708	35.000	0.0927448	42.600	0.106884

Na Tabela 6 encontra-se o melhor valor de K, K= 28.800 (10^3 m³), com seu respectivo erro NRMSE= 0,0764301, sendo que este K apresentou o melhor ajuste para modelar os dados do Balanço Energético Nacional, conforme mostra a Figura 7.

Figura 7: Gráfico da produção de gasolina no Brasil entre 1990 a 2012 com K= 28.800

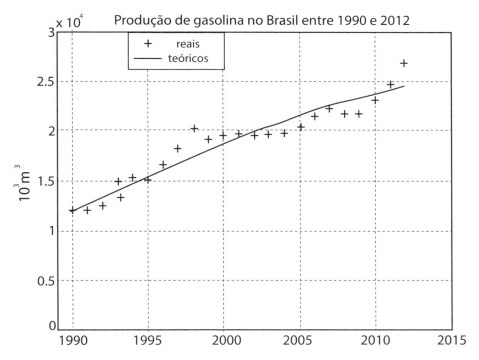

onde: P_0= 11.971 (10^3 m^3), K= 28.800 (10^3 m^3) e r= 0,095494.

Mantendo K= 28.800 (10^3 m^3) e r= 0,095494 constantes, variamos novamente P_0 na equação (7), com valores entre 10.000 e 14.000, com um incremento de 50 (10^3 m^3). O programa em C++ fornece a seguinte tabela:

Tabela 7: Variação de P_0 e o NRMSE de 1990 a 2012

P_0 (10^3 m^3)	NRMSE	P_0 (10^3 m^3)	NRMSE	P_0 (10^3 m^3)	NRMSE
10.000	0.146272	11.350	0.0863734	12.700	0.0850644
10.050	0.143506	11.400	0.0850137	12.750	0.0863268
10.100	0.14077	11.450	0.0837425	12.800	0.0876556
10.150	0.138065	11.500	0.0825631	12.850	0.0890472
10.200	0.135392	11.550	0.0814783	12.900	0.090498
10.250	0.132752	11.600	0.0804911	12.950	0.0920046
10.300	0.130145	11.650	0.0796042	13.000	0.0935638

(continua)

(continuação)

10.350	0.127574	11.700	0.0788199	13.050	0.0951723
10.400	0.12504	11.750	0.0781405	13.100	0.0968272
10.450	0.122543	11.800	0.0775676	13.150	0.0985255
10.500	0.120086	11.850	0.0771028	13.200	0.100265
10.550	0.11767	11.900	0.0767469	13.250	0.102042
10.600	0.115298	11.950	0.0765008	13.300	0.103854
10.650	0.112969	12.000	0.0763643	13.350	0.1057
10.700	0.110688	12.050	0.0763374	13.400	0.107578
10.750	0.108455	12.100	0.076419	13.450	0.109484
10.800	0.106273	12.150	0.0766081	13.500	0.111417
10.850	0.104145	12.200	0.0769029	13.550	0.113376
10.900	0.102072	12.250	0.0773015	13.600	0.115358
10.950	0.100057	12.300	0.0778012	13.650	0.117362
11.000	0.0981027	12.350	0.0783994	13.700	0.119387
11.050	0.0962122	12.400	0.079093	13.750	0.121431
11.100	0.0943883	12.450	0.0798788	13.800	0.123492
11.150	0.0926338	12.500	0.0807532	13.850	0.12557
11.200	0.0909519	12.550	0.0817127	13.900	0.127663
11.250	0.0893458	12.600	0.0827536	13.950	0.12977
11.300	0.0878185	12.650	0.083872	14.000	0.131891

Na Tabela 7 encontramos o P_0 com o menor erro, sendo P_0= 12.050 (10^3 m³) e NRMSE= 0,0763374, plotando o gráfico, tem-se:

Figura 8: Gráfico da produção de gasolina no Brasil entre 1990 a 2012 com P_0= 12.050

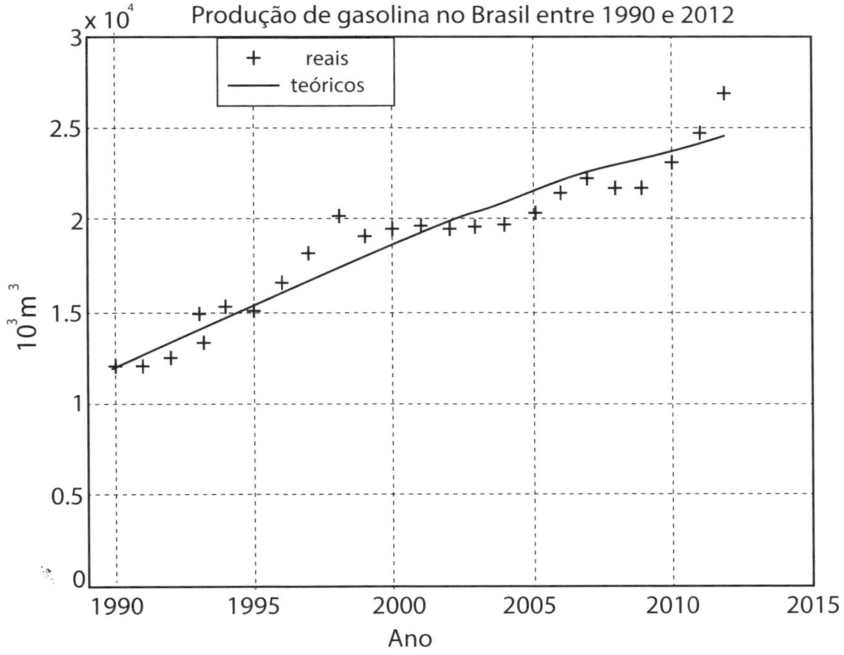

onde: P_0= 12.050 (10^3 m^3), K= 28.800 (10^3 m^3) e r= 0,095494.

Por fim, variamos os valores de K e P_0 para encontrar a melhor combinação com o menor erro, onde K varia entre 2.000 até 300.000, com incremento de 100 (10^3 m^3), e P_0 varia entre 3.000 até 17.000, com incremento de 50 (10^3 m^3). O programa em C++ fornece a Tabela 8 com os valores de K, P(0), r e NRMSE em ordem crescente do erro para os 10 melhores ajustes da curva.

Tabela 8: Melhores ajustes da produção de gasolina de 1990 a 2012

Ordem	P(0) (10^3 m^3)	K (10^3 m^3)	r	NRMSE
1	12.300	30.100	0.0854845	0.0758892
2	12.300	30.000	0.0861174	0.0758926
3	12.250	29.800	0.0874367	0.0758993
4	12.300	30.200	0.0848752	0.0759021
5	12.250	29.900	0.0867674	0.0759024

(continua)

(continuação)

6	12.350	30.300	0.084275	0.0759071
7	12.350	30.400	0.0836925	0.0759092
8	12.300	29.900	0.0867674	0.075912
9	12.250	29.700	0.0881273	0.0759152
10	12.350	30.200	0.0848752	0.0759189

Para o primeiro valor da Tabela 8, o melhor ajuste foi plotado no gráfico.

Figura 9: Gráfico da produção de gasolina no Brasil entre 1970 a 2012 com P_0= 12.300 e K= 30.100

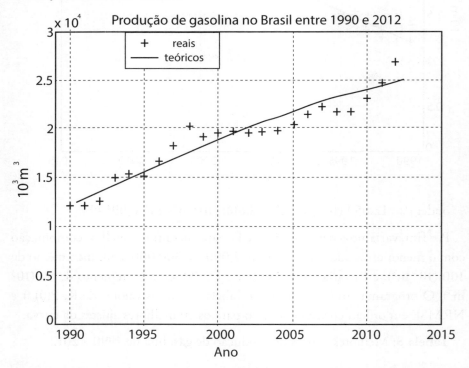

onde: P_0= 12.300 (10^3 m³), K= 30.100 (10^3 m³) e r= 0,0854845.

Utilizando o melhor ajuste para a produção de gasolina no período de 1990 até 2012, foi possível fazer novamente uma projeção da produção até 2020, conforme apresentado na Figura 10.

Figura 10: Gráfico da projeção de produção de gasolina no Brasil até 2020

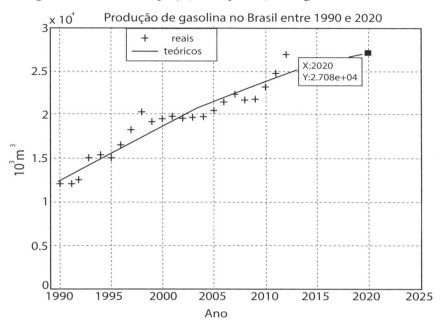

O resultado da Figura 10 apresentou uma produção de 27080 (10^3 m^3) em 2020 e o Plano Decenal de Expansão de Energia (EPE, 2011) para o ano de 2020 foi de 22.199 (10^3 m^3). Esse valor está mais próximo do apresentado no Plano Decenal de Expansão de Energia do que o resultado apresentado na Figura 6.

Importação de Gasolina

A Tabela 9 apresenta os dados da importação de gasolina no Brasil.

Tabela 9: Importação de gasolina no Brasil de 1970 a 2012

Ano	Importação (10^3 m^3)	Ano	Importação (10^3 m^3)
1970	104	1992	0
1971	120	1993	0
1972	179	1994	30
1973	417	1995	914
1974	803	1996	951
1975	88	1997	392

(continua)

(continuação)

1976	111	1998	210
1977	98	1999	226
1978	97	2000	61
1979	168	2001	320
1980	106	2002	164
1981	92	2003	185
1982	89	2004	57
1983	89	2005	71
1984	83	2006	28
1985	211	2007	10
1986	128	2008	0
1987	11	2009	13
1988	7	2010	511
1989	3	2011	2.193
1990	5	2012	3.786
1991	10		

Plotando-se o gráfico com os dados da Tabela 9, tem-se:

Figura 11: Gráfico da Tabela 9

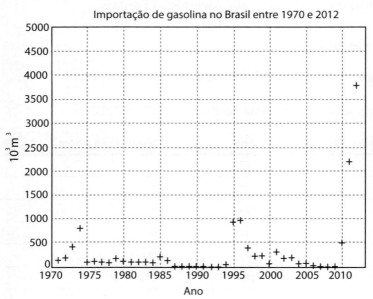

Seguindo o mesmo procedimento utilizado para a produção de gasolina, variamos os valores de K e P_0 para encontrar a melhor curva de ajuste, onde K varia entre -100.000 até 300.000, com incremento de 100 (10^3 m^3), e P_0 varia entre -10.000 até 10.000, com incremento de 100 (10^3 m^3). Os dados dos 10 melhores ajustes estão na Tabela 10.

Tabela 10: Melhores ajustes da importação de gasolina de 1970 a 2012

Ordem	P(0) (10^3 m^3)	K (10^3 m^3)	r	NRMSE
1	200	3800	0.0157098	0.169686
2	300	3800	0.0157098	0.170289
3	300	2200	0.0134864	0.170698
4	200	2200	0.0134864	0.170911
5	300	3700	0.00997405	0.17108
6	300	3900	0.00904773	0.171265
7	300	3600	0.00756905	0.171629
8	300	4000	0.00704366	0.171739
9	300	3500	0.00623319	0.171972
10	300	4100	0.00582733	0.172053

Plotando-se o gráfico para o melhor ajuste, tem-se:

Figura 12: Gráfico do melhor ajuste para importação de gasolina de 1970 a 2012

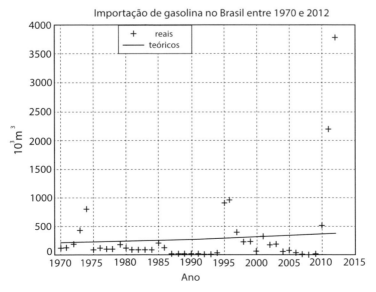

Observando o gráfico da Figura 12, nota-se que, devido à grande variação dos dados, não é conveniente utilizar uma única curva de ajuste. Para conseguir descrever melhor a importação, o intervalo de tempo foi dividido em 4 partes, obtendo 4 diferentes curvas, onde a curva 1 utiliza os valores da importação entre os anos de 1970 até 1974, a curva 2 utiliza os valores de 1974 até 1994, a curva 3 vai de 1995 até 2008 e a curva 4 vai de 2009 até 2012.

Para a curva 1 foi feito um programa em C++, onde K e P_0 variam simultaneamente, com K variando entre -10.000 até 300.000, com incremento de 100 (10^3 m^3), e P_0 entre -1.000 até 1.000 com incremento de 10 (10^3 m^3). Os parâmetros encontrados para os 10 melhores ajustes, fornecidos por meio do programa em C++, estão descritos na Tabela 11 com os valores de K, P_0, r e NRMSE em ordem crescente do erro.

Tabela 11: Melhores ajustes para a curva 1

Ordem	P_0 (10^3 m^3)	K (10^3 m^3)	r	NRMSE
1	90	-400	0.327298	0.04685
2	90	-500	0.354582	0.0471453
3	90	-300	0.29071	0.0474492
4	90	-600	0.375931	0.0483483
5	90	-700	0.393094	0.0497572
6	90	-200	0.238494	0.0505761
7	90	-800	0.407083	0.0508041
8	90	-900	0.41894	0.0522892
9	90	-1000	0.428733	0.0528973
10	90	-1100	0.437529	0.054477

O mesmo procedimento que foi utilizado na curva 1 também foi feito para a curva 2, com K e P_0 variando juntos, com K variando entre -10.000 até 300.000, com incremento de 100 (10^3 m^3), e P_0 entre 0 até 3.000, com incremento de 10 (10^3 m^3), com o programa fornecendo a seguinte tabela:

Tabela 12: Melhores ajustes para a curva 2

Ordem	$P_0 (10^3 m^3)$	$K (10^3 m^3)$	r	NRMSE
1	770	-100	-0.173776	0.0978102
2	760	-100	-0.173776	0.0978404
3	780	-100	-0.173776	0.0978547
4	750	-100	-0.173776	0.0979454
5	790	-100	-0.173776	0.0979739
6	740	-100	-0.173776	0.0981251
7	800	-100	-0.173776	0.0981674
8	730	-100	-0.173776	0.0983789
9	810	-100	-0.173776	0.0984347
10	720	-100	-0.173776	0.0987065

Para a curva 3 também foi feito um programa em C++, com K e P_0 variando juntos, com K variando entre -10.000 até 300.000, com incremento de 100 (10^3 m³), e P_0 entre 500 até 1.700, com incremento de 10 (10^3 m³), com o programa fornecendo a seguinte tabela:

Tabela 13: Melhores ajustes para a curva 3

Ordem	$P_0 (10^3 m^3)$	$K (10^3 m^3)$	r	NRMSE
1	990	4100	-0.404662	0.11865
2	990	4200	-0.404299	0.11865
3	990	4300	-0.403843	0.118651
4	990	4400	-0.403424	0.118657
5	990	4000	-0.405139	0.118659
6	990	4500	-0.403092	0.118669
7	1000	4600	-0.402689	0.118673
8	1000	4700	-0.402358	0.118675
9	990	3900	-0.405692	0.118676
10	1000	4500	-0.403092	0.118677

Na curva 4 o programa em C++ tem K e P_0 variando juntos, com K variando entre -10.000 até 300.000, com incremento 10 (10^3 m³), e P_0 entre -100 até 200, com incremento de 5 (10^3 m³), em que as 10 melhores aproximações estão na tabela a seguir:

Tabela 14: Melhores ajustes para a curva 4

Ordem	P₀ (10³ m³)	K (10³ m³)	r	NRMSE
1	20	4030	2.7532	0.0298194
2	20	4020	2.76522	0.0298223
3	20	4040	2.74201	0.0300602
4	20	4010	2.7778	0.0301036
5	20	4050	2.73048	0.0305249
6	20	4000	2.79103	0.0306952
7	25	4150	2.63908	0.031097
8	25	4140	2.64709	0.0311019
9	20	4060	2.71988	0.0311655
10	25	4130	2.65514	0.0312066

Com todas as curvas já determinadas, a Figura 13 apresenta as 4 curvas plotadas em um único gráfico, descrevendo o comportamento da importação de gasolina.

Figura 13: Gráfico da importação de gasolina com todas as curvas

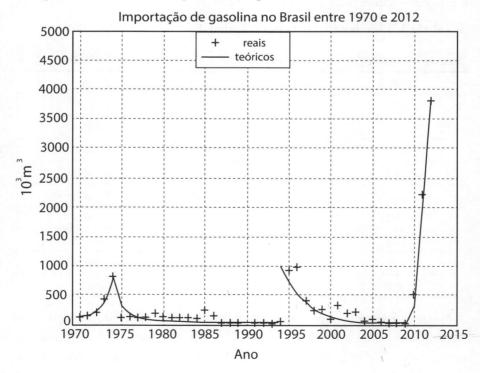

Utilizando o melhor ajuste da curva 4 para a importação de gasolina, foi feita uma projeção da importação de gasolina até 2020, conforme apresentado na Figura 14.

Figura 14: Gráfico da projeção da importação de gasolina no Brasil

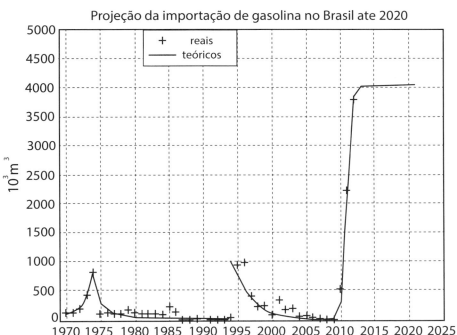

O resultado apresentado na Figura 14 mostra que a importação de gasolina tende a ficar constante em 4000 (10^3 m^3) a partir de 2013.

CONCLUSÃO

Com base nos resultados apresentados, verificou-se que a variação simultânea da constante inicial P_0 e da constante de saturação K para o modelo logístico, tanto para a produção quanto para a importação de gasolina, apresentaram os menores erros. Essa variação simultânea somente foi possível por meio do programa desenvolvido em C++. Analisando os resultados para a produção de gasolina, o ajuste que apresenta a menor diferença em relação aos dados do PDE foi o do período de 1990 até 2012, conforme Figura 10, no qual verificou-se um crescimento mais suave da produção de gasolina até 2020 em comparação ao resultado apresentado na Figura 6.

Com relação à importação de gasolina, observa-se que uma única curva não conseguiu descrever de forma satisfatória os dados da importação, com um erro em torno de 17%, porém utilizando as quatro curvas obteve-se um ajuste melhor para a importação de gasolina. O erro médio das quatro curvas foi de 7,33%. A projeção da importação de gasolina apresentada pela curva 4 mostra uma saturação da importação em 4.000 (10^3 m^3) a partir de 2013, conforme observado na Figura 14. Como a curva 4 tem somente quatro pontos, não é possível concluir que a importação de gasolina tende a se estabilizar.

REFERÊNCIAS BIBLIOGRÁFICAS

AGÊNCIA NACIONAL DE PETRÓLEO, GÁS NATURAL E BIO-COMBUSTÍVEIS (ANP). *Anuário Estatístico Brasileiro do Petróleo, Gás Natural e Biocombustíveis 2010*. Brasília, DF: ANP, 2011. Disponível em: <http://www.anp.gov.br/>. Acesso em: 14 mai. 2012.

BENENSON, I. Modeling Population Dynamics in the City: from a Regional to a Multi- Agent Approach. *Discrete Dynamics in Nature and Society*, v. 3, pp. 149–170, 1999.

BRANDT, A. R. Review of mathematical models of future oil supply: Historical overview and synthesinzing critique. *Energy*, v. 35, pp. 3958–3974, 2010.

BRITISH PETROLEUM (BP). *STATISTICAL REVIEW OF WORLD ENERGY 2011*. Disponível em: <http://bp.com/statisticalreview>. Acesso em: 25 jun. 2011.

EMPRESA DE PESQUISA ENERGÉTICA (EPE). *Plano Decenal de Expansão de Energia 2019*. Rio de Janeiro: EPE, 2010.

EMPRESA DE PESQUISA ENERGÉTICA (EPE). *Plano Decenal de Expansão de Energia 2020*. Rio de Janeiro: EPE, 2011.

FILHO, V. J. M. F., *Manual de utilização do sistema interativo de previsão de produção e de reservas*. Rio de Janeiro: EPE, 2007.

FOROUZANFAR, M. et al. Modeling and estimation of the natural gas consumption for residential and commercial sectors in Iran. *Applied Energy*, v. 87, pp. 268–274, 2010.

GRACIAS, A. C. *Um estudo da aplicação de modelos matemáticos à produção e importação de gás natural e petróleo no Brasil*. 2013. 136f. Tese (Doutorado em Energia), Universidade Federal do ABC — UFABC, Santo André, São Paulo.

GRACIAS, A. C.; LOURENÇO, S. R.; RAFIKOV, M. Estimation of Natural Gas Production, Import and Consumption in Brazil Based on Three Mathematical Models. *Natural Resources*, v. 3, pp. 42–47, 2012.

GRACIAS, A. C., LOURENÇO, S. R. Aplicação de um modelo matemático na simulação da produção e importação de gás natural no Brasil até 2017. *Revista Produção Online*, v. 10, pp. 167–190, 2010.

INTERNATIONAL ENERGY AGENCY (IEA). *Key World Energy Statistics 2011*. Paris: IEA, 2011. Disponível em: <http://www.iea.org/publications>. Acesso em: 6 jun. 2012.

KAMIMURA, A.; GUERRA, S. M. G.; SAUER, I. L. On the substitution of energy sources: Prospective of the natural gas market share in the Brazilian urban transportation and dwelling sectors. *Energy Policy*, v. 34, pp. 3583–3590, 2006.

MINISTÉRIO DE MINAS E ENERGIA (MME). *Balanço Energético Nacional 2010*. Brasília, DF: MME — Empresa de Pesquisa Energética (EPE), 2011.

MINISTÉRIO DE MINAS E ENERGIA (MME). *Balanço Energético Nacional 2012*. Brasília, DF: MME — Empresa de Pesquisa Energética (EPE), 2013.

MOHR, S., HOOK, M., MUDD, G., EVANS G. Projection of long paths for Australian coal production-comparisons of four models. *International Journal of Coal Geology*, v. 86, pp. 329–341, 2011.

PEREIRA, R**. Sem Etanol e com Consumo em Alta, Importação de Gasolina Cresce 315%**. São Paulo, maio 2012. Disponível em: <www.estadao.com.br/noticias/impresso>. Acesso em: 30 maio 2012.

RAFIKOV, M.; BALTHAZAR, J. M.; BREMEN, H. F. V. Mathematical modeling and control of population systems: Applications in biological pest control. *Applied Mathematics and Computation*, v. 200, pp. 557–573, 2008.

RODRIGUES, B. R. *Estoques Reguladores de Etanol Combustível Frente à Introdução dos Veículos Flex Fuel na Frota Nacional*. 2012. 110 f. Dissertação (Mestrado em Planejamento Energético) — Universidade Federal do Rios de Janeiro — COPPE, Rio de Janeiro.

SCARPIM, J. *Modelo de von Bertalanffy generalizado aplicado ás curvas de crescimento animal*. 2008. 147 f. Dissertação (Mestrado em Matemática Aplicada) — Instituto de Matemática, UNICAMP, Campinas, SP.

SOLDO, B. Forecasting natural gas consumption. *Applied Energy*, v. 92, pp. 26–37, 2012.

TOLMASQUIM, M. T., GUERREIRO, A., GORINI, R. Matriz energética brasileira: uma prospectiva. *Novos Estudos — CEBRAP*. v. 79, pp. 47–69, 2007.

TSOULARIS, A., WALLACE, J. Analysis of logistic growth models. *Mathematical Biosciences*, v. 179, pp. 21–55, 2002.

WRIGHT, J. T. C.; CARVALHO, D. E. C.; GIOVINAZZO, R. S. Tecnologias disruptivas de geração distribuída e seus impactos futuros sobre empresas de energia. *RAI – Revista de Administração e Inovação*, v. 6, pp. 108–125, 2009.

Sobre os Autores

ANTONIO CARLOS GRACIAS

Tem graduação em Matemática pelo Centro Universitário Fundação Santo André (1992), graduação em Física pela Universidade de São Paulo (1997), mestrado em Física pelo Instituto Tecnológico de Aeronáutica (1999) e doutorado em Energia pela Universidade Federal do ABC (UFABC) (2012). Atualmente é professor adjunto II do Centro Universitário FEI e professor associado da Faculdade de Tecnologia de Mauá (FATEC Mauá). Tem experiência na área de Física, com ênfase em Superfícies e Interfaces, atuando principalmente nos seguintes temas: photoacoustic, wafer bonding, semicondutores, MEMS e KOH e na área de Matemática com ênfase em modelagem Matemática nas áreas de petróleo e gás.

ARMANDO PEREIRA LORETO JUNIOR

Tem graduação em Engenharia Elétrica pela Escola Politécnica da Universidade de São Paulo (1969), graduação em licenciatura em Matemática pelo Instituto de Matemática e Estatística da Universidade de São Paulo (1972), mestrado em História da Ciência pela Pontifícia Universidade Católica de São Paulo (2001) e doutorado em História da Ciência pela Pontifícia Universidade Católica de São Paulo (2008). Atualmente é professor de tempo integral do Centro Universitário da Fundação Educacional Inaciana — FEI. Tem experiência didática na área de Matemática, é pesquisador de instituições e da história da Matemática.

CLÁUDIO DALL'ANESE

Graduado em Engenharia Elétrica pelo Centro Universitário FEI (1987), mestre em Educação Matemática pela Pontifícia Universidade Católica de São Paulo (2000) e doutor em Educação Matemática pela Pontifícia Universidade Católica de São Paulo (2006). Atualmente é professor doutor do Centro Universitário Fundação Santo André, professor adjunto I do Centro Universitário FEI e professor titular da Universidade Municipal de São Caetano do Sul. Tem experiência na área de Matemática e Computação, com ênfase em Educação, atuando principalmente nos seguintes temas: Cálculo Diferencial e Integral, embodiment cognition, algoritmos, linguagem C++.

CUSTÓDIO THOMAZ KERRY MARTINS

Graduado em Matemática — bacharelado e licenciatura — pela Pontifícia Universidade Católica de São Paulo (1977), mestre em Ensino de Matemática pela Pontifícia Universidade Católica de São Paulo (1986), doutor em Educação Matemática pela Pontifícia Universidade Católica de São Paulo (2010). Atualmente é professor titular do Centro Universitário FEI — Fundação Educacional Inaciana. Tem experiência na área de Ensino de Matemática, atuando principalmente nos seguintes temas: ensino e aprendizagem de algoritmos.

ELENILTON VIEIRA GODOY

Tem graduação em bacharelado em Matemática pela Pontifícia Universidade Católica de São Paulo (1998), graduação em licenciatura Plena em Matemática pelo Centro Universitário SantAnna (1999), mestrado em Educação Matemática pela Pontifícia Universidade Católica de São Paulo (2002) e doutorado em Educação pela Universidade de São Paulo (2011). Foi professor do Departamento de Matemática do Centro Universitário FEI (de 08/2008 a 08/2017). Atualmente é professor adjunto A do Departamento de Matemática da Universidade Federal do Paraná (UFPR). Tem experiência na área de Ensino de Matemática desenvolvendo estudos e pesquisas associados aos aspectos teóricos do currículo da Matemática escolar e à transição do ensino médio para o ensino superior.

FÁBIO GERAB

Tem graduação em Física pela Universidade de São Paulo (1985), mestrado em Física Nuclear pela Universidade de São Paulo (1989), doutorado em Física Aplicada pela Universidade de São Paulo e parcialmente desenvolvido na Universidade de Lund, Suécia (1996), e pós-doutorado em HR-ICP-MS junto ao Instituto de Pesquisas Energéticas e Nucleares (1997). Mais de dez anos de experiência em desenvolvimento de produto na indústria automotiva. Professor titular e chefe do Departamento de Matemática do Centro Universitário FEI. Tem experiência nas áreas de Educação, Estatística, Física Nuclear, Física Aplicada a Estudos Ambientais, Engenharia Automotiva, Acústica e Vibração, Ergonomia Automotiva, Gestão da Qualidade e Estatística.

JÚLIO CÉSAR DUTRA

Graduado em Engenharia Metalúrgica pelo Centro Universitário FEI (1991), mestrado em Engenharia Metalúrgica e de Materiais pela Escola Politécnica da Universidade de São Paulo (1994) e doutorado em Engenharia Metalúrgica e de Materiais pela Escola Politécnica da Universidade de São Paulo (1997). Professor nas disciplinas de Ciência dos Materiais, Técnicas de Caracterização de Materiais, Materiais Metálicos, Estrutura dos Materiais e Princípios de Ciência dos Materiais desde 1998 no Centro Universitário FEI. Tem projetos de pesquisa nas áreas de metalurgia física, transformações de fase, seleção de materiais, tribologia e mídia em materiais, particularmente na iniciação científica.

MARCOS ANTONIO SANTOS DE JESUS

Doutorado em Educação (Área de Concentração: Educação Matemática) pela Universidade Estadual de Campinas (Unicamp), São Paulo. Mestrado em Educação (Área de concentração: Educação Matemática) pela Universidade Estadual de Campinas (Unicamp), São Paulo. Especialização em Matemática Pura pela Universidade Estadual do Centro — Oeste (Unicentro), Paraná. Graduação em Ciências e licenciatura plena em Matemática pela Universidade Católica de Santos (Unisantos). Formação técnica em Mecânica Industrial — SENAI, Sergipe. Avaliador de curso de graduação cadastrado no sistema SINAES/INEP/MEC. Atualmente é professor adjunto I nos cursos de Engenharias do Centro Universitário FEI — São Bernardo do Campo — São Paulo e professor titular dos cursos de Engenharias, Sistemas de Informação e bacharelado em Ciências Biológicas da Universidade Santa Cecília — Santos — São Paulo. Tem experiência na área de Matemática, Estatística, Desenvolvimento de Análise Estatística de Pesquisas na área Biomédica e de Educação Matemática. Atua principalmente nos seguintes temas: Cálculo Diferencial e Integral, Geometria Analítica e Vetorial, Iniciação à Pesquisa, Educação Matemática e Bioestatística.

MONICA KARRER

Tem graduação em Matemática pela Faculdade de Filosofia, Ciências e Letras de Santo André (1989), especialização em Matemática pela Universidade São Judas Tadeu (1994), mestrado em Educação Matemática pela Pontifícia Universidade Católica de São Paulo (1999) e doutorado em Educação Matemática pela Pontifícia Universidade Católica de São Paulo (2006). Atuou por sete anos como pesquisadora no programa *strictu sensu* em Educação Matemática da Universidade Bandeirante e é professora adjunta I da Fundação Educacional Inaciana Padre Sabóia de Medeiros (Centro Universitário FEI) desde 2001. Tem experiência na área de Educação, com ênfase em Educação Matemática, atuando principalmente nos seguintes temas: Tecnologia no Ensino, Registros de Representações Semióticas e Ensino Superior.

PAULO HENRIQUE TRENTIN

Graduado em Ciências e Matemática, especialista em Administração Econômico-Financeira, mestre em Tecnologias e Linguagens, mestre em Educação, doutor em História da Ciência e pós-doutor em História das Ciências na Universidade de São Paulo. Professor adjunto do Centro Universitário FEI e da Faculdade de Filosofia Ciências e Letras de São Bernardo do Campo, lecionando Cálculo Diferencial e Integral, Álgebra Linear, Matemática Aplicada, História da Ciência e Metodologia da Pesquisa. Também orienta trabalhos e realiza pesquisas em História da Matemática, Educação Matemática e ao uso de Tecnologias na Educação. Foi membro do CEPEx (Conselho de Ensino, Pesquisa e Extensão) no Centro Universitário FEI (2016); membro da C.P.A (Comissão Própria de Avaliação) e do N.D.E (Núcleo Docente Estruturante) do curso de Pedagogia, na Faculdade de Filosofia, Ciências e Letras de São Bernardo do Campo; coordenador da disciplina Cálculo Diferencial e Integral I, no Centro Universitário FEI; membro da SBHC (Sociedade Brasileira de História da Ciência); e membro do GEMMES (Grupo de Educação Matemática e Matemática no Ensino Superior), no Centro Universitário FEI.

TIAGO ESTRELA DE OLIVEIRA

Tem bacharelado e mestrado em Matemática pela Universidade Federal da Bahia — UFBA (2006 e 2008) e doutorado também em Matemática pela Universidade de São Paulo — IME-USP (2014). Suas linhas de pesquisa versam sobre Aprendizagem Ativa da Matemática através de desenvolvimento de ferramentas computacionais e contextualização com a Engenharia. Ele também atua na Matemática aplicada com ênfase na Engenharia de Materiais estudando crescimento de grãos.

Pósfacio

A EDUCAÇÃO MATEMÁTICA NO ENSINO SUPERIOR EM PERSPECTIVA

A proposta de escrever um livro a partir dos trabalhos desenvolvidos por um grupo de professores que atua numa mesma Instituição de Ensino Superior nos foi muito desafiadora, pois, apesar de conhecermos um pouco do que cada professor deste grupo desenvolvia, não tínhamos a percepção se havia ou não convergência para a proposição de um livro que apresentasse menos uma coletânea de textos individuais endógenos e mais a identidade desse grupo de professores. Identidade essa marcada, inicialmente, por doutores formados em diferentes áreas do conhecimento (Engenharia, Matemática Pura e Aplicada, Física, Educação Matemática, Ensino de Ciências e Matemática e História das Ciências), mas que comungam de ideias afins quando se trata do processo ensino-aprendizagem de Matemática nos cursos superiores de Engenharia, Ciência da Computação e Administração.

E quando nos referimos ao processo ensino-aprendizagem da Matemática o que nos vêm à mente são: propostas que privilegiam o aluno como ator do seu próprio processo de aprendizagem a partir de diferentes referenciais teórico-metodológicos, artefatos tecnológicos e interação com outras áreas de conhecimento, bem como com outros campos da própria Matemática; que se preocupam com a transição dos alunos da educação básica para o ensino superior; que buscam compreender como as atitudes dos alunos frente ao conhecimento matemático pode tanto ajudar quanto atrapalhá-los, compreensão essa que pode contribuir para a prática docente e a desconstrução da ideia de que "o aluno só aprende quando gosta do professor, quando tem empatia por ele" (é fato que tal empatia é importante em qualquer esfera, mas só ela é insuficiente); que procura dar voz ao professor, de tal modo que ele possa revisitar, com certa frequência, a sua prática, explicitar e discutir a respeito de suas práticas que surtirem ou não os efeitos esperados, numa perspectiva, ou melhor, com a intenção de vivenciar e constituir um grupo em que todos cooperam.

Os capítulos que possibilitaram a organização do livro, construídos, em sua maioria, em duplas, são resultado de uma gama (variedade) de projetos desenvolvidos junto ao Departamento de Matemática do Centro Universitário FEI nos últimos anos e que potencializam elementos na direção e no sentido de um vetor formação que questiona a concepção tradicional de ensinar Matemática nos cursos superiores de Engenharia, Ciências da Computação e Administração. Questionamento esse que procura romper com o paradigma da transmissão do conhecimento, em que o aluno é um mero coadjuvante do seu processo de aprendizagem, e o professor é o detentor do saber a ser transmitido. Questionamento ainda que intenciona desmistificar a crença de que um bom professor de Matemática (do ensino superior) é aquele que "entra na sala de aula, sem qualquer anotação, e escreve lousas e mais lousas de conteúdo matemático". É fato que é imprescindível, e não negociável, conhecer, compreender e ter criticidade sobre o que irá ensinar, seja qual for a disciplina. Contudo, tal conhecimento, denominado por Schulman1 (2005) de "conhecimento de conteúdo", é apenas um dentre outros que precisam ser potencializados durante uma aula, um curso...

Já não é de hoje que o conteúdo, seja ele de qual disciplina for, deixou de ter (ser) objetivo *per se* e se tornou um meio para o desenvolvimento de habilidades e construção de competências, na perspectiva que se iniciou com a promulgação dos Parâmetros Curriculares Nacionais do Ensino Médio (PCNEM), no final da década de 1990. No caso, especificamente, dos conteúdos (um dos elementos norteadores deste livro) que constituem as disciplinas da Matemática, ministradas nos cursos superiores de Engenharia e Administração, é possível verificar ao longo do livro a proposição de situações que evidenciam o conteúdo matemático para além de um fim em si mesmo, potencializando, por exemplo, a construção de modelos matemáticos que permitam explicar, compreender e propor soluções (com o auxílio de artefatos tecnológicos) para problemas da Engenharia; e o desenvolvimento da visualização como um importante elemento para que os alunos possam se apropriar melhor de conhecimentos oriundos da Geometria e do Cálculo.

Por fim, sem a pretensão de elaborar um parágrafo que produza um efeito desmedido em relação ao que foi tratado nos diferentes capítulos do livro **Ensino e Aprendizagem de Matemática na Educação Superior: Inovações, Propostas e Desafios**, acreditamos que o ensino superior é um território que precisa ser mais explorado pela área de Educação Matemática, exploração essa

---

1   SHULMAN, L. S. **Conocimiento y Enseñanza**: Fundamentos de la nueva reforma. Profesorado. Revista de currículum y formación del profesorado, Vol. 9, nº 2, (2005).

que busque romper barreiras e desmistificar o ensino e a aprendizagem das disciplinas de Matemática. Nesse sentido, esperamos que este livro possa contribuir nesta caminhada.

Os organizadores

Elenilton Vieira Godoy

Fábio Gerab

Índice

A

abordagem cognitiva, 34

acolhimento acadêmico, 13

alfa de Cronbach, 8

ambiente de ensino e aprendizagem, 70–86

ambiente escolar, 68–86

ambiente papel e lápis, 90–114

análise bivariada, 8

análise da evasão, 214–226

análise da retenção, 214–226

análise das questões abertas, 7

análise de agrupamento hierárquico (AAH), 204, 223

análise de componentes principais, 5–28, 204–226

análise de confiabilidade, 6

análise de conteúdo, 7–28

análise de questionários, 5

análise descritiva, 5–28

análise estatística, 8–28, 204–226
das variáveis categóricas, 18

aprendizagem significativa, 122–146, 170

articulação, 32

assertivas, 6

atitudes negativas e positivas, 69–86

atividade cognitiva
atividade de formação, 92

atividade de tratamento, 92

atividades cognitivas, 92

atividade de conversão, 93

atividades do projeto
metodologia e prática, 37

aula expositiva, 117–146

B

backward stepwise, 213–214

balanço energético nacional, 264

base no plano, 97–114

C

cabri geometry II plus, 56–66

cálculo da evasão, 215

cálculo diferencial e integral, 73–86, 116–117, 121

características atitudinais, 68

características cognitivas, 68

chamada CNPq/Vale S.A., 29–31

CNPq, 29, 56

cobenge, 150

códigos em MATLAB®, 233–262

coeficiente
de correlação de Pearson, 5, 75, 77

de correlação de Spearman, 5

combinação linear, 5

competência teórico-prática, 18

componente básicas, 207–226

componente principal, 5–6

conceitos científicos, 127

conceitos espontâneos, 127

conexão interdisciplinar, 116

conformação mecânica por trefilação, 246–262

conhecimento científico, 115

conhecimento escolar, 115, 128

conhecimento social, 115, 128

conhecimentos prévios, 12, 18

constructo, 6–28

constructos psicológicos, 68

contrato didático, 122–125

conversão congruente, 93

conversão não congruente, 94–114

curva de evasão, 216

curva tensão-deformação, 231–262

curva tensão-deformação verdadeira, 233–262

D

derivada, 116

desenho clássico experimental, 96

desenho geométrico, 55–66

design experiment, 96

didática, 18

didática da matemática, 118–122

dificuldade para o sucesso acadêmico, 18–19

dispersão em sala, 14

distribuição de médias, 74

E

educação básica, 12

Educação Matemática, 159–178

efeito "Topázio", 125

engenharia didática, 122

engenharia industrial, 179–198

engenharia operacional, 180

ensaio de tração, 229

ensino-aprendizagem da matemática, 150–178

ensino de estatística, 224

ensino de matemática, 160–178

ensino do desenho geométrico, 55–66

escala de atitude, 73–86

escala de Likert, 4–28

escolas de reforço, 14

estatística, 202–226

estatística multivariada, 5

estudo individual versus grupo, 19

evasão escolar, 218

evasão no Ensino Superior, 215

evasão total, 218

F

faculdade de portas abertas, 41

fator de inflação da variância, 213

fragmentos da história da matemática, 165

fundação Ford, 193–198

G

geometria, 56–66

geometria analítica, 89–114

geometria descritiva, 55

graduação, 12

H

humor do educador, 72

I

ideografia dinâmica, 34–37

importação e a produção de gasolina no Brasil, 264

importância da matemática e da IES, 13–28

índice de titulação, 216–217

interações curriculares, 203–226

L

legitimação, 151

lei de diretrizes e bases da educação, 59

lei de Hooke, 229–262

letramento-numeramento, 160–178

limite de escoamento, 243–262

linguagem funcional, 34–35

livro como cartilha, 157–178

livro como muleta, 157–178

livro didático, 151–178

M

manifestações pessoais, 68

mapas conceituais, 175

mapeamento de conceitos, 169

matemática escolar, 32, 159–178

matemática no ensino médio, 29–54

Matlab, 113–114

matriz energética brasileira, 263–296

mechanics baseline test, 210

média aritmética, 7

média de desempenho, 74–86

método da raiz latente, 223

método de Newton-Raphson, 234–262

método de Simpson, 245

método dos mínimos quadrados, 270

metodologia ativa de aprendizagem, 169

metodologia de análise estatística, 5

métricas acadêmicas, 201–226

modelo de ciclo-múltiplos, 266

modelo de Hollomon, 234–262

modelo de Hubbert, 266–296

modelo de Tian e Zhang, 234–262

modelo de Verhulst, 264–296

modelo de von Bertalanffy, 266

modelo Gaussiano, 266

modelo logístico. *Veja* modelo de Verhulst

modelo mental, 37

modelos exponenciais, 266

módulo de resiliência, 232–262

módulo de tenacidade, 232–262

mundo social, 152

N

noesis, 91

novas tecnologias, 58

P

papel como formador, 66

patrimônio da cultura Matemática, 38

PCNEM, 65

perfil discente, 12

petróleo na matriz energética brasileira, 265

planejamento didático-pedagógico, 228

plano decenal de expansão de energia (PDE), 264

plano não colineares, 106

plano pedagógico, 202–226

posição de transmissores, 66

postura do educador, 71–86

potencializar a curiosidade, 40

práticas escolares, 153

prática social do professor, 152–178

probabilidade de evasão, 218

probabilidade de evasão total, 216

probabilidade de titulação do curso, 216

processo de aprendizagem da matemática, 31, 83–86, 95–114

processo de resolução, 32

processo ensino-aprendizagem, 13–28, 57–66, 70–86, 118–146, 159–178, 201

processofólio, 171

programação C++, 272–296

protagonismo do estudante, 32

psicologia cognitiva, 92

Q

questões Likert, 5

R

raiz latente, 8

registros
discursivos, 95

monofuncionais, 95–114

multifuncionais, 95–114

não discursivos, 95

semióticos, 90–114

regressão linear múltipla, 76–86, 212–226

relação professor-aluno, 18

representações internas
  imagens, 36

  modelos mentais, 36

representações mentais. *Veja* representações internas

representações semióticas, 90–114

rotação ortogonal Varimax, 8, 207, 223

ruptura do contrato didático, 124

S

satisfação com o professor, 14
  e a estrutura, 19

semiosis, 91

sistema semiótico, 92

software Camtasia, 98

software GeoGebra, 56–66, 90–114

software SPSS, 7–28

T

taxa de evasão, 56

taxa de variação, 116–146

taxa instantânea de variação, 132

taxa média de variação, 131

taxa total de evasão, 216

taxonomia de Bloom, 228

teorema de Varignon, 64

teoria da aprendizagem significativa, 170–178

teoria do conhecimento, 122

teoria dos registros de representação, 33

teste de Levene, 74–86

teste de qui-quadrado, 78, 222

teste estatístico ANOVA, 18

teste estatístico de correlação, 19

teste estatístico de regressão, 19

teste t de Student, 18, 73–86

trabalho ideal, 251

transição ensino médio, 3

U

Universidade Nacional do Trabalho, 179–198

utilização de softwares, 55–66

V

variância, 75

variável colocação, 207–226

variável duração, 207–226

variável latente, 6

variável Likert, 8

variável métrica, 8

variável ordinal, 8

variável original, 5

vetores, 97–114
  colineares, 105

  não colineares, 111

W

Winplot, 113

Z

Zoped, 127